U0165108

国家出版基金资助项目
现代数学中的著名定理纵横谈丛书
丛书主编　王梓坤

MÖBIUS INVERSION

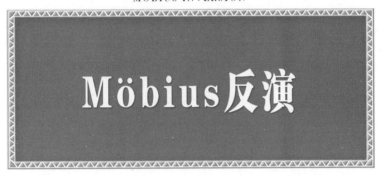

Möbius反演

刘培杰数学工作室　编

哈尔滨工业大学出版社
HARBIN INSTITUTE OF TECHNOLOGY PRESS

内 容 简 介

本书主要阐述了麦比乌斯反演及其相关理论,并详细介绍了有关麦比乌斯反演在高等数学中的若干应用.

本书适合高等学校数学及相关专业师生使用,也适合数学爱好者参考阅读.

图书在版编目(CIP)数据

Mobius 反演/刘培杰数学工作室编. —哈尔滨:哈尔滨工业大学出版社,2024.3

(现代数学中的著名定理纵横谈丛书)

ISBN 978 - 7 - 5603 - 9851 - 8

Ⅰ.①M… Ⅱ.①刘… Ⅲ.①灭比乌斯反演公式
Ⅳ.①O157

中国版本图书馆 CIP 数据核字(2021)第 258509 号

MÖBIUS FANYAN

策划编辑　刘培杰　张永芹
责任编辑　杜莹雪　钱辰琛
封面设计　孙茵艾
出版发行　哈尔滨工业大学出版社
社　　址　哈尔滨市南岗区复华四道街 10 号　邮编 150006
传　　真　0451 - 86414749
网　　址　http://hitpress.hit.edu.cn
印　　刷　辽宁新华印务有限公司
开　　本　787 mm×960 mm　1/16　印张 17　字数 191 千字
版　　次　2024 年 3 月第 1 版　2024 年 3 月第 1 次印刷
书　　号　ISBN 978 - 7 - 5603 - 9851 - 8
定　　价　98.00 元

读书的乐趣

你最喜爱什么——书籍.

你经常去哪里——书店.

你最大的乐趣是什么——读书.

这是友人提出的问题和我的回答. 真的, 我这一辈子算是和书籍, 特别是好书结下了不解之缘. 有人说, 读书要费那么大的劲, 又发不了财, 读它做什么? 我却至今不悔, 不仅不悔, 反而情趣越来越浓. 想当年, 我也曾爱打球, 也曾爱下棋, 对操琴也有兴趣, 还登台伴奏过. 但后来却都一一断交, "终身不复鼓琴". 那原因便是怕花费时间, 玩物丧志, 误了我的大事——求学. 这当然过激了一些. 剩下来唯有读书一事, 自幼至今, 无日少废, 谓之书痴也可, 谓之书橱也可, 管它呢, 人各有志, 不可相强. 我的一生大志, 便是教书, 而当教师, 不多读书是不行的.

读好书是一种乐趣, 一种情操; 一种向全世界古往今来的伟人和名人求

1

教的方法,一种和他们展开讨论的方式;一封出席各种活动、体验各种生活、结识各种人物的邀请信;一张迈进科学宫殿和未知世界的入场券;一股改造自己、丰富自己的强大力量.书籍是全人类有史以来共同创造的财富,是永不枯竭的智慧的源泉.失意时读书,可以使人重整旗鼓;得意时读书,可以使人头脑清醒;疑难时读书,可以得到解答或启示;年轻人读书,可明奋进之道;年老人读书,能知健神之理.浩浩乎!洋洋乎!如临大海,或波涛汹涌,或清风微拂,取之不尽,用之不竭.吾于读书,无疑义矣,三日不读,则头脑麻木,心摇摇无主.

潜能需要激发

我和书籍结缘,开始于一次非常偶然的机会.大概是八九岁吧,家里穷得揭不开锅,我每天从早到晚都要去田园里帮工.一天,偶然从旧木柜阴湿的角落里,找到一本蜡光纸的小书,自然很破了.屋内光线暗淡,又是黄昏时分,只好拿到大门外去看.封面已经脱落,扉页上写的是《薛仁贵征东》.管它呢,且往下看.第一回的标题已忘记,只是那首开卷诗不知为什么至今仍记忆犹新:

日出遥遥一点红,飘飘四海影无踪.

三岁孩童千两价,保主跨海去征东.

第一句指山东,二、三两句分别点出薛仁贵(雪、人贵).那时识字很少,半看半猜,居然引起了我极大的兴趣,同时也教我认识了许多生字.这是我有生以来独立看的第一本书.尝到甜头以后,我便千方百计去找书,向小朋友借,到亲友家找,居然断断续续看了《薛丁山征西》《彭公案》《二度梅》等,樊梨花便成了我心中的女英雄.我真入迷了.从此,放牛也罢,车水也罢,我总要带一本书,还练出了边走田间小路边读书的本领,读得津津有味,不知人间别有他事.

当我们安静下来回想往事时,往往会发现一些偶然的小事却影响了自己的一生.如果不是找到那本《薛仁贵征东》,我的好学心也许激发不起来.我这一生,也许会走另一条路.人的潜能,好比一座汽油库,星星之火,可以使它雷声隆隆、光照天地;但若少了这粒火星,它便会成为一潭死水,永归沉寂.

抄,总抄得起

好不容易上了中学,做完功课还有点时间,便常光顾图书馆.好书借了实在舍不得还,但买不到也买不起,便下决心动手抄书.抄,总抄得起.我抄过林语堂写的《高级英文法》,抄过英文的《英文典大全》,还抄过《孙子兵法》,这本书实在爱得狠了,竟一口气抄了两份.人们虽知抄书之苦,未知抄书之益,抄完毫末俱见,一览无余,胜读十遍.

始于精于一,返于精于博

关于康有为的教学法,他的弟子梁启超说:"康先生之教,专标专精、涉猎二条,无专精则不能成,无涉猎则不能通也."可见康有为强烈要求学生把专精和广博(即"涉猎")相结合.

在先后次序上,我认为要从精于一开始.首先应集中精力学好专业,并在专业的科研中做出成绩,然后逐步扩大领域,力求多方面的精.年轻时,我曾精读杜布(J. L. Doob)的《随机过程论》,哈尔莫斯(P. R. Halmos)的《测度论》等世界数学名著,使我终身受益.简言之,即"始于精于一,返于精于博".正如中国革命一

3

样,必须先有一块根据地,站稳后再开创几块,最后连成一片.

丰富我文采,澡雪我精神

辛苦了一周,人相当疲劳了,每到星期六,我便到旧书店走走,这已成为生活中的一部分,多年如此.一次,偶然看到一套《纲鉴易知录》,编者之一便是选编《古文观止》的吴楚材.这部书提纲挈领地讲中国历史,上自盘古氏,直到明末,记事简明,文字古雅,又富于故事性,便把这部书从头到尾读了一遍.从此启发了我读史书的兴趣.

我爱读中国的古典小说,例如《三国演义》和《东周列国志》.我常对人说,这两部书简直是世界上政治阴谋诡计大全.即以近年来极时髦的人质问题(伊朗人质、劫机人质等),这些书中早就有了,秦始皇的父亲便是受害者,堪称"人质之父".

《庄子》超尘绝俗,不屑于名利.其中"秋水""解牛"诸篇,诚绝唱也.《论语》束身严谨,勇于面世,"己所不欲,勿施于人",有长者之风.司马迁的《报任少卿书》,读之我心两伤,既伤少卿,又伤司马;我不知道少卿是否收到这封信,希望有人做点研究.我也爱读鲁迅的杂文,果戈理、梅里美的小说.我非常敬重文天祥、秋瑾的人品,常记他们的诗句:"人生自古谁无死,留取丹心照汗青""休言女子非英物,夜夜龙泉壁上鸣".唐诗、宋词、《西厢记》《牡丹亭》,丰富我文采,澡雪我精神,其中精粹,实是人间神品.

读了邓拓的《燕山夜话》,既叹服其广博,也使我动了写《科学发现纵横谈》的心.不料这本小册子竟给我招来了上千封鼓励信.以后人们便写出了许许多多的"纵横谈".

从学生时代起,我就喜读方法论方面的论著.我想,做什么事情都要讲究方法,追求效率、效果和效益,方法好能事半而功倍.我很留心一些著名科学家、文学家写的心得体会和经验.我曾惊讶为什么巴尔扎克在51年短短的一生中能写出上百本书,并从他的传记中去寻找答案.文史哲和科学的海洋无边无际,先哲们的明智之光沐浴着人们的心灵,我衷心感谢他们的恩惠.

读书的另一面

以上我谈了读书的好处,现在要回过头来说说事情的另一面.

读书要选择.世上有各种各样的书:有的不值一看,有的只值看20分钟,有的可看5年,有的可保存一辈子,有的将永远不朽.即使是不朽的超级名著,由于我们的精力与时间有限,也必须加以选择.决不要看坏书,对一般书,要学会速读.

读书要多思考.应该想想,作者说得对吗?完全吗?适合今天的情况吗?从书本中迅速获得效果的好办法是有的放矢地读书,带着问题去读,或偏重某一方面去读.这时我们的思维处于主动寻找的地位,就像猎人追找猎物一样主动,很快就能找到答案,或者发现书中的问题.

有的书浏览即止,有的要读出声来,有的要心头记住,有的要笔头记录.对重要的专业书或名著,要勤做笔记,"不动笔墨不读书".动脑加动手,手脑并用,既可加深理解,又可避忘备查,特别是自己的灵感,更要及时抓住.清代章学诚在《文史通义》中说:"札记之功必不可少,如不札记,则无穷妙绪如雨珠落大海矣."

许多大事业、大作品,都是长期积累和短期突击相结合的产物.涓涓不息,将成江河;无此涓涓,何来江河?

爱好读书是许多伟人的共同特性,不仅学者专家如此,一些大政治家、大军事家也如此.曹操、康熙、拿破仑、毛泽东都是手不释卷,嗜书如命的人.他们的巨大成就与毕生刻苦自学密切相关.

王梓坤

1

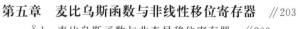

反演公式与麦比乌斯函数

第一章

§0 从一道近世代数习题谈起

世界著名数学家 A. 利赫涅罗维奇（A. Lichnerowicz）曾指出：数学的新进展并不局限于新知识的获得，它甚至使我们具备了另一种看待知识的眼光，并迫使我们对一直在使用的概念做艰苦的重新系统化的工作. 这样，一个新的数学为我们提供了所要创造的未来.

由冯克勤、李尚志、查建国、章璞四位教授所编写的《近世代数引论》作为数学系本科生教材使用已经有三十多年了. 2009 年冯克勤与章璞又编写了其配套的辅导丛书《近世代数三百题》. 由于有限域在理论和应用上的重要性以及它在学习过程中的有趣

1

性,所以他们增加了"有限域上的不可约多项式"和
"有限域上的线性代数"两节.我们从其中的两道习题
谈起.

题1 麦比乌斯(Möbius)函数 $\mu:\mathbf{N}\rightarrow\{0,1,-1\}$
定义如下

$$\mu(n)=\begin{cases}1,若\ n=1\\0,若\ n\ 被素数的平方整除\\(-1)^r,若\ n\ 是\ r\ 个互异的素数之积\end{cases}$$

则:

(1)μ 是积性函数,即:若 n 和 m 是互素的正整数,
则 $\mu(mn)=\mu(m)\mu(n)$.

(2) 对于任一正整数 n,有

$$\sum_{d\mid n}\mu(d)=\sum_{d\mid n}\mu\left(\frac{n}{d}\right)=\begin{cases}1,n=1\\0,n>1\end{cases}$$

(3)(麦比乌斯反演律)设 H 和 h 均为自然数集 $\mathbf{N}$
到阿贝尔(Abel)群 G 的映射(G 的运算用加法表示).
若

$$H(n)=\sum_{d\mid n}h(d),\forall n\in\mathbf{N}$$

则

$$h(n)=\sum_{d\mid n}\mu\left(\frac{n}{d}\right)H(d)=\sum_{d\mid n}\mu(d)H\left(\frac{n}{d}\right),\forall n\in\mathbf{N}$$

反之亦然.

证明 (1)根据定义分情况讨论易得.

(2)不妨设 $n>1$.设 $p_1,\cdots,p_m$ 是 n 的全部两两不
同的素因子,则

$$\sum_{d\mid n}\mu(d)=$$

$$\mu(1)+\sum_{1\leqslant i\leqslant m}\mu(p_i)+\sum_{1\leqslant i<j\leqslant m}\mu(p_ip_j)+\cdots+$$

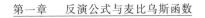

$$\mu(p_1 \cdots p_m) =$$

$$1 + (-1)\binom{m}{1} + (-1)^2\binom{m}{2} + \cdots + (-1)^m\binom{m}{m} =$$

$$(1-1)^m = 0$$

（3）设 $H(n) = \sum\limits_{d \mid n} h(d), \forall n \in \mathbf{N}$，则对于 n 的每个正因子 d，有 $H(d) = \sum\limits_{s \mid d} h(s)$，从而

$$\sum_{d \mid n} \mu\left(\frac{n}{d}\right) H(d) = \sum_{d \mid n} \sum_{s \mid d} \mu\left(\frac{n}{d}\right) h(s) =$$

$$\sum_{s \mid n} \sum_{d, s \mid d \mid n} \mu\left(\frac{n}{d}\right) h(s) =$$

$$\sum_{s \mid n} h(s) \sum_{d, s \mid d \mid n} \mu\left(\frac{n}{d}\right) =$$

$$\sum_{s \mid n} h(s) \sum_{t, t \mid \frac{n}{s}} \mu\left(\frac{\frac{n}{s}}{t}\right) =$$

$$\sum_{s \mid n} h(s) \lambda(s)$$

其中由（2）可知

$$\lambda(s) = \sum_{t, t \mid \frac{n}{s}} \mu\left(\frac{\frac{n}{s}}{t}\right) = \begin{cases} 1, & \text{若}\ \frac{n}{s} = 1 \\ 0, & \text{若}\ \frac{n}{s} \neq 1 \end{cases}$$

从而

$$\sum_{d \mid n} \mu\left(\frac{n}{d}\right) H(d) = h(n)$$

反之，同理可证.

题 2 求证：有限域 F_q 上 n 次首 1 不可约多项式的个数 $N_q(n)$ 为

$$N_q(n) = \frac{1}{n} \sum_{d \mid n} \mu(d) q^{\frac{n}{d}} = \frac{1}{n} \sum_{d \mid n} \mu\left(\frac{n}{d}\right) q^d$$

证明　由 $x^{q^n} - x = \prod\limits_{d|n}\prod\limits_{f(x)\in P_d} f(x)$，其中 P_d 表示 $F_q[x]$ 中 d 次首 1 不可约多项式的集合，两边取次数得到

$$q^n = \sum_{d|n} d N_q(d)$$

令 $H:\mathbf{N}\to\mathbf{Z}$ 为由 $H(n)=q^n$ 给出的映射，$h:\mathbf{N}\to\mathbf{Z}$ 为由 $h(n)=n N_q(n)$ 给出的映射，则由麦比乌斯反演律即得

$$n N_q(n) = \sum_{d|n}\mu(d) q^{\frac{n}{d}} = \sum_{d|n}\mu\left(\frac{n}{d}\right) q^d$$

注　一个自然的问题是：对于哪些 q 和 n，F_q 上的 n 次首 1 不可约多项式均为本原多项式？换言之，对于哪些 q 和 n，q^n 元域 $F_q(u)$ 中的元 u 一定是乘法群 $F_q^*(u)$ 的生成元？

这等价于问：对于哪些 q 和 n，$N_q(n)=\dfrac{\varphi(q^n-1)}{n}$？由欧拉（Euler）函数

$$\varphi(m) = m\sum_{d|m}\frac{\mu(d)}{d}$$

故上述问题转化为：对于哪些 q 和 n，有

$$\sum_{d|n}\mu(d) q^{\frac{n}{d}} = (q^n-1)\sum_{d|(q^n-1)}\frac{\mu(d)}{d}$$

若 $q=2, n=p$，其中 p 为素数，且 2^p-1 是素数，则 $F_2[x]$ 中 p 次首 1 不可约多项式必为 $F_2[x]$ 中的 p 次本原多项式. 除此之外，是否还有这样的情形？

形如 $M_p=2^p-1$ 的数，其中 p 为素数，称为梅森（Mersenne）数. 容易证明形如 m^n-1 的素数必为梅森数，其中 m,n 均为大于 1 的整数.

反演公式常用在级数变换和求和的问题中. 本章

先介绍第一反演公式及其应用(求布置的格式数),再介绍偏序集与麦比乌斯函数的概念,最后是麦比乌斯反演及其应用.

§1　第一反演公式

线性空间 $R[x]$ 的两组基之间可以通过过渡矩阵来相互表示. 当过渡矩阵是下(或上)三角矩阵时,容易得到反演公式.

定理 1(第一反演公式)　设 $n \in \mathbf{N}$,多项式序列 $\{p_n\}, \{q_n\}$(其中 p_n, q_n 均为 n 次多项式)有下列关系

$$p_n(x) = \sum_{k=0}^{n} \alpha_{nk} q_k(x), \quad q_n(x) = \sum_{k=0}^{n} \beta_{nk} p_k(x) \quad (1)$$

若 $u_i, v_i \in \mathbf{R}(i = 0, 1, 2, \cdots)$,则

$$v_n = \sum_{k=0}^{n} \alpha_{nk} u_k \Leftrightarrow u_n = \sum_{k=0}^{n} \beta_{nk} v_k \quad (2)$$

证明　令

$$\boldsymbol{p} = (p_0, p_1, \cdots, p_n)', \boldsymbol{q} = (q_0, q_1, \cdots, q_n)' \quad (3)$$

$$\boldsymbol{u} = (u_0, u_1, \cdots, u_n)', \boldsymbol{v} = (v_0, v_1, \cdots, v_n)' \quad (3')$$

将已知条件(1)以矩阵形式表示为

$$\begin{pmatrix} p_0 \\ p_1 \\ \vdots \\ p_n \end{pmatrix} = \begin{pmatrix} \alpha_{00} & 0 & \cdots & 0 \\ \alpha_{10} & \alpha_{11} & \cdots & 0 \\ \vdots & \vdots & & \vdots \\ \alpha_{n0} & \alpha_{n1} & \cdots & \alpha_{nn} \end{pmatrix} \begin{pmatrix} q_0 \\ q_1 \\ \vdots \\ q_n \end{pmatrix}, \text{即 } \boldsymbol{p} = \boldsymbol{A}\boldsymbol{q}$$

$$\begin{pmatrix} q_0 \\ q_1 \\ \vdots \\ q_n \end{pmatrix} = \begin{pmatrix} \beta_{00} & 0 & \cdots & 0 \\ \beta_{10} & \beta_{11} & \cdots & 0 \\ \vdots & \vdots & & \vdots \\ \beta_{n0} & \beta_{n1} & \cdots & \beta_{nn} \end{pmatrix} \begin{pmatrix} p_0 \\ p_1 \\ \vdots \\ p_n \end{pmatrix}, \text{即 } \boldsymbol{q} = \boldsymbol{B}\boldsymbol{p}$$

其中 $\boldsymbol{A}=(\alpha_{ij})$，$\boldsymbol{B}=(\beta_{ij})$ 均为下三角矩阵，即 $i<j$ 时，$\alpha_{ij}=\beta_{ij}=0$. 于是

$$p=Aq=ABp$$

由于 $\{p_n \mid n=0,1,2,\cdots\}$ 是线性空间 $R[x]$ 的一组基（线性无关），所以 $\boldsymbol{AB}=\boldsymbol{I}$（$\boldsymbol{I}$ 为 $n+1$ 阶单位矩阵）. 于是

$$\boldsymbol{B}=\boldsymbol{A}^{-1}$$

所以

$$v=Au \Leftrightarrow u=A^{-1}v=Bv$$

即式（2）成立.

定理 2 设 $u_i,v_i \in \mathbf{R}(i=0,1,2,\cdots)$，$n\in\mathbf{N}$，则有下列反演公式：

（1）二项式反演公式

$$v_n=\sum_{k=0}^{n}\binom{n}{k}u_k \Leftrightarrow u_n=\sum_{k=0}^{n}(-1)^{n-k}\binom{n}{k}v_k \qquad (4)$$

（2）斯特林（Stirling）反演公式

$$v_n=\sum_{k=0}^{n}S_{n,k}u_k \Leftrightarrow u_n=\sum_{k=0}^{n}S_{n,k}v_k \qquad (5)$$

（3）Lah 反演公式

$$v_n=\sum_{k=0}^{n}L_{n,k}u_k \Leftrightarrow u_n=\sum_{k=0}^{n}L_{n,k}v_k \qquad (6)$$

（4）高斯（Gauss）反演公式

$$v_n=\sum_{k=0}^{n}\binom{n}{k}_q u_k \Leftrightarrow u_n=\sum_{k=0}^{n}(-1)^{n-k}q^{C_{n-k}^2}\binom{n}{k}_q v_k \qquad (7)$$

证明 （1）由

$$x^n=(1+x-1)^n=\sum_{k=0}^{n}\binom{n}{k}(x-1)^k$$

及

$$(x-1)^n=\sum_{k=0}^{n}(-1)^{n-k}\binom{n}{k}x^k$$

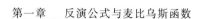

利用式(1),根据定理1,即得式(4).

(2) 令 $p_n = [x]_n, q_n = x^n$,代入式(1)中,即得式(5).

(3) 由

$$[-x]_n = \sum_{k=0}^{n} L_{n,k}[x]_k$$

及(上式中的 x 换成 $-x$)

$$[x]_n = \sum_{k=0}^{n} L_{n,k}[-x]_k$$

利用式(1),根据定理1,即得式(6).

(4) 由

$$x^n = \sum_{i=0}^{n} \binom{n}{i}_q g_k(x)$$

和高斯多项式的定义

$$g_n(x) = (x-1)(x-q)(x-q^2)\cdots(x-q^{n-1})$$
$$n = 1,2,\cdots,n$$

$$g_n(x) = \sum_{k=0}^{n} (-1)^{n-k} \binom{n}{k}_q q^{\binom{n-k}{2}} x^k$$

利用式(1),根据定理1,即得式(7).

推论 设 $X = \{x_1, x_2, \cdots, x_n\} \to Y = \{y_1, y_2, \cdots, y_m\}$ 的满射的个数为 $\mathrm{Suj}(n,m)$,则

$$m^n = \sum_{k=0}^{m} \binom{m}{k} \mathrm{Suj}(n,k) \Leftrightarrow$$

$$\mathrm{Suj}(n,m) = \sum_{k=0}^{m} (-1)^{m-k} \binom{m}{k} k^n =$$

$$m^n + \sum_{k=1}^{m} (-1)^k \binom{m}{k} (m-k)^n \qquad (8)$$

证明 在式(4)中取 $u_k = \mathrm{Suj}(n,k) = k! \, S_{n,k}$,

$v_k = k^n$ 即得.

定理 3 设 $\{p_n\},\{q_n\}(n=0,1,2,\cdots)$ 为两个正规多项式列,它们相应的微分算子为 D_p,D_q,则有下列反演公式

$$v_n = \sum_{k=0}^{n} \frac{D_p^k p_n(0)}{k!} u_k \Leftrightarrow u_n = \sum_{k=0}^{n} \frac{D_q^k q_n(0)}{k!} v_k \quad (9)$$

若 $p_n = x^n$,$q_n = [x]_n(n=0,1,2,\cdots)$,$D_p = D$(导数算子),$D_q = \Delta$,则得式(5).

证明 由定理 1 式(1) 和式(2) 即得.

若将 $p_n(x),q_n(x)$ 推广到 $p_n(\varphi(t)),q_n(\psi(t))$,其中 $\varphi(t),\psi(t)$ 为形式幂级数,且 $\varphi(0)=\psi(0)=0$,则有如下的定理(称为广义的斯特林反演公式).

定理 4(徐利治定理)

$$v_n = \sum_{k \geqslant 0} \frac{D_p^k p_n(\varphi(t))\mid_{t=0}}{k!} u_k$$

$$u_n = \sum_{k \geqslant 0} \frac{D_q^k q_n(\psi(t))\mid_{t=0}}{k!} v_k, n=0,1,2,\cdots$$

成立的充分必要条件是 $\varphi(t)$ 与 $\psi(t)$ 为互逆的函数.

证明略.

§2 布置的格式数

考虑 n 个物体到 m 个盒子的布置的方法数.

设物体的集合 X 的划分类型为

$$\pi:1^{\lambda_1} 2^{\lambda_2} \cdots n^{\lambda_n}, \lambda_i \geqslant 0, \lambda_1 + 2\lambda_2 + \cdots + n\lambda_n = n$$

即含有 i 个物体的类有 $\lambda_i(i=0,1,2,\cdots,n)$ 类.规定属于同一类的物体是相同(无区别)的.

再设盒子的集合 Y 的划分类型为

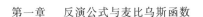

$$\sigma:1^{\mu_1}2^{\mu_2}\cdots m^{\mu_m},\mu_i\geqslant 0,\mu_1+2\mu_2+\cdots+m\mu_m=m$$

即含有 i 个盒子的类有 $\mu_i(i=0,1,2,\cdots,m)$ 类. 同样规定属于同一类的盒子是相同(无区别)的.

定义　n 个物体的集合 X 到 m 个盒子的集合 Y 的一种布置即是映射 $f:X\to Y$. 若布置 f_1 经过同类物体或同类盒子之间的置换而得到布置 f_2,则称 f_1 与 f_2 等价,记作 $f_1\sim f_2$. 以 $D(\pi,\sigma)$ 表示布置的等价类的个数(称为 X 到 Y 的布置的格式数),其中

$$\pi:1^{\lambda_1}2^{\lambda_2}\cdots n^{\lambda_n},\lambda_i\geqslant 0,\lambda_1+2\lambda_2+\cdots+n\lambda_n=n$$

$$\sigma:1^{\mu_1}2^{\mu_2}\cdots m^{\mu_m},\mu_i\geqslant 0,\mu_1+2\mu_2+\cdots+m\mu_m=m$$

在一般情况下,计算布置的格式数 $D(\pi,\sigma)$ 要计算置换群 $G(\pi)$ 和 $H(\sigma)$ 的幂群 H^G 的轨道数. 这里仅列举几个特殊情况的 $D(\pi,\sigma)$,并应用反演公式推出几个新的关系式.

定理 1　设 $D(\pi,\sigma)$ 表示 n 个物体的集合 X(划分类型为 π)到 m 个盒子的集合 Y(划分类型为 σ)的布置(当允许空盒子存在,即非满射时)的格式数,则有

$$D(1^n,1^m)=m^n \tag{1}$$

$$D(n^1,1^m)=\left\langle\begin{matrix}m\\n\end{matrix}\right\rangle=\binom{m+n-1}{n} \tag{2}$$

$$D(1^n,m^1)=\sum_{k=1}^{m}S(n,k) \tag{3}$$

$$D(n^1,m^1)=\sum_{k=1}^{m}P(n,k) \tag{4}$$

$$D(1^{\lambda_1}2^{\lambda_2}\cdots n^{\lambda_n},1^m)=\prod_{i=1}^{n}\binom{m+i-1}{i}^{\lambda_i} \tag{5}$$

证明　式中 $(1^n,m^1)$ 表示 n 个物体是互异的,m 个盒子是无区别的,其余记号同此.

式(1)中 $D(1^n,1^m)$ 是 $X \to Y$ 的映射的个数.

式(2)中 $D(n^1,1^m)$ 是从 m 个不同的盒子中可重复选取 n 个(放入 n 个物体)的选法数.

式(3)中 $D(1^n,m^1)$ 是 n 元集合的 k - 划分数($k=1,2,\cdots,m$)的总和.

式(4)中 $D(n^1,m^1)$ 是自然数 n 的 k - 分拆数($k=1,2,\cdots,m$)的总和.

由式(2),即

$$D(n_1,1^m) = \left\langle \begin{matrix} m \\ n_1 \end{matrix} \right\rangle = \left[\begin{matrix} m+n_1-1 \\ n_1 \end{matrix} \right]$$

得

$$D(n_1 n_2 \cdots n_p,1^m) = \prod_{i=1}^{p} \left\langle \begin{matrix} m \\ n_i \end{matrix} \right\rangle = \prod_{i=1}^{p} \left[\begin{matrix} m+n_i-1 \\ n_i \end{matrix} \right]$$

再令 $n_1 = \cdots = n_{\lambda_1} = 1, n_{\lambda_1+1} = \cdots = n_{\lambda_2} = 2, \cdots$,然后合并相同的因子,即得

$$D(1^{\lambda_1} 2^{\lambda_2} \cdots n^{\lambda_n},1^m) = \prod_{i=1}^{n} \binom{m+i-1}{i}^{\lambda_i}$$

定理 2 设 $D_s(\pi,\sigma)$ 表示 n 个物体的集合 X 到 m 个盒子的集合 Y,且任意一个盒子都不空(即 $X \to Y$ 的满射)的布置的格式数,则有

$$D_s(1^n,1^m) = m! \, S(n,m) = \mathrm{Suj}(n,m) \qquad (6)$$

$$D_s(n^1,1^m) = \binom{n-1}{m-1} \qquad (7)$$

$$D_s(1^n,m^1) = S(n,m) \qquad (8)$$

$$D_s(n^1,m^1) = P(n,m) \qquad (9)$$

$$D_s(1^{\lambda_1} 2^{\lambda_2} \cdots n^{\lambda_n},1^m) =$$

$$\sum_{k=1}^{m} (-1)^{m-k} \binom{m}{k} \prod_{i=1}^{n} \binom{k+i-1}{i}^{\lambda_i} \qquad (10)$$

证明　式(6)中 $D_s(1^n,1^m)$ 即 $X \to Y$ 的满射的个数，从而知式(6)成立.

式(7)中 $D_s(n^1,1^m)$ 是 n 个无区别的球放入 m 个不同的盒子中，不允许有空盒子的放法数.

式(8)中 $D_s(1^n,m^1)$ 是 n 元集合的 $m-$ 划分数 $S(n,m)$.

式(9)中 $D_s(n^1,m^1)$ 是自然数 n 的 $m-$ 分拆数 $P(n,m)$.

现在证明式(10). 记 $\pi=(1^{\lambda_1}2^{\lambda_2}\cdots n^{\lambda_n})$，设 $K \subseteq Y$，且 $|K|=k(k=0,1,2,\cdots,m)$，n 个物体的集合 X（划分为 π）到 k 个盒子的集合 K（划分为 σ）的布置，使得 $X \to K$ 为满射的布置的格式数为 $D_{s,k}(\pi,\sigma)$，使得 $X \to K$ 为非满射的布置的格式数记为 $D_k(\pi,\sigma)$，则有

$$D_m(\pi,1^m) = \sum_{k=1}^{m} \sum_{\substack{K \subseteq Y \\ |K|=k}} D_{s,k}(\pi,1^k) = \sum_{k=1}^{m} \binom{m}{k} D_{s,k}(\pi,1^k)$$

由第 1 节反演公式(4)得

$$D_{s,m}(\pi,1^m) = \sum_{k=1}^{m} (-1)^{m-k} \binom{m}{k} D_k(\pi,1^k)$$

由式(5)得

$$D_k(\pi,1^k) = \prod_{i=1}^{n} \binom{k+i-1}{i}^{\lambda_i}$$

代入前式中的 $D_k(\pi,1^k)$，即得

$$D_s(1^{\lambda_1}2^{\lambda_2}\cdots n^{\lambda_n},1^m) =$$
$$\sum_{k=1}^{m} (-1)^{m-k} \binom{m}{k} \prod_{i=1}^{n} \binom{k+i-1}{i}^{\lambda_i}$$

推论　设自然数 n 的素分解为

$n = p_1^{i_1} p_2^{i_2} \cdots p_l^{i_l}, i \neq j$ 时, $p_i \neq p_j, i_1 + i_2 + \cdots + i_l = k$ 且指数为 i 的素数个数为 λ_i 个 ($\lambda_1 + 2\lambda_2 + \cdots + k\lambda_k = k$),则将 n 写成 $m(m \leqslant k)$ 个因子之积(因子次序不同或因数不同均视为不同的写法而计入)的写法数为

$$D_s(1^{\lambda_1} 2^{\lambda_2} \cdots k^{\lambda_k}, 1^m) \tag{11}$$

其中 $\lambda_1 + 2\lambda_2 + \cdots + k\lambda_k = k$.

例如, $150 = 2 \times 3 \times 5^2$ 表示成 3 个自然数之积有 $D_s(1^2 2^1, 1^3) = 3 - 3 \times 4 \times 3 + 1 \times 9 \times 6 = 21$(种)方法. 这 21 种是: $2 \times 3 \times 25$ 及其排列(6 个), $10 \times 3 \times 5$ 及其排列(6 个), $2 \times 5 \times 15$ 及其排列(6 个), $6 \times 5 \times 5$ 及其排列(3 个).

§3　偏序关系与麦比乌斯函数

3.1　偏序关系

在第一反演公式中由 α_{nk} 确定 β_{nk},即由矩阵 $\boldsymbol{A}$ 确定矩阵 $\boldsymbol{B} = \boldsymbol{A}^{-1}$ 是反演公式的关键步骤.

设 $\boldsymbol{A} = (a_{ij})_{n \times n}$ 为下三角矩阵(即 $i < j$ 时, $a_{ij} = 0$),且 $a_{ii} \neq 0 (i = 1, 2, \cdots, n)$. 令 $\boldsymbol{A}^{-1} = (d_{ij})_{n \times n}$,由于下三角矩阵的逆还是下三角矩阵(当 $i < j$ 时, $d_{ij} = 0$),且 $d_{ii} = a_{ii}^{-1} (i = 1, 2, \cdots, n)$. 在

$$\sum_{k=1}^{n} d_{ik} a_{kj} = \delta_{ij}$$

中, $k < j$ 时, $a_{kj} = 0, i < k$ 时, $d_{ik} = 0$,所以

$$\sum_{k=j}^{i} d_{ik} a_{kj} = \sum_{k=j+1}^{i} d_{ik} a_{kj} + d_{ij} a_{jj} = \delta_{ij} = \begin{cases} 1, i = j \\ 0, i \neq j \end{cases}$$

于是,$\boldsymbol{A}^{-1}$ 的元 d_{ij} 可以递推定义为

$$d_{ij}=\begin{cases} -\dfrac{1}{a_{jj}}\sum_{j<k\leqslant i}d_{ik}a_{kj}, & j<i \\ a_{ii}^{-1}, & j=i \\ 0, & j>i \end{cases} \qquad (1)$$

将 i,j 推广到一般的元素,$j<k\leqslant i$ 推广到一般的偏序关系,就可以得到一般意义上的反演公式.

定义 1 设 X 为非空集,对 X 中的某些元 x,y,z 有:

(1)传递性:若 $x\leqslant y$,且 $y\leqslant z$,则 $x\leqslant z$.

(2)反对称性:若 $x\leqslant y$,且 $y\leqslant x$,则 $x=y$.

(3)自反性:$\forall x\in X$,有 $x\leqslant x$.

(上面的(1)和(2)不是对 X 的全体元素都成立,(3)是对 X 的全体元素都成立)则称"$\leqslant$"为 X 上的偏序关系,X 为偏序集.

偏序关系 $x\leqslant y$,也可以记为 $y\geqslant x$;$x<y$,即 $x\leqslant y$ 且 $x\neq y$;$\neg(x<y)$ 是指 $x\geqslant y$ 或 x 与 y 不可以比较.

若定义 1 中的性质对偏序集 X 的全体元素都成立,即 $\forall x,y\in X$,均有 $x\leqslant y$,或 $y\leqslant x$,则称 X 为全序集或链.下面给出几个偏序集的例子.

例 1 设 T 是正整数集的子集,定义 $x\leqslant y$ 为 x 整除 y,即 $x\mid y$(其中 $x,y\in T$),则整除关系是 T 上的偏序关系,T 为偏序集(显然满足定义 1).

例 2 设 $L(V)$ 是有限集 V 的子集的集合.定义 $W_1\leqslant W_2$ 为 $W_1\subseteq W_2$(其中 $W_1,W_2\in L(V)$),则包含关系是 $L(V)$ 上的偏序关系,$L(V)$ 为偏序集(显然满足定义 1).

定义 2 在偏序集 X 中,若存在 $a\in X$,使得

$\forall\, x \in X$ 都有 $x \leqslant a$(或 $x \geqslant a$),则称 a 为 X 的最大(或最小)元.

在偏序集 X 中,可以不存在最大(或最小)元,若存在,则它是唯一的.

若 X 中不存在比 a 更小(或更大)的元,则称 a 为 X 的极小(或极大)元. X 的极小(或极大)元可以存在但不唯一,也可以不等于最大(或最小)元. 例如,在例 1 中取 $T = \{2,3,6,8\}$,2 和 3 都是 T 的极小元,但 T 不存在最小元.

定义 3　在偏序集 X 中,区间的记号为

$$[x,y] = \{z \in X \mid x \leqslant z \leqslant y\},\, x, y \in X$$
$$[x,y) = \{z \in X \mid x \leqslant z < y\},\, x, y \in X$$

同理定义 $(x,y]$ 和 (x,y).

若 $x < y$,且不存在 z,使得 $x < z < y$,则称 y 覆盖 x,记作 $x <\cdot\, y$.

若偏序集 X 的任一区间仅包含有限多个元素,则称 X 为局部有限偏序集.

对偏序集 X,总可以假定存在(或添加)零元,记作 0($\forall\, x \in X$,都有 $0 \leqslant x$).

定义 4　设 X 为局部有限偏序集,函数集合

$$A(X) = \{f : X \times X \to \mathbf{R} \mid \neg\,(x < y)\ \text{时},$$
$$f(x,y) = 0,\, x, y \in X\}$$

中两个函数的和 $f + g$ 与数量积 kf(其中 $k \in \mathbf{R}$)按通常的定义. 乘积"$*$"(称为戴德金(Dedekind)乘积或卷积)定义为

$$(f * g)(x,y) =$$
$$\begin{cases} \displaystyle\sum_{x \leqslant z \leqslant y} f(x,z)g(z,y), & x, y \in X,\ \text{且}\ x \leqslant y \\ 0, & x, y \in X,\ \text{且}\ \neg\,(x \leqslant y) \end{cases}$$

显然，$f * g \in A(X)$. 对如上定义的加法、数量乘法和卷积，$A(X)$ 称为 X 上的结合代数(关联代数).

定理 1 对卷积运算" $*$ "，$A(X)$ 有单位元和满足结合律.

证明 设

$$\delta(x,y) = \begin{cases} 1, x = y \\ 0, x \neq y \end{cases}$$

若 $f \in A(X)$，则 $f * \delta = \delta * f = \delta$，所以，$\delta$ 为 $A(X)$ 的单位元.

对 $\forall f, g, h \in A(X)$，有

$$((f * g) * h)(x, z) = \sum_{x \leqslant u \leqslant z} (f * g)(x, u) h(u, z) =$$

$$\sum_{x \leqslant u \leqslant z} (\sum_{x \leqslant y \leqslant u} f(x, y) g(y, u) h(u, z)) =$$

$$\sum_{x \leqslant y \leqslant z} f(x, y) (\sum_{y \leqslant u \leqslant z} g(y, u) h(u, z)) =$$

$$\sum_{x \leqslant y \leqslant z} f(x, y) (g * h)(y, z) =$$

$$(f * (g * h))(x, z)$$

上面第三个等式中交换和号顺序的定限，参见图 1.

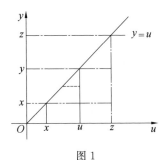

图 1

定理 2 设 $f \in A(X)$，则 f 存在左逆的充分必要条件是

15

$$f(x,x) \neq 0, x \in X \qquad (2)$$

这也是 f 存在右逆的充分必要条件,且 f 的左逆与右逆相等,记作 f^{-1}.

证明　先证必要性. 若 f 的左逆存在,设为 $g(x,y)$,则有

$$g(x,y) * f(x,y) = \delta(x,y)$$

当 $x = y$ 时,有

$$g(x,x) * f(x,x) = \delta(x,x) = 1$$

所以,$f(x,x) \neq 0$.

再证充分性. 利用递归定义,由条件(2)求出 $f(x,y)$ 的左逆 $g(x,y)$,即根据

$$g(x,y) * f(x,y) = \delta(x,y)$$

得到

$$g(x,y) = \begin{cases} \dfrac{1}{f(x,x)}, & x = y \\[2ex] -\dfrac{1}{f(y,y)} \displaystyle\sum_{x \leqslant z < y} g(x,z) f(z,y), & x < y \\[2ex] 0, & \neg(x \leqslant y) \end{cases}$$

$$(3)$$

则 $g(x,y)$ 是 $f(x,y)$ 的左逆. 同理,可以证明 f 的右逆存在. 欲证 $f(x,y)$ 的左逆与右逆相等,设 f 的右逆为 g_1,于是

$$g * f = \delta = f * g_1$$

就有

$$g = g * \delta = g * (f * g_1) = (g * f) * g_1 = \delta * g_1 = g_1$$

所以,$A(X)$ 中的全体可逆元素对卷积运算" * "构成群.

3.2　麦比乌斯函数

定义 5　设

$$\xi(x,y) = \begin{cases} 1, x \leqslant y \\ 0, \neg(x \leqslant y) \end{cases} \tag{4}$$

称 $\xi \in A(X)$ 为 ξ — 函数,记 ξ 对运算" $*$ "的左逆 ξ^{-1} 为 μ,即

$$\mu(x,y) = \begin{cases} 1, x = y \\ -\sum_{x \leqslant z < y} \mu(x,z), x < y \\ 0, \neg(x \leqslant y) \end{cases} \tag{5}$$

或用右逆表示为

$$\mu(x,y) = \begin{cases} 1, x = y \\ -\sum_{x < z \leqslant y} \mu(z,y), x < y \\ 0, \neg(x \leqslant y) \end{cases} \tag{5'}$$

称 μ 为麦比乌斯函数. μ 函数满足

$$\sum_{x \leqslant z \leqslant y} \mu(z,y) = \delta_{xy} \tag{5''}$$

定理 3(麦比乌斯反演定理)　设 X 为局部有限偏序集, f,g 是 X 上的实函数.

(1)若 X 有最小元 a,即 $a \in X$,当 $x < a$ 时, $f(x) = 0$,则有下列反演公式

$$g(x) = \sum_{a \leqslant y \leqslant x} f(y) \underset{\forall x \in X}{\Longleftrightarrow} f(x) = \sum_{a \leqslant y \leqslant x} g(y)\mu(y,x)$$

$$\tag{6}$$

(2)若 X 有最大元 b,即 $b \in X$,当 $x > b$ 时, $f(x) = 0$,则有下列反演公式

$$g(x) = \sum_{x \leqslant y \leqslant b} f(y) \underset{\forall x \in X}{\Leftrightarrow} f(x) = \sum_{x \leqslant y \leqslant b} \mu(x,y)g(y)$$

$$(6')$$

证明 （1）先证必要性. 由 $g(y) = \sum_{a \leqslant z \leqslant y} f(z)$，得

$$\sum_{a \leqslant y \leqslant x} g(y)\mu(y,x) = \sum_{a \leqslant y \leqslant x}\left(\sum_{a \leqslant z \leqslant y} f(z)\right)\mu(y,x) =$$

$$\sum_{a \leqslant z \leqslant x} f(z) \sum_{z \leqslant y \leqslant x} \mu(y,x) =$$

$$\sum_{a \leqslant z \leqslant x} f(z)\delta_{zx} =$$

$$f(x)$$

上面第二个等式中交换求和的顺序的定限参见图 2，第三个等式中的 δ_{zx} 见式(5″).

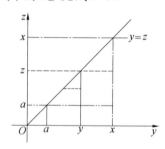

图 2

再证充分性. 由 $f(y) = \sum_{a \leqslant z \leqslant y} g(z)\mu(z,y)$ 得

$$\sum_{a \leqslant y \leqslant x} f(y) = \sum_{a \leqslant y \leqslant x}\left(\sum_{a \leqslant z \leqslant y} g(z)\mu(z,y)\right) =$$

$$\sum_{a \leqslant z \leqslant x} g(z)\left(\sum_{z \leqslant y \leqslant x} \mu(z,y)\right) =$$

$$\sum_{a \leqslant z \leqslant x} g(z)\delta_{zx} = g(x)$$

（2）的证明类似(1).

18

3.3　哈塞图

有限偏序集 X 可以用一个平面图来表示. 设 x,$y \in X$,若 y 覆盖 x,即 $x \lessdot y$,则以图 3 表示,称此图为哈塞(Hasse) 图.

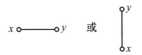

图 3

例 3　设 $X = \mathbf{N} = \{0, 1, 2, \cdots\}$,偏序关系"$\leqslant$"即通常意义上的小于或等于"$\leqslant$". 求麦比乌斯函数 $\mu(k, n)$,画出哈塞图,并求麦比乌斯反演公式.

解　当 $n \in \mathbf{N}$ 时,由式(5′) 得 $\mu(n, n) = 1$,则

$$\mu(k, n) = -\sum_{k < m \leqslant n} \mu(m, n), \quad k < n$$

$$\mu(k, n) = \begin{cases} 1, & k = n \\ -1, & k = n - 1 \\ 0, & \text{其他} \end{cases} \tag{7}$$

哈塞图参见图 4. 麦比乌斯反演公式为

$$g(n) = \sum_{k=0}^{n} f(k) \Longleftrightarrow$$

$$f(n) = \sum_{k=0}^{n} g(k) \mu(k, n) =$$

$$g(n) - g(n-1) \tag{8}$$

例 4　设 $X = \mathbf{N}^{*} = \{1, 2, \cdots\}$,偏序关系 $a \leqslant b$ 是

19

图 4

整除关系 $a \mid b$. 求麦比乌斯函数 $\mu(k,n)$, 画一个哈塞图, 并给出麦比乌斯反演公式.

解 当 $n \in \mathbf{N}^*$ 时, 若 $x \leqslant z \leqslant y$, 即存在 $d, c \in \mathbf{N}^*$, 使得 $z = xd$, $y = zc = xdc$, 于是

$$\frac{y}{x} = dc$$

即

$$d \mid \frac{y}{x}$$

所以, 满足 $x \leqslant z \leqslant y$ 的 $\{z\}$ 与 $\frac{y}{x}$ 的因子 $\{d\}$ 是一一对应的.

下面建立 $\mu(k,n)$ 与数论中麦比乌斯函数 $\mu'(n)$ 之间的关系

$$\mu'(n) =$$

$$\begin{cases} 1, n = 1 \\ (-1)^k, n = p_1 p_2 \cdots p_k (p_1, p_2, \cdots, p_k \text{ 为互异素数}) \\ 0, \text{其他} \end{cases}$$

(9)

容易验证

20

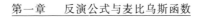

$$\sum_{d\mid n}\mu'(d)=\delta_{n1}=\begin{cases}1,n=1\\0,n>1\end{cases} \tag{10}$$

因为当 $n>1$ 时,若 $p_1,p_2,\cdots,p_k$ 为 n 的素分解中的互异素数,则 $\mu'(n)=(-1)^k$,所以,当 d 取 $1,p_i(1\leqslant i\leqslant k),p_ip_j(1\leqslant i<j\leqslant k),p_ip_jp_r(1\leqslant i<j<r\leqslant k),\cdots,p_1p_2\cdots p_k$ 时,有

$$\sum_{d\mid n}\mu'(d)=1-\binom{k}{1}+\binom{k}{2}-\cdots+(-1)^k\binom{k}{k}=$$
$$(1-1)^k=0$$

由式 $(5')$ 得 $\mu(n,n)=\mu'(1)=1$.

当 $m\prec n$ 时,有

$$\sum_{m\leqslant z\leqslant n}\mu(z,n)=\sum_{\substack{m\leqslant z\leqslant n\\(m\mid z,z\mid n)}}\mu'\left(\frac{n}{z}\right)\overline{\underline{\quad z=dm\quad}}$$
$$\sum_{d\mid\frac{n}{m}}\mu'\left(\frac{n}{dm}\right)\overline{\underline{\quad d_1dm=n\quad}}$$
$$\sum_{d_1\mid\frac{n}{m}}\mu'(d_1)=0$$

所以

$$\sum_{m\leqslant z\leqslant n}\mu(z,n)=\sum_{d\mid n}\mu'(d)=\delta_{n1}$$

或

$$\mu(d,n)=\mu'\left(\frac{n}{d}\right)=$$

$$\begin{cases}1,n=d\\(-1)^k,n=p_1p_2\cdots p_kd\,(p_1,p_2,\cdots,p_k\ \text{为互异素数})\\0,\text{其他}\end{cases}$$

$$\tag{11}$$

图 5 是 $n=p_1^2p_2^2d$ 的哈塞图.

麦比乌斯反演公式为

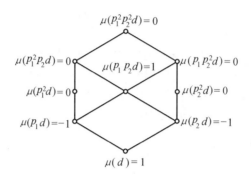

图 5

$$g(n) = \sum_{d|n} f(d) \Leftrightarrow f(n) = \sum_{d|n} g(d)\mu(d,n), n \in \mathbf{N}^*$$

$$(12)$$

式(12)可用于推导欧拉函数:小于 n 且与 n 互素的正整数的个数为 $\varphi(n)$ ($n \in \mathbf{N}^*$),即

$$\varphi(n) = |\{k \mid 1 \leqslant k < n, k \in \mathbf{N}^*, (k, n) = 1\}|$$

以 $(i, n) = d$ 表示 i, n 的最大公因数为 d. 将集合 $\{1, 2, \cdots, n\}$ 依 d 分类为

$$\overline{N} = \{1, 2, \cdots, n\} = \bigcup_{d|n} S_d$$

其中

$$S_d = \{i \in \overline{N} \mid (i, n) = d\}$$

即

$$i \in S_d \Leftrightarrow \left(\frac{i}{d}, \frac{n}{d}\right) = \left(k, \frac{n}{d}\right) = 1$$

其中

$$k = \frac{i}{d}$$

于是

$$|S_d| = \left|\left\{k \mid \left(k, \frac{n}{d}\right) = 1\right\}\right| = \varphi\left(\frac{n}{d}\right)$$

22

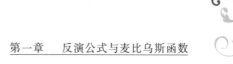

得到

$$n = \Big| \bigcup_{d \mid n} S_d \Big| = \sum_{d \mid n} \varphi\Big(\frac{n}{d}\Big) \xrightarrow{\ d_1 = \frac{n}{d}\ } \sum_{d_1 \mid n} \varphi(d_1)$$

由反演公式(12)和式(11),得

$$n = \sum_{d_1 \mid n} \varphi(d_1) \Leftrightarrow \varphi(n) = \sum_{d_1 \mid n} d_1 \mu(d_1, n) = \sum_{d \mid n} \frac{n}{d} \mu'(d)$$

其中 $d = \dfrac{n}{d_1}$,所以

$$\varphi(n) = n - \sum_{i=1}^{q} \frac{n}{p_i} + \sum_{i<j} \frac{n}{p_i p_j} - \cdots +$$

$$(-1)^q \frac{n}{p_1 p_2 \cdots p_q} =$$

$$n \prod_{i=1}^{q} \Big(1 - \frac{1}{p_i}\Big)$$

其中 $n = p_1^{a_1} p_2^{a_2} \cdots p_q^{a_q}$ 为 n 的素分解.

例 5　设 M 为有限集,$P(M) = 2^M$ 为 M 的子集族,对 $S, A \in P(M)$,偏序关系 $S \leqslant A$ 为包含关系 $S \subseteq A$. 求麦比乌斯函数 $\mu(S, A)$,画一个哈塞图,并给出麦比乌斯反演公式.

解　利用定义和归纳法可以得到

$$\mu(S, A) = \begin{cases} (-1)^{|A| - |S|}, & S \subseteq A \subseteq M \\ 0, & 其他 \end{cases} \tag{13}$$

麦比乌斯反演公式为

$$g(A) = \sum_{S \subseteq A} f(S) \underset{\forall A \subseteq M}{\Longleftrightarrow} f(A) = \sum_{S \subseteq A} g(S) \mu(S, A) \tag{14}$$

图6是 $A = \{a, b, c\}$,$S = \varnothing$ 的哈塞图.

例 6　设 M 为有限集,σ 为 M 的一个 $p -$ 划分,记为

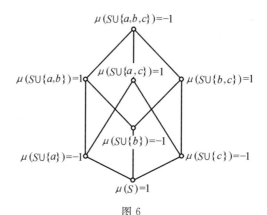

图 6

$$\sigma = A_1 \mid A_2 \mid \cdots \mid A_p$$

其中 $A_1 \bigcup A_2 \bigcup \cdots \bigcup A_p = M$,当 $i \neq j$ 时,$A_i \bigcap A_j = \varnothing$,$A(M)$ 为 M 的划分的集合. $\sigma, \tau \in A(M)$ 时,偏序关系 $\sigma \leqslant \tau$ 定义为 σ 的每一个划分类都包含在 τ 的一个划分类中,即 τ 的每一个类可以划分为 σ 的若干类. 此时,称 σ 比 τ 划分得细(或 τ 比 σ 划分得粗). 求麦比乌斯函数 $\mu(\sigma, \tau)$,画一个哈塞图,并给出麦比乌斯反演公式.

解 设

$$\sigma = A_1 \mid A_2 \mid \cdots \mid A_p, \tau = B_1 \mid B_2 \mid \cdots \mid B_m$$

其中 $\sigma \leqslant \tau$,且

$$B_1 = A_1 \bigcup A_2 \bigcup \cdots \bigcup A_{n_1}$$
$$B_2 = A_{n_1+1} \bigcup A_{n_1+2} \bigcup \cdots \bigcup A_{n_1+n_2}$$
$$\vdots$$
$$B_m = A_{n_1+n_2+\cdots+n_{m-1}+1} \bigcup \cdots \bigcup A_{n_1+n_2+\cdots+n_m}$$

其中 $n_1 + n_2 + \cdots + n_m = p$,则

$$\mu(\sigma, \tau) = (-1)^{m+p} \prod_{i=1}^{m} (n_i - 1)!$$

例如,$\sigma = a \mid b \mid c \mid d, \tau = ad \mid bc, \pi = a \mid bcd$,则

24

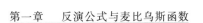

$$\mu(\sigma,\tau)=(-1)^{4+2}(2-1)!\ (2-1)!\ =1$$

$$\mu(\sigma,\pi)=(-1)^{4+2}(3-1)!\ =2$$

图 7 是 $A=\{a,b,c\}$，$\sigma=a\mid b\mid c$ 的 $\mu(\sigma,\tau)$ 哈塞图.

麦比乌斯反演公式为

$$g(\sigma)=\sum_{\tau\in A(M)}f(\tau)\underset{\forall\,\sigma\subseteq A(M)}{\Longleftrightarrow}f(\sigma)=\sum_{S\subseteq A}g(\sigma)\mu(\sigma,\tau)$$

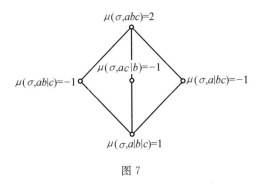

图 7

§4　麦比乌斯反演的一个应用 —— 环状字的计数

定义 1　从 m 个字母的字母表 $\{a_1,a_2,\cdots,a_m\}$ 中可重复地取出 n 个，依顺时针方向排成圆环状：a_1，$a_2,\cdots,a_n,a_{n+1},\cdots(a_{n+i}=a_i)$，称为长为 n 的环状字，其个数记为 $C_m(n)$.

一个长为 n 的环状字，在一般情况下不能对应 n 个长为 n 的线状字. 例如，长为 4 的环状字 1212 对应两个长为 4 的线状字 1212 和 2121. 这是因为长为 n 的环状字中存在周期.

定义 2　长为 n 的环状字 $w=a_1,a_2,\cdots,a_n,a_1$ 中

若存在 $p \in \mathbf{N}^*$，使得 $a_i = a_{i+p}$，则称 p 为 w 的周期（显然，n 也是周期）. 最小的周期称为本原周期.

设 p 为本原周期，则 $p \mid n$；否则，若

$$n = pq + r, 0 < r < p$$

由

$$a_i = a_{i+p} = a_{i+n} = a_{i+pq+r} = a_{i+r}$$

则得出 r 是比 p 还小的周期，与 p 是本原周期矛盾.

一个长为 p 且本原周期也是 p 的环状字，对应 p 个长为 p 的线状字. 由 $p \mid n$，于是，长为 p 且本原周期也是 p 的字重复 $\dfrac{n}{p}$ 次，就得到本原周期是 p 且长为 n 的环状字.

设 $M(p)$ 表示从 m 个字母中可重复地取出 p 个，组成的长为 p 且本原周期也是 p 的环状字的个数，则 $M(p)$ 也是本原周期为 p 而长为 n（其中 $p \mid n$）的环状字的个数，其对应的线状字的个数为 $pM(p)$.

定理　$C_m(n) = \sum\limits_{p \mid n} \dfrac{1}{p} \sum\limits_{d \mid p} \mu'\left(\dfrac{p}{d}\right) m^d.$

证明　由 m 个字母（可重复地）组成的长为 n 的线状字的个数为 m^n，则

$$m^n = \sum_{p \mid n} pM(p)$$

由第 3 节反演公式（12）得到

$$nM(n) = \sum_{p \mid n} m^p \mu(p, n)$$

于是

$$pM(p) = \sum_{d \mid p} m^d \mu(d, p) = \sum_{d \mid p} \mu'\left(\dfrac{p}{d}\right) m^d$$

（其中 μ' 与 μ 的关系见第 3 节式（11）），所以

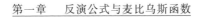

$$C_m(n) = \sum_{p|n} M(p) = \sum_{p|n} \frac{1}{p} \sum_{d|p} \mu'\left(\frac{p}{d}\right) m^d$$

例如

$$C_2(4) = 1 \times 2^1 + \frac{1}{2}(\mu'(2)2^1 + \mu'(1)2^2) +$$

$$\frac{1}{4}(\mu'(4)2^1 + \mu'(2)2^2 + \mu'(1)2^4) = 6$$

其中 $\mu'(1) = 1, \mu'(2) = -1, \mu'(4) = 0$. 这 6 个环状字
见图 8.

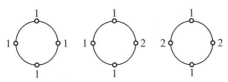

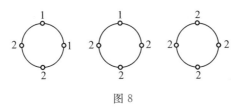

图 8

§5　习　题

1. 设 $L(n,k)$ 为 Lah 数(带符号),证明:

(1) $L(n+1,k) = -(n+k)L(n,k) - L(n,k-1)$;

(2) $L(n,k) = (-1)^n \dfrac{n!}{k!}\dbinom{n-1}{k-1}$.

2. 证明:

$$(1) \sum_{k=0}^{m} \binom{m}{k} D_s(n,1^{m-k}) = \binom{n+m-1}{n};$$

$$(2) \binom{n-1}{m-1} = \sum_{k=0}^{m-1} (-1)^k \binom{m}{k} \binom{n+m-k-1}{n}.$$

3. n 个元素有序地分成可辨别的 m 个组（每组非空），且组内元素也有序，求布置的方法数；若组不可辨别，求布置的方法数.

4. 设 $D_1(\pi,\sigma)$ 表示 n 个物体的集合 X（划分类型 π）到 m 个盒子的集合 Y（划分类型 σ）的单射（每个盒子内至多放一个物体）的个数. 求出下列结果：

(1) $D_1(1^n,1^m)$；

(2) $D_1(n,1^m)$；

(3) $D_1(1^n,m)$.

5. 将一个红球、一个绿球和两个蓝球放入三个盒子中，求没有空盒子的放法数和允许有空盒子的放法数.

6. 设 $d'(\pi,\sigma)$ 表示 n 个物体的集合 X（划分类型 π）到 m 个盒子的集合 Y（划分类型 σ），且盒内有序时的布置的格式数. $d_s(\pi,\sigma)$ 表示盒内有序且每盒非空的布置的格式数. 求出下列结果：

(1) $d(1^n,1^m)$；

(2) $d_s(1^n,1^m)$；

(3) $d(n_1^1 n_2^1 \cdots n_r^1,1^m)$；

(4) $d_s(n_1^1 n_2^1 \cdots n_r^1,1^m)$；

(5) $d_s(1^n,m)$；

(6) $d(1^{\lambda_1} 2^{\lambda_2} \cdots n^{\lambda_n},1^m)$.

7. n 个无区别的球放入 m 个可辨别的盒子中，且盒子内的球无序（允许有空盒子），求恰好有 k 个盒子

的容量为 s 的放法数.

8. 证明第 3 节式$(5')$:ξ 对运算" $*$ "的右逆 ξ^{-1} 为

$$\mu(x,y)=\begin{cases}1,x=y\\-\sum_{x<z\leqslant y}\mu(z,y),x\prec y\\0,\neg(x\leqslant y)\end{cases}$$

9. 证明 ξ — 函数满足:$(\xi * \xi)(x,y)=\xi^2(x,y)=|[x,y]|.$

10. 设 X 为局部有限偏序集,对 $x,y \in X$,定义

$$\lambda(x,y)=\begin{cases}1,x=y \text{ 或 } x\prec\cdot y\\0,\text{其他}\end{cases}$$

记 $\eta=\xi-\delta,\chi=\lambda-\delta$(其中 ξ 的定义见第 3 节式(4),δ 的定义见第 3 节定理 1),$n \in \mathbf{N}^*$,证明:

$(1)\eta^n=\sum_{i=0}^{n}\binom{n}{i}(-1)^{n-i}\xi^i;$

$(2)\chi^n=\sum_{i=0}^{n}\binom{n}{i}(-1)^{n-i}\lambda^i.$

11. 设 $\rho(n)$ 是长为 n 的链,对 $k,n \in \mathbf{N}^*$,证明:

$(1)\eta^k(\rho(n))=\binom{n-1}{k-1};$

$(2)\xi^k(\rho(n))=\binom{n+k-1}{k-1};$

$(3)\chi^k(\rho(n))=\delta_{nk};$

$(4)\lambda^k(\rho(n))=\sum_{i=0}^{k}\binom{k}{i}\chi^i(\rho(n))=\binom{k}{n}.$

12. 证明

$$\sum_{d\mid n}\mu'(d)=\delta_{n1}$$

13. 证明第 3 节式(13)

$$\mu(S,A) = \begin{cases} (-1)^{|A|-|S|}, & S \subseteq A \subseteq M \\ 0, & 其他 \end{cases}$$

14. 在第3节例6中设 $M=\{a,b,c,d\}$, $A(M)$ 为 M 的划分的集合. $\sigma,\tau \in A(M)$ 时,偏序关系 $\sigma \leqslant \tau$ 定义为 σ 比 τ 划分得细. 求麦比乌斯函数 $\mu(\sigma,\tau)$,并画出哈塞图.

15. 定义 $\nu=\lambda^{-1}$ ($\nu \in A(x)$),λ 的定义见第 10 题. 证明

$$\nu(x,x)=1$$
$$\nu(x,y) = -\sum_{z<\cdot y}\nu(x,z) = -\sum_{x<\cdot z}\nu(z,y)$$

16. 设 D_k 为 k 元错排的个数,若 n 元排列中有 r 个不动点,其余为错排,则全排列数可以表示为

$$n! = \sum_{r=0}^{n}\binom{n}{r}D_{n-r}$$

利用反演公式求 D_n.

17. 从红、白和黑色的珠子中取 9 粒串成一个圆环,从正面看有多少个不同的圆环?

注 本章第 1～5 节摘编自林翠琴编著的《组合学与图论》(清华大学出版社,2009).

麦比乌斯反演公式

第
二
章

§1　近代组合学中的麦比乌斯反演

　　1996 年美国麻省理工学院数学系教授 Gian-Carlo Rota 在第五次形式幂级数和代数组合学会议开幕式上发表了题为《关于组合学现状的报告》.他说:

　　"在我们时代,组合学的发展追随着任何现代数学中都可见到的领导潮流之一,这个趋势可以标上'回到具体'的标签,乍一看,似乎 20 世纪前半叶的抽象代数在 60 年代达到顶峰,泛函分析、代数拓扑、代数几何和微分几何的成功发展似乎给了

新动向一个基础,这个动向偏爱特殊的问题,
可计算的算法以及那些似乎忽视了过去主流
的具体结果……"

仔细地看看就会发现,组合学中今天进行的某些
杰出的工作正在使昨天的代数大大地受益,代数组合
学成功地提供了非平凡的例子,给习惯上称为抽象代
数的许多经典结果补充了实例.

Rota 举的一个例子就是由局部有限序集的约化
关联代数所产生的众多的 Hopf 代数簇,也许是具有高
度非凡对映体的 Hopf 代数的中心例子,像 Schmidt 所
指明的那样,关联 Hopf 代数的对映体可以看作偏序集
上的麦比乌斯函数的推广,大致提供了麦比乌斯函数
扩张的恰当水平.

§2　用麦比乌斯反演公式解可重圆排列的计数问题

现在有无限可重的 m 种元素集 $M = \{\infty \cdot a_1, \infty \cdot a_2, \cdots, \infty \cdot a_m\}$,取 n 个元素放于正 n 边形各顶点上形成圆排列(也有称环状字的),求有多少个不同的圆排列?

例如,$m=2$,$M = \{\infty \cdot a_1, \infty \cdot a_2\}$,$n=4$,可组成 6 个圆排列

$$\odot a_1 a_1 a_1 a_1, \odot a_2 a_2 a_2 a_2, \odot a_1 a_2 a_1 a_2$$

$$\odot a_1 a_1 a_2 a_2, \odot a_1 a_1 a_1 a_2, \odot a_2 a_2 a_2 a_1$$

这种表达圆排列的方法只是从圆排列圆周的任一空隙
处剪开,拉成的线排列前标上"⊙"记号,显然各空隙

32

地位均等. 如 $\odot a_1 a_1 a_1 a_2, \odot a_1 a_1 a_2 a_1, \odot a_1 a_2 a_1 a_1,$ $\odot a_2 a_1 a_1 a_1$ 都表示同一个圆排列.

一个圆排列,如从其上任一位置,按顺时针(或逆时针)前进 T 个位置(或称 T 个步长),新位置上的元素与原位置上的元素相等,则称 T 为周期,而具有上述性质的最小 T 值又记为 d,称为本原周期. 在不混淆的情况下,本原周期简称周期.

如 $M = \{\infty \cdot a_1, \infty \cdot a_2\}, n = 12$,有圆排列

$$\odot a_1 a_2 a_2 a_1 a_2 a_2 a_1 a_2 a_2 a_1 a_2 a_2$$

周期 $T = 12, 6, 3$,本原周期 $d = 3$,此时,从 12 个空隙剪开,不同的线排列只有 3 种

$$\odot a_1 a_2 a_2 a_1 a_2 a_2 a_1 a_2 a_2 a_1 a_2 a_2$$

$$\begin{cases} a_1 a_2 a_2 \quad a_1 a_2 a_2 \quad a_1 a_2 a_2 \quad a_1 a_2 a_2 \\ a_2 a_2 a_1 \quad a_2 a_2 a_1 \quad a_2 a_2 a_1 \quad a_2 a_2 a_1 \\ a_2 a_1 a_2 \quad a_2 a_1 a_2 \quad a_2 a_1 a_2 \quad a_2 a_1 a_2 \end{cases}$$

此规律具有普遍性:$d \mid T, T \mid n$,本原周期为 d 的一个圆排列,只可剪成 d 种不同的线排列. 设本原周期为 d 的不同的圆排列共有 $M(d)$ 个,则它们对应的线排列总数为 $d \cdot M(d)$ 个

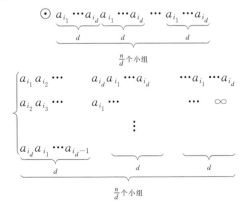

Möbius 反演

本原周期 d 取遍各种可能值: $d \mid n$, 产生的线排列全体必是 n 元可重线排列全体, 从而有

$$\sum_{d \mid n} d M(d) = m^n \qquad (1)$$

应用反演

$$n \cdot M(n) = \sum_{d \mid n} \mu(d) m^{\frac{n}{d}}$$

或

$$M(n) = \frac{1}{n} \sum_{d \mid n} \mu(d) m^{\frac{n}{d}}$$

现在解出的是函数 M 的构造, 也可写成

$$M(d) = \frac{1}{d} \sum_{d_1 \mid d} \mu(d_1) m^{\frac{d}{d_1}} \qquad (2)$$

故 $\sum\limits_{d \mid n} M(d)$ 即为周长 $n. m$ 种元素无限可重圆排列数, 如记为 $\odot_n P(m)$, 则有

$$\odot_n P(m) = \sum_{d \mid n} M(d) = \sum_{d \mid n} \frac{1}{d} \sum_{d_1 \mid d} \mu(d_1) m^{\frac{d}{d_1}} \qquad (3)$$

令 $\dfrac{d}{d_1} = k$, 化简则有

$$\odot_n P(m) = \sum_{d \mid n} \sum_{d_1 \mid n} \frac{1}{d} \mu(d_1) m^{\frac{d}{d_1}} =$$

$$\sum_{d_1 \mid n} \sum_{k \mid \frac{n}{d_1}} \frac{1}{k d_1} \mu(d_1) m^k =$$

$$\sum_{d_1 \mid n} \frac{1}{d_1} \mu(d_1) \sum_{k \mid \frac{n}{d_1}} \frac{1}{k} m^k =$$

$$\sum_{k \mid n} \frac{1}{k} m^k \sum_{d_1 \mid \frac{n}{k}} \frac{1}{d_1} \mu(d_1) =$$

$$\sum_{k \mid n} \frac{1}{k} \cdot m^k \cdot \frac{k}{n} \left(\frac{n}{k} \sum_{d_1 \mid \frac{n}{k}} \frac{1}{d_1} \mu(d_1) \right) =$$

34

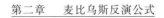

$$\sum_{k|n} \frac{1}{n} m^k \cdot \varphi\left(\frac{n}{k}\right)$$

最后一步用了式 $\varphi(n) = n \sum_{d|n} \frac{\mu(d)}{d}$，中间用了二次求和的换号规律. 归结成下面的结果, 有如下定理.

定理 1 $\odot_n P(m) = \frac{1}{n} \sum_{k|n} \varphi(k) m^{\frac{n}{k}}$.

例 1 用 3 种颜色的珠子串成 9 颗珠的项链, 问有多少种不同的项链?

解 可知

$$\odot_9 P(3) = \frac{1}{9} \sum_{k|9} \varphi(k) 3^{\frac{9}{k}} =$$

$$\frac{1}{9} \left[\varphi(1) 3^9 + \varphi(3) 3^3 + \varphi(9) 3^1 \right] =$$

$$\frac{1}{9} (1 \times 3^9 + 2 \times 3^3 + 6 \times 3^1) =$$

$$3^7 + 8 = 2\,195$$

如用式 (3) 计数, 有

$$\odot_9 P(3) = M(1) + M(3) + M(9) = 2\,195$$

其中

$$M(1) = 3$$

$$M(3) = \frac{1}{3} \left[\mu(1) 3^3 + \mu(3) 3^1 \right] =$$

$$\frac{1}{3} \left[1 \times 3^3 + (-1) \times 3 \right] = 8$$

$$M(9) = \frac{1}{9} \left[\mu(1) 3^9 + \mu(3) 3^3 + \mu(9) 3^1 \right] =$$

$$3^7 - 3 = 2\,184$$

下面研究麦比乌斯反演求解带限制条件的可重圆排列计数问题, 即 $M = \{\lambda_1 \cdot a_1, \cdots, \lambda_r \cdot a_r\}, \lambda_1 + \cdots +$

$\lambda_r = n$ 的圆形 n 元可重全排列计数.

我们知道,线形 n 元可重全排列数为 $\begin{pmatrix} n \\ \lambda_1, \cdots, \lambda_r \end{pmatrix}$,现在研究 n 元圆排列,仍然借用它与剪开后的线排列之间的关系. 显然,本原周期为 d 的一个圆排列能够且只能够剪成 d 个不同的线排列. 易于推知 $d \mid n$,把圆周上 n 个位置等分成 $\dfrac{n}{d} = d'$ 个小弧段,则每个小弧段上的元素排列是完全一致的,而每种元素 a_i 总共有 λ_i 个,必有 $d' \mid \lambda_i (i = 1, \cdots, r)$,故得 $d' \mid (\lambda_1, \cdots, \lambda_r)$,此处 $(\lambda_1, \cdots, \lambda_r)$ 为 r 个数的最大公因子.

那么本原周期为 d 的圆排列,当 d 确定时, $d' = \dfrac{n}{d}$ 也随之确定, $\dfrac{\lambda_i}{d'}$ 的 r 个值也随之确定,也就是说,分给每个小弧段的各种元素的分配额也确定了,即小弧段上有 $\dfrac{\lambda_1}{d'}$ 个 a_1, $\cdots\cdots$, $\dfrac{\lambda_r}{d'}$ 个 a_r,共 $\dfrac{\lambda_1 + \cdots + \lambda_r}{d'} = d$ 个元. 总之,形成不同的圆排列(周期 d 确定后)主要取决于 $\dfrac{\lambda_i}{d'}(i = 1, \cdots, r)$. 记本原周期为 d 的不同圆排列数为 $M\left(\dfrac{\lambda_1}{d'}, \cdots, \dfrac{\lambda_r}{d'}\right)$,因而不同的线排列数为 $d \cdot M\left(\dfrac{\lambda_1}{d'}, \cdots, \dfrac{\lambda_r}{d'}\right)$,再对各种 d 相加,得

$$\sum_{d' \mid (\lambda_1, \cdots, \lambda_r)} \frac{n}{d'} M\left(\frac{\lambda_1}{d'}, \cdots, \frac{\lambda_r}{d'}\right) = \frac{n!}{\lambda_1! \cdots \lambda_r!} \qquad (4)$$

其中,当 $d' \mid (\lambda_1, \cdots, \lambda_r)$ 时,因 $\lambda_1 + \cdots + \lambda_r = n$,即有 $d' \mid n$,而 $d = \dfrac{n}{d'}$. 现在提出一个问题:可否从式(4)中

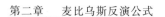

把函数 M 解出来? 也即问是否可以把麦比乌斯反演推广到多元情况?

定理 2(r 元麦比乌斯反演)　如定义于正整数上的 r 元函数 f 和 g 适合

$$f(\lambda_1,\cdots,\lambda_r) = \sum_{d' \mid (\lambda_1,\cdots,\lambda_r)} g\left(\frac{\lambda_1}{d'},\cdots,\frac{\lambda_r}{d'}\right) \qquad (5)$$

此处 $(\lambda_1,\cdots,\lambda_r)$ 表示最大公因子,那么有

$$g(\lambda_1,\cdots,\lambda_r) = \sum_{d' \mid (\lambda_1,\cdots,\lambda_r)} \mu(d') f\left(\frac{\lambda_1}{d'},\cdots,\frac{\lambda_r}{d'}\right) \qquad (6)$$

证明　计算式(6)右边的表达式,其中 f 用条件(5)代入

$$\sum_{d' \mid (\lambda_1,\cdots,\lambda_r)} \mu(d') f\left(\frac{\lambda_1}{d'},\cdots,\frac{\lambda_r}{d'}\right) =$$

$$\sum_{d' \mid (\lambda_1,\cdots,\lambda_r)} \mu(d') \sum_{d_1 \mid \left(\frac{\lambda_1}{d'},\cdots,\frac{\lambda_r}{d'}\right)} g\left(\frac{\lambda_1}{d'd_1},\cdots,\frac{\lambda_r}{d'd_1}\right) =$$

$$\sum_{d' \mid (\lambda_1,\cdots,\lambda_r)} \sum_{d' \mid \left(\frac{\lambda_1}{d_1},\cdots,\frac{\lambda_r}{d_1}\right)} \mu(d') g\left(\frac{\lambda_1}{d'd_1},\cdots,\frac{\lambda_r}{d'd_1}\right)$$

再记 $d_1 d' = l$,由 $d' \mid \left(\frac{\lambda_1}{d_1},\cdots,\frac{\lambda_r}{d_1}\right)$,有 $l \mid (\lambda_1,\cdots,\lambda_r)$. 对任意取定的 l, d' 取遍 l 的所有因子,上式又等于

$$\sum_{l \mid (\lambda_1,\cdots,\lambda_r)} \sum_{d' \mid l} \mu(d') g\left(\frac{\lambda_1}{l},\cdots,\frac{\lambda_r}{l}\right) =$$

$$\sum_{l \mid (\lambda_1,\cdots,\lambda_r)} g\left(\frac{\lambda_1}{l},\cdots,\frac{\lambda_r}{l}\right) \sum_{d' \mid l} \mu(d') = g(\lambda_1,\cdots,\lambda_r)$$

最后一步中,当且仅当 $l=1$ 时,$\sum_{d' \mid l} \mu(d')$ 取值为 1,否则皆为 0. 而 $l=1$,$g\left(\frac{\lambda_1}{l},\cdots,\frac{\lambda_r}{l}\right) = g(\lambda_1,\cdots,\lambda_r)$. 证毕.

现在用多元麦比乌斯反演公式来解式(4). 设

$$f(\lambda_1,\cdots,\lambda_r) = \frac{(\lambda_1 + \cdots + \lambda_r)!}{\lambda_1! \cdots \lambda_r!}$$

$$g(\lambda_1,\cdots,\lambda_r) = (\lambda_1 + \cdots + \lambda_r)M(\lambda_1,\cdots,\lambda_r)$$

则式(4)变换成

$$f(\lambda_1,\cdots,\lambda_r) = \sum_{d' \mid (\lambda_1,\cdots,\lambda_r)} g\left(\frac{\lambda_1}{d'},\cdots,\frac{\lambda_r}{d'}\right)$$

反演得

$$g(\lambda_1,\cdots,\lambda_r) = n \cdot M(\lambda_1,\cdots,\lambda_r) =$$

$$\sum_{d' \mid (\lambda_1,\cdots,\lambda_r)} \mu(d') \frac{\left(\frac{n}{d'}\right)!}{\left(\frac{\lambda_1}{d'}\right)! \cdots \left(\frac{\lambda_r}{d'}\right)!}$$

或

$$M(\lambda_1,\cdots,\lambda_r) = \frac{1}{\lambda_1 + \cdots + \lambda_r} \cdot$$

$$\sum_{d' \mid (\lambda_1,\cdots,\lambda_r)} \mu(d') \frac{\left(\frac{\lambda_1 + \cdots + \lambda_r}{d'}\right)!}{\left(\frac{\lambda_1}{d'}\right)! \cdots \left(\frac{\lambda_r}{d'}\right)!}$$

$$(7)$$

而圆形 n 元可重全排列数 $\odot_n P(\lambda_1,\cdots,\lambda_r)$ 要在所有可能的 d' 下对于 $M\left(\frac{\lambda_1}{d'},\cdots,\frac{\lambda_r}{d'}\right)$ 求总和,记 $d' = \frac{n}{d}$, d 为周期,有

$$\odot_n P(\lambda_1,\cdots,\lambda_r) = \sum_{\substack{d' \mid (\lambda_1,\cdots,\lambda_r) \\ d \mid n}} M\left(\frac{\lambda_1}{d'},\cdots,\frac{\lambda_r}{d'}\right) =$$

$$\sum_{d_1 \mid (\lambda_1,\cdots,\lambda_r)} \frac{1}{\left(\frac{n}{d'}\right)} \sum_{d_1 \mid \left(\frac{\lambda_1}{d'},\cdots,\frac{\lambda_r}{d'}\right)} \mu(d_1) \cdot$$

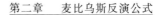

$$\frac{\left(\dfrac{n}{d'd_1}\right)!}{\left(\dfrac{\lambda_1}{d'd_1}\right)!\cdots\left(\dfrac{\lambda_r}{d'd_1}\right)!} \tag{8}$$

其实 $d'\mid(\lambda_1,\cdots,\lambda_r)$ 推出 $d'\mid(\lambda_1+\cdots+\lambda_r)=n,d'\mid n$ 必有 $d\mid n$.反之,仅有 $d\mid n$,不一定有 $d'\mid(\lambda_1,\cdots,\lambda_r)$.求和是对 d' 遍取.二重求和是

$$d'\mid(\lambda_1,\cdots,\lambda_r)$$
$$d_1\mid\left(\frac{\lambda_1}{d'},\cdots,\frac{\lambda_r}{d'}\right)$$

从而 $d_1\mid\left(\dfrac{\lambda_1}{d'}+\cdots+\dfrac{\lambda_r}{d'}\right)=\dfrac{n}{d'}=d$,即 $d_1\mid d\mid n$.如记 $\dfrac{d}{d_1}=k,n=dd'=kd_1d'$,必有 $k\mid n,d_1\mid\dfrac{n}{k},\dfrac{n}{k}=d'd_1\mid(\lambda_1,\cdots,\lambda_r)$.把求和的一般项表示为仅含 k 和 d_1 的函数,也即仅含 $\dfrac{n}{k}$ 和 d_1,求和方式改为对所有可能的 $\dfrac{n}{k}$ 和 d_1,让 $\dfrac{n}{k}$ 取遍 $(\lambda_1,\cdots,\lambda_r)$ 的因子,d_1 取遍 $\dfrac{n}{k}$ 的因子,求二重和式,式(8)化成

$$\odot_n P(\lambda_1,\cdots,\lambda_r)=$$

$$\sum_{\substack{k\mid n\\ \frac{n}{k}\mid(\lambda_1,\cdots,\lambda_r)}}\sum_{d_1\mid\frac{n}{k}}\frac{1}{kd_1}\mu(d_1)\frac{k!}{\left[\dfrac{\lambda_1}{\dfrac{n}{k}}\right]!\cdots\left[\dfrac{\lambda_r}{\dfrac{n}{k}}\right]!}=$$

$$\sum_{\substack{k\mid n\\ \frac{n}{k}\mid(\lambda_1,\cdots,\lambda_r)}}\frac{1}{n}\left(\frac{n}{k}\sum_{d_1\mid\frac{n}{k}}\frac{\mu(d_1)}{d_1}\right)\frac{k!}{\left[\dfrac{\lambda_1}{\dfrac{n}{k}}\right]!\cdots\left[\dfrac{\lambda_r}{\dfrac{n}{k}}\right]!}=$$

$$\sum_{\substack{k\mid n\\ \frac{n}{k}\mid(\lambda_1,\cdots,\lambda_r)}}\frac{1}{n}\varphi\left(\frac{n}{k}\right)\frac{k!}{\left[\dfrac{\lambda_1}{\dfrac{n}{k}}\right]!\cdots\left[\dfrac{\lambda_r}{\dfrac{n}{k}}\right]!}$$

其中 $\frac{n}{k}$ 的地位相当于 $(\lambda_1,\cdots,\lambda_r)$ 的因子,又换成记号 d(不是原来的含义),即 $\frac{n}{k} \rightarrow d, k \rightarrow \frac{n}{d}$.

定理 3 $M=(\lambda_1 \cdot a_1,\cdots,\lambda_r \cdot a_r),\lambda_1 + \cdots + \lambda_r = n$ 的 n 元可重圆形全排列数为

$$\odot_n P(\lambda_1,\cdots,\lambda_r) = \frac{1}{n} \sum_{d|(\lambda_1,\cdots,\lambda_r)} \varphi(d) \frac{\left(\frac{n}{d}\right)!}{\left(\frac{\lambda_1}{d}\right)! \cdots \left(\frac{\lambda_r}{d}\right)!}$$

$$(9)$$

例 2 设 $m=3, M=\{2 \cdot a_1, 4 \cdot a_2, 6 \cdot a_3\}, n=12.$ 求 $\odot_{12} P(2,4,6)$.

首先由式(9),$(\lambda_1,\lambda_2,\lambda_3)=2, d=1,2$,有

$$\odot_{12} P(2,4,6) = \frac{1}{12} \sum_{d|(2,4,6)} \varphi(d) \frac{(\frac{12}{d})!}{(\frac{2}{d})! \ (\frac{4}{d})! \ (\frac{6}{d})!} =$$

$$\frac{1}{12}\left[\varphi(1) \frac{12!}{2! \ 4! \ 6!} + \varphi(2) \frac{6!}{1! \ 2! \ 3!}\right] =$$

$$1\ 160$$

§3 数列的反演公式

当取偏序集 $(X, \leqslant)$ 为 $(\mathbf{N}, \leqslant)$ 时,$\mathbf{N}$ 上的麦比乌斯反演公式不过是下述显然成立的关系

$$f(n) = \sum_{k=0}^{n} g(k), n \in \mathbf{N} \Leftrightarrow$$

$$g(n) = f(n) - f(n-1), n \in \mathbf{N}, f(-1) = 0$$

所以,麦比乌斯反演公式都有相对应的数列型反演公

式.下面我们来介绍几个.

定理1 设$\{p_n(x)\},\{q_n(x)\}(n\in \mathbf{N})$是$\mathbf{R}$上的两个多项式序列,其中当$n\geqslant 1$时,$p_n(x)$和$q_n(x)$的次数是$n$,$p_0(x)$和$q_0(x)$是非零常数,则这两个多项式序列一定可以唯一方式互相线性表出,即有唯一确定的$a_{nk},b_{nk}\in \mathbf{R}(n,k\in \mathbf{N})$使得

$$p_n(x)=\sum_{k=0}^{n}a_{nk}q_k(x)$$

$$q_n(x)=\sum_{k=0}^{n}b_{nk}p_k(x),n,k\in \mathbf{N}$$

而且$\boldsymbol{A}=[a_{nk}]$和$\boldsymbol{B}=[b_{nk}](n,k\in \mathbf{N})$是一对互反核(我们把互逆的无限阶矩阵$\boldsymbol{A}$和$\boldsymbol{B}$称为一对互反核).

利用它我们可以得到有关数列的一些经典反演公式,如二项式反演公式

$$f(n)=\sum_{k=0}^{n}\mathrm{C}_n^k g(k),n\in \mathbf{N}\Longleftrightarrow$$

$$g(n)=\sum_{k=0}^{n}(-1)^{n-k}\mathrm{C}_n^k f(k),n\in \mathbf{N}$$

它是定理1的一个特例,只需令$p_n(x)=x^n,q_n(x)=(x-1)^n$,则有

$$p_n(x)=[1+(x-1)]^n=$$

$$\sum_{k=0}^{n}\mathrm{C}_n^k(x-1)^k=$$

$$\sum_{k=0}^{n}\mathrm{C}_n^k q_k(x)$$

$$q_n(x)=(x-1)^n=$$

$$\sum_{k=0}^{n}(-1)^{n-k}\mathrm{C}_n^k x^k=$$

$$\sum_{k=0}^{n}(-1)^{n-k}\mathrm{C}_n^k p_k(x)$$

注意到第二类斯特林数 $S(n,k)$ 有如下表达式

$$S(n,k) = \frac{1}{k!} \sum_{j=0}^{k} (-1)^{k-j} C_k^j j^n, k = 0, 1, \cdots, n$$

我们可得到如下的斯特林反演公式

$$f(n) = \sum_{k=0}^{n} S(n,k) g(k), n \in \mathbf{N} \Leftrightarrow$$

$$g(n) = \sum_{k=0}^{n} S(n,k) f(k), n \in \mathbf{N}$$

斯特林(James Stirling,1692—1770)是英国数学家,像中国的小沈阳一样,他的名字也出自地名. 他生于苏格兰的斯特林郡(Stirlingshire),卒于爱丁堡,曾就读于牛津大学贝利奥尔(Balliol)学院,由于某些原因(与詹姆士二世党人(Jacobite)有联系)而被驱逐出牛津. 后来主要在利德希尔斯(Leadhills)管理采矿业. 说来奇怪,斯特林的成名之作是《牛顿的三次曲线》(1717)一文,其中证明了牛顿关于三次曲线分类研究的若干命题,不但包括了牛顿已提到的 72 种三次曲线,而且还增加了 4 种,并把 x 和 y 的一般二次方程化为几种标准型.

近代一点的还有 Lah 反演公式.

定理 2 $f(n) = \sum_{k=0}^{n} l_{nk} g(k), n \in \mathbf{N} \Leftrightarrow g(n) = \sum_{k=0}^{n} l_{nk} f(k), n \in \mathbf{N}$,其中 $l_{nk} = (-1)^n \frac{n!}{k!} C_{n-1}^{k-1} (n, k \in \mathbf{N}, l_{00} = 0,$当 $n > 0$ 时,$l_{00} = 1)$.

定理 3 $B_n(x), P_n(x)$ 及 $H_n(x)$ 分别表示伯努利(Bernoulli)多项式、勒让德(Legendre)多项式及埃尔米特(Hermite)多项式,则有如下反演公式

42

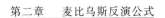

$$x^n = \sum_k \mathrm{C}_n^k (n-k+1)^{-1} \mathrm{B}_k(x)$$

$$x^n = n!\; 2^{-n} \sum_{0 \leqslant k \leqslant \frac{n}{2}} (2n-4k+1)\{k!\;(\tfrac{3}{2})^{n-k}\}^{-1} \mathrm{P}_{n-2k}(x)$$

$$x^n = n!\; 2^{-n} \sum_{0 \leqslant k \leqslant \frac{n}{2}} \{k!\;(n-2k)!\;\}^{-1} \mathrm{H}_{n-2k}(x)$$

§4　高斯系数与麦比乌斯反演

定义　设 m,n 是非负整数，$n \geqslant m > 0$，引进记号

$$\begin{bmatrix} n \\ m \end{bmatrix}_q = \frac{(q^n-1)(q^{n-1}-1)\cdots(q^{n-(m-1)}-1)}{(q^m-1)(q^{m-1}-1)\cdots(q-1)} \quad (1)$$

如果 $m>0$ 和 $\begin{bmatrix} n \\ 0 \end{bmatrix}_q = 1$，那么把它们称为高斯系数.

设 F_q 是 q 元有限域，q 是一个素数幂，再设 n 和 m 都是非负整数，$F_q^{(n)}$ 是 F_q 上的 n 维行向量空间，那么 $F_q^{(n)}$ 中 m 维子空间的个数恰好等于式(1)右边.

高斯系数有如下简单性质.

定理 1　设 m 和 n 都是非负整数，而 $q \neq 1$.

(1) $\begin{bmatrix} n \\ m \end{bmatrix}_q = 1.$

(2) 如果 $0 \leqslant n < m$，那么 $\begin{bmatrix} n \\ m \end{bmatrix}_q = 0.$

(3) 如果 $0 \leqslant m \leqslant n$，那么 $\begin{bmatrix} n \\ m \end{bmatrix}_q = \begin{bmatrix} n \\ n-m \end{bmatrix}_q.$

定理 2　设 $m \geqslant 1, q \neq 1$，那么

$$\begin{bmatrix} x \\ m \end{bmatrix}_q = \begin{bmatrix} x-1 \\ m-1 \end{bmatrix}_q + q^m \begin{bmatrix} x-1 \\ m \end{bmatrix}_q$$

43

定理 3 设 y 是未定元, 而 n 是非负整数, 那么

$$\prod_{i=0}^{n-1}(1+q^i y)=\sum_{m=0}^{n} q^{\binom{m}{2}} \begin{bmatrix} n \\ m \end{bmatrix}_q y^m$$

在定理 3 中令 y 取 -1, 可得下面的推论.

推论 1 设 n 是非负整数, $q \neq 1$, 那么

$$\sum_{m=0}^{n}(-1)^m q^{\binom{m}{2}} \begin{bmatrix} n \\ m \end{bmatrix}_q =0$$

推论 2(Goldman, Rota, 1970) 若 $a_0, a_1, \cdots, a_n$ 和 $b_0, b_1, \cdots, b_n$ 满足下列方程

$$a_k=\sum_{i=0}^{k} \begin{bmatrix} k \\ i \end{bmatrix}_q b_i$$

则

$$b_k=\sum_{i=0}^{k}(-1)^i q^{\binom{i}{2}} \begin{bmatrix} k \\ i \end{bmatrix}_q a_i$$

这与麦比乌斯反演异曲同工.

1882 年西尔维斯特(Sylvester) 证明了如下有趣的结果

$$\begin{bmatrix} n \\ k \end{bmatrix}_q =a_0+a_1 q+a_2 q^2+\cdots+a_p q^p+\cdots$$

其中 a_p 是 p 分为最多 k 部分, 每部分不超过 $n-k$ 的划分数.

§5 兰伯特级数与麦比乌斯函数

兰伯特(Johann Heinrich Lambert, 1728—1777) 是一位自学成才的德国数学家, 其父亲和祖父都是裁缝, 由于家境贫困, 12 岁辍学做工, 他利用业余时间刻

苦自学,最后终于成为普鲁士科学院院士.他在数学上著名的贡献有:首次(1768 年)利用连分数证明了 π 和 e 是无理数,他还讨论了方程 $x^m + px = q$ 的根,把这种方程的根展成了无穷级数,他的解法受到了欧拉和拉格朗日(Lagrange)的重视,并命名了兰伯特级数.

设 $f(t) = \sum_{n \geqslant 1} a_n t^n$,而 $g(t) = \sum_{n \geqslant 1} a_n t^n (1 - t^n)^{-1}$ 称为序列 $\{a_n\}$ 的兰伯特发生函数,我们可证明如下结果.

(1) $g(t) = \sum_{m \geqslant 1} f(t^m)$.

(2) 由 $t = \sum_{n \geqslant 1} \mu(n) t^n (1 - t^n)^{-1}$ 可定义麦比乌斯函数 $\mu(n)$.

(3) $t + t^2 + t^4 + t^8 + \cdots = \sum_{m \geqslant 0} \mu(2m + 1) t^{2m+1} (1 - t^{2m+1})^{-1}$.

(4) 设 $d(n)$ 是 n 的因子的个数,则

$$\sum_{n \geqslant 1} d(n) t^n = \sum_{n \geqslant 1} t^n (1 - t^n)^{-1} = \sum_{n \geqslant 1} t^{n^2} (1 + t^n)(1 - t^n)^{-1}$$

(5) 若 $\varphi(n)$ 是欧拉函数,则

$$t(1 - t)^{-2} = \sum_{n \geqslant 1} \varphi(n) t^n (1 - t^n)^{-1}$$

进而

$$\sum_{n \geqslant 1} \varphi(n) t^n (1 + t^n)^{-1} = t(1 + t^2)(1 - t^2)^{-2} = \sum_{m \geqslant 0} \varphi(2m + 1) \cdot t^{2m+1} (1 - t^{4m+2})^{-1}$$

(6)1960 年 Touchard 对兰伯特级数进行了推广

$$\sum_{n\geqslant 1}(-1)^{n-1}t^n(1-t^n)^{-1}=\sum_{n\geqslant 1}(1+t^n)^{-1}t^n$$

$$\sum_{n\geqslant 1}nt^n(1-t^n)^{-1}=\sum_{n\geqslant 1}t^n(1-t^n)^{-2}$$

$$\sum_{n\geqslant 1}(-1)^{n-1}nt^n(1-t^n)^{-1}=\sum_{n\geqslant 1}t^n(1+t^n)^{-2}$$

$$\sum_{n\geqslant 1}\left(\frac{1}{n}\right)t^n(1-t^n)^{-1}=\sum_{n\geqslant 1}\log\{(1-t^n)^{-1}\}$$

（7）设 $r(n)$ 是方程 $n=x^2+y^2(x,y\geqslant 0)$ 的整数解的个数，则

$$\sum_{n\geqslant 1}r(n)t^n=4\sum_{n\geqslant 1}(-1)^{n-1}t^{2n-1}(1-t^{2n-1})^{-1}$$

（8）设 $n=p_1^{a_1}p_2^{a_2}\cdots p_k^{a_k}$，$p_i$ 是 n 的不同素因子，以及 $w_n=\alpha_1+\alpha_2+\cdots+\alpha_k$，则

$$\sum_{n\geqslant 1}(-1)^{w_n}\frac{t^n}{1-t^n}=\sum_{n\geqslant 1}t^{n^2}$$

（9）$\left(\sum_{n\geqslant 0}t^{\binom{n}{2}}\right)^4=\sum_{n\geqslant 0}\frac{(2n+1)t^n}{1-t^{2n+1}}.$

迪厄东尼（Dieudonné）在 1957 年的一篇文章中，以及后来卡里茨（Carlitz）在 1958 年的一篇文章中给出了有理变量的普通贝尔（Baire）多项式与麦比乌斯函数的联系。

设所有的 a_m 是有理数，$a_m\in\mathbf{Q}$，且 C_n 形式地由下式定义，$g(x)=\exp\left(\sum_{m\geqslant 1}a_m x^m\right)=\sum_{n\geqslant 0}C_n x^n$，则所有数 C_n 是有理整数。$C_n\in\mathbf{Z}$ 的必要与充分条件是：对于所有的 $k\geqslant 1$，有 $\sum_{rs=k}ra_r\mu(s)\equiv 0(\bmod\ k)$。

（提示：C_n 是整数当且仅当由 $g(x)=\prod_{m\geqslant 1}(1-x^m)^{b_m}$ 递归定义的 b_m 全部是整数。）考察 $\log g(x)$ 并且展开，$ka_m=-\sum_{m\mid k}mb_m$，然后利用麦比乌斯反演公

式,这从广义上说也是本书开始提到的试题的背景,鉴于迪厄东尼是法国布尔巴基学派的主将,能和他的结果搭上关系也可算是背景深远了. 因为布尔巴基学派是以抽象著称于世,其巨著《数学原本》仍在源源不断地出版,可惜偌大中国并无一卷中译本问世,这是出版界与数学界共同的遗憾!

最后提出一个练习.

考虑下面的多项式序列

$$\psi_n(x) = \sum_{\substack{1 \leqslant m \leqslant n \\ \gcd(m,n)=1}} x^m, n = 1, 2, \cdots$$

于是 $\psi_1(x) = x, \psi_2(x) = x, \psi_3(x) = x + x^2, \psi_4(x) = x + x^3$ 等.

(1) 证明:$\psi_n(x) = (1 - x^n) \sum_{d \mid n} \mu(d) \dfrac{x^d}{1 - x^d}, n = 1, 2, \cdots$.

(2) 证明:在单位的每个本原 n 次根 w 上,我们有 $\psi_n(w) = \mu(n)$,从而多项式 $\psi_n(x) - \mu(n)$ 可被 n 次割圆多项式 $\Phi_n(x)$ 整除.

§6　米塔－列夫勒多项式

针对社会一般大众对于诺贝尔奖为什么不含数学奖的疑问,数学史专家给出了几种并不被人们所信服的解释,诸如诺贝尔偏重应用之类,于是催生出一种庸俗解释,其中涉及瑞典数学家米塔－列夫勒. 解释是这样的,从拥有的资料看,米塔－列夫勒与诺贝尔都对俄国的美女数学家柯瓦列夫斯卡娅(Kovalevskaya)

有好感,而米塔 — 列夫勒当时在数学圈内足够优秀,如设诺贝尔数学奖,则米塔 — 列夫勒获奖可能性极大,所以诺贝尔不愿意设立此奖.高论一出,百姓释然.

米塔 — 列夫勒(Magnus Gustaf Mittag-Leffler,1846—1927)是瑞典著名数学家,生于斯德哥尔摩,父亲是中学校长,他自幼受家庭熏陶,数学才能开发较早.1865 年入乌普萨拉(Uppsala)大学读书,1872 年获博士学位,次年留学巴黎、哥廷根和柏林,得到埃尔米特、魏尔斯特拉斯(Weierstrass)等学者的指导,1877年以有关椭圆函数的论文受聘为赫尔辛基(芬兰首都)大学数学教授,1881 年回国,在斯德哥尔摩任数学教授.米塔 — 列夫勒早期受魏尔斯特拉斯的影响研究函数论.他扩展了一个关于一个亚纯函数可以表示为两个整函数的商的结论,得到所谓"米塔 — 列夫勒定理"和"米塔 — 列夫勒矩阵"等重要结果,平生著作多达119 种,主要涉及函数理论.他创办并担任了 45 年主编的《数学学报》(*Acta Mathematica*)杂志(1882 ～ 1927)曾对波莱尔(Borel)、G. 康托(G. Cantor)、阿达玛(Hadamard)和希尔伯特(Hilbert)等人产生巨大影响,成为数学家相互联系的园地.另外他还担任过牛津大学、剑桥大学等多所大学的名誉教授.

米塔 — 列夫勒在超几何函数中也有工作,并且与互反麦比乌斯函数相关.

假设 $g_k(z)$ 为由下列超几何函数所界定的米塔 — 列夫勒多项式

$$g_k(z) = 2z_2F_1(1-k, 1-z; 2; 2)$$

这样的多项式具有如下的发生函数(其中 $g_0(z) \equiv 1$)

$$\Phi(w) = (1+w)^z(1-w)^{-z} = 1 + \sum_{k=1}^{\infty} g_k(z)w^k$$

48

考虑 $\Phi^{-1}(w)$ 便可得到一对共轭数列 $\{g_k(z)\}$ 与 $\{(-1)^k g_k(z)\}$，其中 z 作为参数看待，于是我们又得到一对特别的互反 μ 函数

$$\mu_1(s) = \sum_{k=1}^{s} \binom{s-1}{k-1} g_k(z)$$

$$\mu_2(s) = \sum_{k=1}^{s} \binom{s-1}{k-1} (-1)^k g_k(z)$$

将其代入

$$f(s) = \sum_{t=1}^{s} \mu_1(s-t) g(t)$$

$$g(s) = \sum_{t=1}^{s} \mu_1(s-t) f(t)$$

中可得到一对特别的互反公式.

§7　一类二元互反关系与组合恒等式[①]

徐利治教授和初文昌教授[1] 建立了 Gould-Hsu[3] 反演的下述二重模拟.

定理 1　设 $\{a_i\} \sim \{f_i\}$ 为任意六组复数序列，使得对于非负整数 x, y, m, n，多项式序列

$$\phi(x, y; m, n) =$$

$$\prod_{i=1}^{m} (a_i + b_i x + c_i y) \prod_{j=1}^{n} (d_j + e_j x + f_j y) \qquad (1)$$

异于 0. 约定 $\prod\limits_{i=1}^{0} * = 1$ 及

---

①　本节摘编自《应用数学》，1988 年，第 3 期.

$$\varepsilon(x,y;m,n)=(a_{m+1}+mb_{m+1}+yc_{m+1})\cdot$$
$$(d_{n+1}+xe_{n+1}+nf_{n+1})-$$
$$c_{m+1}e_{n+1}(x-m)(y-n) \qquad(2)$$

则有二元互反公式

$$\begin{cases} f(m,n)=\sum_{i=0}^{m}\sum_{j=0}^{n}(-1)^{i+j}\begin{bmatrix}m\\i\end{bmatrix}\begin{bmatrix}n\\j\end{bmatrix}\cdot \\ \qquad \phi(i,j;m,n)g(i,j) \qquad(3) \\ g(m,n)=\sum_{i=0}^{m}\sum_{j=0}^{n}(-1)^{i+j}\begin{bmatrix}m\\i\end{bmatrix}\begin{bmatrix}n\\j\end{bmatrix}\cdot \\ \qquad \dfrac{\varepsilon(m,n;i,j)}{\phi(m,n;i+1,j+1)}f(i,j) \qquad(4)\end{cases}$$

初文昌教授在 1988 年证明了上述互反关系中的 ε 一因子是可转移的，即有下面的定理.

定理 2 在定理 1 的条件下,有互反公式

$$\begin{cases} f(m,n)=\sum_{i=0}^{m}\sum_{j=0}^{n}(-1)^{i+j}\begin{bmatrix}m\\i\end{bmatrix}\begin{bmatrix}n\\j\end{bmatrix}\cdot \\ \qquad \phi(i,j;m,n)\varepsilon(i,j;m,n)g(i,j) \qquad(5) \\ g(m,n)=\sum_{i=0}^{m}\sum_{j=0}^{n}(-1)^{i+j}\begin{bmatrix}m\\i\end{bmatrix}\begin{bmatrix}n\\j\end{bmatrix}\cdot \\ \qquad \phi^{-1}(m,n;i+1,j+1)f(i,j) \qquad(6)\end{cases}$$

利用互反关系与互逆矩阵的关系,容易建立上述定理的旋转形式.

定理 3 在定理 1 的条件下,设 M,N 为任意一对正整数或无穷大,则有

$$
\begin{cases}
F(m,n) = \displaystyle\sum_{i=m}^{M}\sum_{j=n}^{N}(-1)^{i+j}\begin{bmatrix}i\\m\end{bmatrix}\begin{bmatrix}j\\n\end{bmatrix} \cdot \\
\qquad\qquad \phi(m,n;i,j)G(i,j) \\
G(m,n) = \displaystyle\sum_{i=m}^{M}\sum_{j=n}^{N}(-1)^{i+j}\begin{bmatrix}i\\m\end{bmatrix}\begin{bmatrix}j\\n\end{bmatrix} \cdot \\
\qquad\qquad \dfrac{\varepsilon(i,j;m,n)}{\phi(i,j;m+1,n+1)}F(i,j)
\end{cases}
$$

和

$$
\begin{cases}
F(m,n) = \displaystyle\sum_{i=m}^{M}\sum_{j=n}^{N}(-1)^{i+j}\begin{bmatrix}i\\m\end{bmatrix}\begin{bmatrix}j\\n\end{bmatrix} \cdot \\
\qquad\qquad \phi(m,n;i,j)\varepsilon(m,n;i,j)G(i,j) \\
G(m,n) = \displaystyle\sum_{i=m}^{M}\sum_{j=n}^{N}(-1)^{i+j}\begin{bmatrix}i\\m\end{bmatrix}\begin{bmatrix}j\\n\end{bmatrix} \cdot \\
\qquad\qquad \phi^{-1}(i,j;m+1,n+1)F(i,j)
\end{cases}
$$

通过简单的序列替换，上述公式可化为较为对称的形式

$$
\begin{cases}
F(m,n) = \displaystyle\sum_{i=m}^{\infty}\sum_{j=n}^{\infty}(-1)^{i+j}\begin{bmatrix}i\\m\end{bmatrix}\begin{bmatrix}j\\n\end{bmatrix} \cdot \\
\qquad \dfrac{\phi(m,n;i,j)}{\phi(m,n;m,n)}G(i,j) \qquad\qquad (7) \\
G(m,n) = \displaystyle\sum_{i=m}^{\infty}\sum_{j=n}^{\infty}(-1)^{i+j}\begin{bmatrix}i\\m\end{bmatrix}\begin{bmatrix}j\\n\end{bmatrix} \cdot \\
\qquad \dfrac{\phi(i,j;i,j)}{\phi(i,j;m+1,n+1)}\varepsilon(i,j;m,n)F(i,j)(8)
\end{cases}
$$

$$
\begin{cases}
F(m,n) = \displaystyle\sum_{i=m}^{\infty}\sum_{j=n}^{\infty}(-1)^{i+j}\binom{i}{m}\binom{j}{n}\cdot \\
\qquad \dfrac{\phi(m,n;i,j)}{\phi(m,n;m,n)}\varepsilon(m,n;i,j)G(i,j) \quad (9) \\
G(m,n) = \displaystyle\sum_{i=m}^{\infty}\sum_{j=n}^{\infty}(-1)^{i+j}\binom{i}{m}\binom{j}{n}\cdot \\
\qquad \dfrac{\phi(i,j;i,j)}{\phi(i,j;m+1,n+1)}F(i,j) \quad (10)
\end{cases}
$$

在文献[4]中,徐利治教授对于有限形式的 Gould-Hsu 互反关系[3],引入"嵌入法"(Embedding method)证明了著名的阿贝尔公式和哈根 — 罗西(Hagen-Rothe)恒等式.受文献[4]中思想的启发,下面将应用(7)～(10)对偶地证明两组无穷级数展开式,进而建立阿贝尔公式和哈根 — 罗西恒等式的二重模拟.

首先,考虑函数方程

$$
u = x\mathrm{e}^{-bx-ey},\ v = y\mathrm{e}^{-cx-fy} \tag{11}
$$

则有级数展开式

$$
\frac{(-u)^m}{m!}\cdot\frac{(-v)^n}{n!} = \sum_{i=m}^{\infty}\sum_{j=n}^{\infty}(-1)^{i+j}\binom{i}{m}\binom{j}{n}\cdot
$$
$$
(a+bm+cn)^{i-m}(d+em+fn)^{j-n}\cdot
$$
$$
\frac{x^j}{i!}\cdot\frac{y^j}{j!}\mathrm{e}^{ax+dy} \tag{12}
$$

在上式中,吸收行列式因子

$$
D = \begin{vmatrix} 1-bx & -ey \\ -cx & 1-fy \end{vmatrix} \tag{13}
$$

整理得

$$
\frac{(-u)^m}{m!}\cdot\frac{(-v)^n}{n!}\varepsilon(m,n;m,n) =
$$

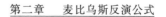

$$\sum_{i=m}^{\infty} \sum_{j=n}^{\infty} (-1)^{i+j} \binom{i}{m} \binom{j}{n} \varepsilon(m,n;i,j) *$$

$$(a+bm+cn)^{i-m}(d+em+fn)^{j-n} \cdot$$

$$\frac{x^i y^j}{i!\ j!} \cdot \frac{e^{ax+dy}}{D} \tag{14}$$

其中

$$\varepsilon(x,y;i,j) = (a+bi+cy)(d+ex+fj) - ce(x-i)(y-j) \tag{15}$$

将式（12）和（14）分别代入式（7）和（9），则由式（8）和（10）便得函数方程（11）确定的反转形式

$$\frac{x^m y^n}{m!\ n!} e^{ax+dy} = \sum_{i=m}^{\infty} \sum_{j=n}^{\infty} \binom{i}{m} \binom{j}{n} (a+bi+cj)^{i-m-1} \cdot$$

$$(d+ei+fj)^{j-n-1} *$$

$$\varepsilon(i,j;m,n) \frac{u^i}{i!} \cdot \frac{v^j}{j!} \tag{16}$$

$$\frac{x^m y^n}{m!\ n!} D^{-1} e^{ax+dy} = \sum_{i=m}^{\infty} \sum_{j=n}^{\infty} \binom{i}{m} \binom{j}{n} (a+bi+cj)^{i-m} \cdot$$

$$(d+ei+fj)^{j-n} * \frac{u^i v^j}{i!\ j!} \tag{17}$$

对上述两式稍加整理则得下面的定理.

定理4　给定函数方程（11）及由式（15）定义的 ε 一函数，有级数展开式

$$x^m y^n e^{ax+dy} = \sum_{i=m}^{\infty} \sum_{j=n}^{\infty} \frac{\varepsilon(i,j;m,n)}{(a+bi+cj)(d+ei+fj)} *$$

$$\frac{(a+bi+cj)^{i-m}}{(i-m)!} \cdot \frac{(d+ei+fj)^{j-n}}{(j-n)!} u^i v^j \tag{18}$$

及

$$x^m y^n D^{-1} e^{ax+dy} = \sum_{i=m}^{\infty} \sum_{j=n}^{\infty} \frac{(a+bi+cj)^{i-m}}{(i-m)!} \cdot$$

$$\frac{(d+ei+fj)^{j-n}}{(j-n)!}u^i v^j \qquad (19)$$

引入记号

$$A_{i,j}(a,d) = \frac{ad+aei+cdj}{(a+bi+cj)(d+ei+fj)} \cdot$$

$$\frac{(a+bi+cj)^i}{i!} \cdot \frac{(d+ei+fj)^j}{j!}$$

$$(20)$$

$$\overline{A}_{i,j}(a,d) = \frac{(a+bi+cj)^i}{i!} \cdot \frac{(d+ei+fj)^j}{j!} \qquad (21)$$

在定理 4 中取 $m=n=0$ 并应用指数律

$$e^{(a+a')x+(d+d')y} = e^{ax+dy} \cdot e^{a'x+d'y}$$

$$\frac{1}{D}e^{(a+a')x+(d+d')y} = \frac{1}{D}e^{ax+dy} \cdot e^{a'x+d'y}$$

上述展开式中比较 $u^m v^n$ 的系数,则得阿贝尔公式的二重模拟形式.

定理 5　二重卷积恒等式

$$A_{m,n}(a+a',d+d') =$$

$$\sum_{i=0}^{m}\sum_{j=0}^{n}A_{i,j}(a,d)A_{m-i,n-j}(a',d') \qquad (22)$$

$$\overline{A}_{m,n}(a+a',d+d') =$$

$$\sum_{i=0}^{m}\sum_{j=0}^{n}A_{i,j}(a,d)\overline{A}_{m-i,n-j}(a',d') \qquad (23)$$

类似地,考虑函数方程

$$u=x(1+x)^{-b}(1+y)^{-e}e, v=y(1+x)^{-c}(1+y)^{-f}$$

$$(24)$$

则有展开公式(此处 $\langle x \rangle_n$ 表示 n 次升阶乘算子)

$$\frac{(-u)^m(-v)^n}{m!\,n!} = \sum_{i=m}^{\infty}\sum_{j=n}^{\infty}(-1)^{i+j}\binom{i}{m}\binom{j}{n} \cdot$$

54

$$\frac{\langle a + bm + cn - m \rangle_i}{\langle a + bm + cn - m \rangle_m} *$$

$$\frac{\langle d + em + fn - n \rangle_j}{\langle d + em + fn - n \rangle_n} \cdot$$

$$\frac{x^i y^j}{i! \ j!}(1+x)^a(1+y)^d \quad (25)$$

$$\frac{(-u)^m(-v)^n}{m! \ n!}\varepsilon'(m,n;m,n) =$$

$$\sum_{i=m}^{\infty}\sum_{j=n}^{\infty}(-1)^{i+j}\binom{i}{m}\binom{j}{n} \cdot$$

$$\varepsilon'(m,n;i,j) *$$

$$\frac{\langle a + bm + cn - m - 1 \rangle_i}{\langle a + bm + cn - m - 1 \rangle_m} \cdot$$

$$\frac{\langle d + em + fn - n - 1 \rangle_j}{\langle d + em + fn - n - 1 \rangle_n} \cdot$$

$$\frac{x^i y^j}{i! \ j!} \cdot \frac{(1+x)^a(1+y)^d}{\Delta} \quad (26)$$

其中

$$\varepsilon'(x,y;i,j) = (a + bi + cy - 1)(d + ex + fj - 1) - ce(x - i)(y - j) \quad (27)$$

$$\Delta = \begin{vmatrix} 1 - (b-1)x & -ey \\ -cx & 1 - (f-1)y \end{vmatrix} \quad (28)$$

记

$$B_{i,j}(a,d) = \frac{ad + aei + cdj}{(a + bi + cj)(d + ei + fj)} \cdot$$

$$\binom{a + bi + cj}{i}\binom{d + ei + fj}{j} \quad (29)$$

$$\overline{B}_{i,j}(a,d) = \binom{a + bi + cj}{i}\binom{d + ei + fj}{j} \quad (30)$$

将式（25）和（26）分别代入式（7）和（9），则式（8）和

55

(10) 给出逆级数展开式.

定理 6   给定函数方程(24) 和 ε — 函数(15),有

$$x^m y^n (1+x)^a (1+y)^d =$$

$$\sum_{i=m}^{\infty} \sum_{j=n}^{\infty} \frac{\varepsilon(i,j;m,n)}{(a+bi+cj)(d+ei+fj)} *$$

$$\binom{a+bi+cj}{i-m} \binom{d+ei+fj}{j-n} u^i v^j \tag{31}$$

及

$$x^m y^n \frac{(1+x)^{a+1}(1+y)^{d+1}}{\Delta} =$$

$$\sum_{i=m}^{\infty} \sum_{j=n}^{\infty} \binom{a+bi+cj}{i-m} \binom{d+ei+fj}{j-n} u^i v^j \tag{32}$$

类似地,在上述定理中取 $m=n=0$,则可推出下述关于 B — 系数的卷积公式,它们可视为 Hagen-Rothe 恒等式的二重模拟.

定理 7   二重卷积恒等式

$$B_{m,n}(a+a', d+d') = \sum_{i=0}^{m} \sum_{j=0}^{n} B_{i,j}(a,d) B_{m-i,n-j}(a',d') \tag{33}$$

$$\overline{B}_{m,n}(a+a', d+d') = \sum_{i=0}^{m} \sum_{j=0}^{n} B_{i,j}(a,d) \overline{B}_{m-i,n-j}(a',d') \tag{34}$$

说明   应用文献[4] 中的“嵌入法”,阿贝尔恒等式的二重形式(22) ～ (23) 及哈根 — 罗西卷积公式的二元模拟(33) ～ (34) 均可通过二元互反公式的有限形式(3) ～ (6) 予以直接验证. 本节的方法展示了互反公式及其旋转形式的对偶用途. 自然应用这一方法也可给出文献[4] 中所述阿贝尔及罗西卷积恒等式的对偶推导.

参 考 文 献

[1] CHU W C，HSU L C. A class of bivariate inverse relations with an application to interpolation process[J]. J. Comb. Inf. Syst. Sci. 1989, 14(4):202-208.

[2] GOULD H W. New inverse series relations for finite and infinite series with applications[J]. J. of Math. Research with Applications, 1984, 4(2):119-130.

[3] GOULD H W，HSU L C. Some new inverse series relations[J]. Duke Math. J. , 1973,40:885-891.

[4] 徐利治.两种反演技巧在组合分析中的应用[J]. 辽宁大学学报(自然科学版),1985(3):1-11.

[5] RIORDAN J. Combinatorial identities[M]. New York:John Wiley & Sons,1968:256.

麦比乌斯反演公式的应用

§1 麦比乌斯反演与编码理论

第 三 章

编码理论是组合数学在通信中的应用. 在最普遍的意义上,长度为 n 的码就是一个子集 $C \subseteq S^n$,这里 S 是有限集(字母表),C 的元素称为码字,二元码是字母表 $S = \{0,1\}$ 的码,三元码是 $S = \{0,1,2\}$ 的码. 在 S^n 中两个字(向量)$\boldsymbol{x}$ 和 $\boldsymbol{y}$ 之间的距离 $d(\boldsymbol{x},\boldsymbol{y})$ 定义为位置的数目,它们在那些位置上不相同,即

$$d(\boldsymbol{x},\boldsymbol{y}) = |\{i \mid 1 \leqslant i \leqslant n, x_i \neq y_i\}|$$

编码理论中的许多内容与线性码有关,q 元 $[n,k]$ 码是指向量空间 F_q^n 的 k 维线性子空间 C.

设 C 是 F_q 上长度为 n 且最小距离为 d 的任意码,则 $|C| \leqslant q^{n-d+1}$. 这

58

个界称为 Singleton 界,使 Singleton 界等号成立的码称为最大距离可分离码(MDS 码).

如果 C 是一个 q 元 $[n,k]$ 码,且 A_i 表示 C 中重量为 i 的码字的数目,则

$$A(z) \triangleq \sum_{i=0}^{n} A_i z^i$$

称为 C 的重量计数器. 当然, $A_0 = 1$ 且 $A(1) = |C| = q^k$.

利用麦比乌斯反演公式可以证明一个 MDS 码的重量计数器由其参数码定,且蕴涵对 MDS 码的字母表的规模有相当严格的限制.

定理 设 C 是一个 F_q 上距离 $d = n - k + 1$ 的 $[n,k]$ 码,则 C 的重量计数器为 $1 + \sum_{i=d}^{n} A_i z^i$,这里

$$A_i = \binom{n}{i}(q-1) \sum_{j=0}^{i-d}(-1)^j \binom{i-1}{j} q^{i-j-d}$$

$$i = d, d+1, \cdots, n$$

证明 设 R 是 $N \triangleq \{0,1,\cdots,n\}$ 的一个子集,定义 $f(R)$ 为满足 $\{i \mid c_i \neq 0\} = R$ 的码字 $(c_0, c_1, \cdots, c_{n-1})$ 的数目. 对 N 的一个子集 S,我们定义 $R(s) \triangleq \sum_{R \subseteq S} f(R)$,如上我们有

$$g(s) = \begin{cases} 1, & \text{如果 } |s| \leqslant d-1 \\ q^{|s|-d+1}, & \text{如果 } n \geqslant |s| \geqslant d \end{cases}$$

f 的定义蕴涵 $A_i = \sum_{R \subseteq N, |R|=i} f(R)$,现在我们用麦比乌斯反演,有

$$A_i = \sum_{R \subseteq N, |R|=i} \sum_{S \subseteq R} \mu(S,R) g(s) =$$

$$\binom{n}{i}\left[\sum_{j=0}^{d-1} \binom{i}{j}(-1)^{i-j} + \sum_{j=d}^{i} \binom{i}{j}(-1)^{i-j} q^{j-d+1} \right] =$$

$$\binom{n}{i} \sum_{j=d}^{i} \binom{i}{j} (-1)^{i-j} (q^{j-d+1} - 1)$$

用 $i-j$ 代替 j，并利用 $\binom{i}{j} = \binom{i-1}{j-1} + \binom{i-1}{j}$，即可得到结论.

§2　麦比乌斯变换与跳频通信

　　电子通信专家戴夫·莫克在 2005 年写的一本专著《高通方程式》中写道："只要你使用移动电话，你就应该认识并且感激她. 这位美丽性感的女明星，为世界无线通信技术所做的巨大贡献，至今无人企及." 他说的这位女明星就是被称为"全世界最漂亮的女人"的好莱坞明星海蒂·拉玛. 海蒂和一位钢琴家安塞尔一起发明了今天的跳频技术，他们为此申请了专利，1942 年获美国专利局批准，这就是我们今天知道的美国第 2292387 号专利，其名称是"机密通信系统".

　　海蒂到达好莱坞不久，第二次世界大战就爆发了. 战场上，特别是在大西洋海面上，运用无线电信号控制导航鱼雷轨迹，成为作战双方关注的焦点战场技术.

　　德军海空联合作战，飞机发射无线电信号，安装了信号接收器的鱼雷，接收飞机信号指令，可以在飞机的控制下，随时调整方向，尾随攻击目标.

　　这项技术在战争之初，对英美盟军威胁很大，遭德军鱼雷攻击的运输船舰超过 2 000 艘，于是盟军便设法破解德军的飞机导航，在侦测到敌方无线电信号使用的频率后，马上在同样的频率上发送强力干扰信号，

于是那个频道被"堵塞"了,鱼雷在干扰信号下变得"不知所措".所以当年抵抗干扰是无线电通信领域的一项技术瓶颈,一个困扰全世界科学家的难题.

海蒂向美国政府和国家发明家委员会提交了项目计划,申请研究"抵抗干扰的无线电信号"技术.

海蒂在钢琴家安塞尔的演奏中得到灵感:信号如果在任意变化的频率上发出,窃听者还能跟踪乃至干扰吗?

是的,敌方可以在一个固定的频道上发现信号的一个小片段,但绝不能在变幻莫测的所有频道上捕捉全部信号片断,从而拼凑还原成完整的信息,那就更谈不到干扰了.但是,海蒂还必须解决一个关键难题,那就是:飞机上发射信号的频率在无规则地变化,鱼雷上的接收器如何能够同步地变换频道.否则,自己的鱼雷也不能收到飞机发射的信号.

海蒂的思路是:发射器的频率必须任意地、无规则地变换.用专业的语言表达,叫作"随机"变换,如果随机变换速度很快,定能摆脱敌方的跟踪,这就是今天"跳频技术"的雏形.

西方国家早在 20 世纪 60 年代就开始进行一系列的抗干扰通信体制和抗干扰技术的理论研究.到 20 世纪 80 年代初,大部分抗干扰技术都已开始陆续使用在新的通信装备和系统中,而且在不断改进和完善.1982 年,英国在马尔维纳斯群岛战争中使用了分米波跳频电台.1991 年的海湾战争中,多国部队为提高通信的抗截获、抗干扰能力,普遍使用了跳频电台:美国的 Sincgars-V 系列超短波跳频电台和联合战术信息分布系统 JTIDS,法国的 TRC-950,以及英国的美洲虎

Jaguar-V 等超短波跳频电台,有效的抗干扰措施保障了己方的正常通信.

实现跳频通信需要解决三个关键技术问题:频率合成、同步和地址编码(跳频序列设计).跳频序列的性能对跳频通信系统的性能有着决定性的影响,如果跳频序列设计得不好,即使跳频电台的硬件电路设计得非常出色,也达不到抗干扰的目的.

基于 m 序列构造跳频序列族是较成熟的方法,m 序列的数学研究早在20 世纪50 年代中期就开始了.由于 m 序列是一种线性移位寄存器序列,在结构上比较简单,而且有比较满意的数学工具 —— 有限域理论,因此研究得最充分,并且在工程实践中获得了广泛的应用.用 m 序列作为跳频序列来控制频率合成器以实现跳频通信则始于 20 世纪 70 年代.

定义　如果以 $GF(p)$（p 为素数）上 n 次多项式 $f(x)=1+c_1 x+c_2 x^2+\cdots+c_{n-1}x^{n-1}+c_n x^n$ 为连接多项式的 n 级线性移位寄存器所产生的非零序列的周期是 p^n-1,则该序列是最长 p 元 n 级线性移位寄存器序列,简称 m 序列.

一个序列是否为 m 序列,与产生这一序列的线性移位寄存器的连接多项式是密切相关的.

定理 1　一个 n 级线性移位寄存器为最长线性移位寄存器的充要条件是:它的连接多项式为 $GF(p)$ 上的 n 次本原多项式.

麦比乌斯反演公式可以帮助我们计算不可约多项式和本原多项式的个数.

定理 2　F_q 上 n 次首一不可约多项式的个数 $N_q(n)$ 为

$$N_q(n) = \frac{1}{n}\sum_{d\mid n}\mu\left(\frac{n}{d}\right)q^d = \frac{1}{n}\sum_{d\mid n}\mu(d)q^{\frac{n}{d}}$$

证明　我们回忆加法情形的麦比乌斯反演公式：设 H 和 h 是从 $\mathbf{N}$ 到加法群 G 的两个函数，则

$$H(n) = \sum_{d\mid n}h(d), \forall\, n \in \mathbf{N}$$

当且仅当

$$h(n) = \sum_{d\mid n}\mu\left(\frac{n}{d}\right)H(d) = \sum_{d\mid n}\mu(d)H\left(\frac{n}{d}\right), \forall\, n \in \mathbf{N}$$

我们取 $G = Z$，并令 $h(n) = n \cdot N_q(n)$，$H(n) = q^n$，则

$$H(n) = q^n = \sum_{d\mid n}d \cdot N_q(d) = \sum_{d\mid n}h(d)$$

因此

$$n \cdot N_q(n) = \sum_{d\mid n}\mu\left(\frac{n}{d}\right)q^d = \sum_{d\mid n}\mu(d)q^{\frac{n}{d}}$$

从而定理得证.

例 1　求 F_2 上首项系数为 1 的 10 次不可约多项式的个数.

解　由定理 2 有

$$N_2(10) = \frac{1}{10}\sum_{d\mid 10}\mu\left(\frac{10}{d}\right)2^d =$$
$$\frac{1}{10}\left[\mu(10)\cdot 2 + \mu(5)\cdot 2^2 + \mu(2)\cdot 2^5 + \mu(1)\cdot 2^{10}\right] =$$
$$\frac{1}{10}(2 - 4 - 32 + 1\,024) = 99$$

例 2　计算 F_q 上次数为 20 的首一不可约多项式的个数 $N_q(20)$.

解　由定理 2 有

$$N_q(20) = \frac{1}{20}\left[\mu(1)\cdot q^{20} + \mu(2)\cdot q^{10} + \mu(4)\cdot q^5 + \right.$$

$$\mu(5) \cdot q^4 + \mu(10) \cdot q^2 + \mu(20) \cdot q] = \frac{1}{20}(q^{20} - q^{10} - q^4 + q^2)$$

注意到 $\mu(1) = 1, \mu(d) \geqslant -1$,我们有

$$N_q(n) \geqslant \frac{1}{n}(q^n - q^{n-1} - q^{n-2} - \cdots - q) =$$
$$\frac{1}{n}(q^n - \frac{q^n - q}{q-1}) > 0$$

所以定理 2 也说明了对任何的有限域 F_q 和正整数 n,都存在 F_q 上的 n 次不可约多项式.

§3 麦比乌斯变换与有限典型群

我国典型群的研究是华罗庚先生在 20 世纪 40 年代开创的,特点是在几何背景的指导下,用矩阵方法研究典型群,它在典型群的结构和自同构的研究中很有成效,在 20 世纪中叶取得了丰硕的成果,受到了国际同行们的重视,并把以华罗庚为代表的典型群研究群体誉为典型群的"中国学派".

后来,典型群的研究领域逐步扩大,并应用到许多方面,其应用所涉及的内容有:结合方案和区组设计、认证码、射影码和子空间轨道生成的格.其中在讨论有限域上的各种典型群的作用下,由各个轨道或相同维数和秩的子空间生成的格时要用到局部有限偏序集上的麦比乌斯函数和麦比乌斯反演公式.

定义 1 设 P 是非空集,"$\geqslant$"是定义在 P 上的一个二元关系.如果下列三条公理(1)~(3)成立,P 就叫作一个偏序集,"$\geqslant$"叫作 P 上的偏序.

（1）对于 $\forall x \in P$，都有 $x \geqslant x$.

（2）对于 $\forall x, y \in P$，如果 $x \geqslant y$，而且 $y \geqslant x$，那么 $x = y$.

（3）对于 $\forall x, y, z \in P$，如果 $x \geqslant y$，而且 $y \geqslant z$，那么 $x \geqslant z$.

除了上述三条公理外，下面的公理（4）也成立，P 就叫作一个全序集或链，而"$\geqslant$"叫作 P 上的全序.

（4）对于 $\forall x, y \in P$，$x \geqslant x, y \geqslant x$ 二者中至少有一个成立.

设 P 是偏序集，"$\geqslant$"是 P 上的一个偏序，如果 $x \geqslant y$（或 $x \leqslant y$），而 $x \neq y$，就记 $x > y$（或 $x < y$）.

定义 2 设 P 是偏序集，如果对 $\forall x, y \in P$，区间 $[x, y]$ 都是有限集，那么 P 就叫作局部有限偏序集. 如果 P 是有限集，那么 P 就叫作有限偏序集.

定义 3 设 P 是局部有限偏序集，R 是有单位元的交换环，再设 $\mu(x, y)$ 是定义在 P 上而在 R 中取值的二元函数，假定 $\mu(x, y)$ 满足以下三个条件：

（1）对于 $\forall x \in P$，总有 $\mu(x, x) = 1$；

（2）对于 $x, y \in P$，如果 $x \nleqslant y$，则 $\mu(x, y) = 0$；

（3）对于 $x, y \in P$，如果 $x < y$，则 $\sum\limits_{x \leqslant z \leqslant y} \mu(x, z) = 0$，就把 $\mu(x, y)$ 叫作 P 上的麦比乌斯函数.

（局部有限偏序集上的麦比乌斯反演公式.）

定理 设 P 是有最小元 0 的局部有限偏序集，R 是有单位元的交换环，再设 $\mu(x, y)$ 是 P 上而在 R 中取值的麦比乌斯函数，$f(x)$ 是定义在 P 上而在 R 中取值的函数，对于 $\forall x \in P$，令

$$g(x) = \sum_{y \leqslant x} f(y) \qquad (1)$$

那么

$$f(x) = \sum_{y \preccurlyeq x} g(y)\mu(y,x) \qquad (2)$$

反之，设 $g(x)$ 是定义在 P 上而在 R 中取值的函数，对于 $\forall x \in P$，按式(2)来定义 $f(x)$，则式(1)成立.

定义 4　设 F_q 是 q 个元素的有限域，q 是一个素数幂，而 n 是一个非负整数，令

$$F_q^{(n)} = \{(x_1, x_2, \cdots, x_n) \mid x_i \in F_q, i = 1,2,\cdots,n\}$$

并把 $F_q^{(n)}$ 中的元素 $(x_1, x_2, \cdots, x_n)$ 叫作 F_q 上的 n 维向量. 规定 n 维向量的加法和纯量乘法如下

$$(x_1, x_2, \cdots, x_n) + (y_1, y_2, \cdots, y_n) =$$
$$(x_1 + y_1, x_2 + y_2, \cdots, x_n + y_n)$$

$$k(x_1, x_2, \cdots, x_n) = (kx_1, kx_2, \cdots, kx_n), x \in F_q$$

那么 $F_q^{(n)}$ 是 F_q 上的 n 维向量空间，称为 n 维行向量空间.

设 V 是 F_q 上的向量空间，再设 $X, Y \in \mathscr{L}_f(V)$，即 X, Y 是 V 的有限维子空间，定义

$$\mu(X,Y) =$$
$$\begin{cases} 0, \text{如果 } X \npreccurlyeq Y \\ (-1)^r q^{C_r^2}, \text{如果 } X \preccurlyeq Y, \text{其中 } r = \dim Y - \dim X \end{cases}$$

则可证 $\mu(X,Y)$ 就是 $\mathscr{L}_f(V)$ 上的麦比乌斯函数.

上述定理可以用更"代数化"的观点证明：

所有函数 $f: X \to R$ 的集 R^X 显然构成加法群. 对 $f \in R^X$ 和 $\varphi \in I(X)$，定义 $f\varphi \in R^X$ 如下

$$(f\varphi)(x) = \sum_{y \preccurlyeq x} f(y)\varphi(y,x), x \in X$$

容易证明 R^X 连同如上规定的右乘 $f\varphi$ 是右 $I(X)$ — 模，在这个右 $I(X)$ — 模上显然成立关系

$$f = g\alpha \Leftrightarrow g = f\beta, \alpha, \beta \in I(X), \alpha\beta = \delta$$

66

§4　　麦比乌斯反演与图论

由 Gian-Garlo Rota 在 *On the Foundations of Combinatorial Theory I：Theory of Möbius Functions*(1964 年) 中所给出的麦比乌斯函数的一般理论近年在组合理论中的重要性有所增加,它经常在各类问题中出现. 例如,循环字的计数(C. Moreau),多值自变量函数类型的确定(它出现在继电器接触式开关电路实际操作的研究中),图的色数的研究和矩阵的恒久量的瑞塞尔(Ryser)公式的证明. 用这种方法,我们能在貌似不同的某些结果之间确立某种关系,从而产生了统一的和系统的理论.

我们举一个例子说明这种应用的深刻性.

定理(Rota,Crapo,1971)　利用 n 元集合的划分的格的麦比乌斯函数,证明 n 个有标号顶点的无向连通图的个数等于

$$\sum_{(k_1,\cdots,k_n)} (-1)^{\sum\limits_{i=1}^{n} k_i - 1} 2^{\sum\limits_{i=2}^{k} k_2 C_i^2} \left(\sum_{i=1}^{n} k_i - 1 \right)! \cdot$$

$$\frac{n!}{(1!)^{k_1} k_1! \cdots (n!)^{k_n} k_n!}$$

这个和式取遍下列方程的所有非负整数解

$$k_1 + 2k_2 + \cdots + nk_n = n$$

限于篇幅和读者程度,无法介绍证明全文,但可做一点简单提示.

设 $V = \{x_1, x_2, \cdots, x_n\}$,对以 V 为顶点集的任意一个图 G,定义 V 的一个划分 $\pi(G)$,这个划分的块是 G

的一个连通分支的顶点集. 如果 $\pi(G)=1$,那么图 G 是连通图,其中 1 是具有单块 V 的划分.

设 $C(\pi)$ 为具有 $\pi(G)=\pi$ 的图 G 的个数,又设 $D(\pi)$ 为具有性质 $\pi(G) \leqslant \pi$ 的图 G 的个数.

若 π 是 $1^{k_1} 2^{k_2} \cdots n^{k_n}$ 型的,则 $D(\pi) = 2^{\sum\limits_{i=2}^{n} k_i C_i^2} = \sum\limits_{\sigma \leqslant \pi} C(\sigma)$,应用麦比乌斯反演公式,可得到

$$C(1) = \sum_{\sigma \leqslant 1} D(\sigma) \mu(\sigma, 1)$$

§5　互反 μ 函数偶与一般的反演公式

从麦比乌斯函数可以推广到广义麦比乌斯函数,那人们自然要问,广义麦比乌斯函数是不是另一类具有更普遍意义的函数的特例呢? 换句话说,广义麦比乌斯反演公式能否再进行推广呢? 回答是肯定的.

首先我们观察到,不定和式

$$g(x) = \sum_{y \leqslant x} f(y) \xi(y, x) \tag{1}$$

与

$$f(x) = \sum_{y \leqslant x} g(y) \mu(y, x) \tag{2}$$

的形式完全处于对等的地位,(1) 与 (2) 便同样地可以看成是某种级数变换,其中 x 是参变量,$\xi(y, x)$ 与 $\mu(y, x)$ 为"变换核". (1) 与 (2) 是一对互反公式.

我们来分析一下构成互反公式的这一对变换之间是什么关系. 首先来看看 ξ 与 μ 的结构形式

$$\xi = \lambda^0 + \lambda, \lambda^0 = \delta$$

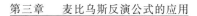

（在结合代数中，有一个特殊的函数，记作 $\delta(x,y)$，定义为

$$\delta(x,y)=\begin{cases}1,当\ x=y\ 时\\0,当\ x\neq y\ 时\end{cases}$$

它叫作克罗内克（Kronecker）的 δ 函数．它在结合代数的乘法中起着单位元的作用，因此也叫单位函数）

$$\mu=\lambda^0-\lambda+\lambda^2-\lambda^3+\cdots$$

它们都是 λ（关联函数）的形式幂级数，并按形式幂级数的乘法满足条件 $\xi\mu=\mu\xi=\delta$（互逆条件）．

鉴于此，我们可以引进如下定义：

定义　假设 $\Phi(z)=\sum\limits_{k=0}^{\infty}a_k z^k$ 是一个具有实系数的任意幂级数，而 $a_0\neq 0$，又设 $\dfrac{1}{\Phi(z)}=\sum\limits_{k=0}^{\infty}b_k z^k$ 为该级数在形式上的逆，亦即

$$\Big(\sum_{k=0}^{\infty}a_k z^k\Big)\Big(\sum_{k=0}^{\infty}b_k z^k\Big)=a_0 b_0=1$$

那么

$$\mu_1(x,y)=\Phi(\lambda)(x,y)=\sum_{k\geqslant 0}a_k\lambda^k(x,y)\qquad(3)$$

$$\mu_2(x,y)=\Phi(\lambda)^{-1}(x,y)=\sum_{k\geqslant 0}b_k\lambda^k(x,y)\qquad(4)$$

便叫作半序集 Ω 上的一对"互反 μ 函数偶"，其中 $x\in\Omega,y\in\Omega$．

有了互反 μ 函数偶的一般概念后，我们就可以建立一般性的互反公式了．

定理　假设 Ω 是一个含最小元 a 的局部有限半序集，那么 Ω 上的每一个互反 μ 函数偶 $\{\mu_1,\mu_2\}$ 都对应地确定着如下的一对互反公式

$$f(y) = \sum_{x \leqslant y} \mu_1(x, y) g(x)$$

$$g(y) = \sum_{x \leqslant y} \mu_2(x, y) f(x)$$

此处 $y \in \mathbf{Q}$,而 f 与 g 为以 Ω 为定义域的数值函数.

举一个著名函数的例子.

例　取 $\Phi(z) = \mathrm{e}^z = \sum_{k=0}^{\infty} \dfrac{z^k}{k!}$,则 $\Phi(z)^{-1} = \sum_{k=0}^{\infty} \dfrac{(-z)^k}{k!}$,故得共轭数列 $a_k = \dfrac{1}{k!}$,$b_k = \dfrac{(-1)^k}{k!}$ $(k = 0, 1, 2, \cdots)$,则由定理可得

$$\mu_1(s) = \sum_{k \geqslant 0} \frac{1}{k!} \binom{s-1}{k-1}$$

$$\mu_2(s) = \sum_{k \geqslant 0} \frac{(-1)^k}{k!} \binom{s-1}{k-1}$$

其中 $s \geqslant 1$.若 $s = 0$,我们规定 $\mu_1(0) = \mu_2(0) = 1$.这一结果与合流超比函数有关.

§6　合流与切比雪夫多项式

切比雪夫(Chebyshev)方程是

$(1 - x^2) y'' - xy' + p^2 y = 0$,$p$ 为常数

在美国数学家 G. F. 塞蒙斯(G. F. Simmons)的《微分方程 —— 附应用及历史注记》中有一个习题,称:若 $p = n$(n 为不小于 0 的整数),则它具有一个解为 n 次多项式.乘以合适的常数后,这种解叫切比雪夫多项式.

切比雪夫方程中 p 是非负的常数.如果将 x 换成

$t = \dfrac{1}{2}(1-x)$，则切比雪夫方程可化为一个超几何方程，并且它在 $x=1$ 附近的通解是

$$y = c_1 F\left(p, -p; \frac{1}{2}; \frac{1-x}{2}\right) +$$

$$c_2 \left(\frac{1-x}{2}\right)^{\frac{1}{2}} F\left(p+\frac{1}{2}, -p+\frac{1}{2}; \frac{3}{2}; \frac{1-x}{2}\right)$$

§7　波赫哈默尔－巴恩斯合流超几何函数

　　下面我们来介绍一下标题中的两位数学家. 波赫哈默尔（Leo Pochhammer，1841—1920）是一位德国数学家，在基尔（Kiel）工作. 主要贡献在微分方程论和超几何级数论方面. 他引进了广义超几何级数的符号，后经巴恩斯（Barnes）进行修改. 1870 年，他把蒂索－波赫哈默尔方程的一个解命名为广义超几何函数.

　　巴恩斯（Ernest William Barnes，1874—1953）的贡献在特殊函数论方面，他还研究过 Γ 函数和其他分析问题.

　　我们知道，超几何函数是用级数

$$_2F_1(a,b;c;z) = \sum_{n=0}^{\infty} \frac{(a)_n(b)_n}{(c)_n n!} z^n, \ |z| < 1 \quad (1)$$

定义的函数的解析延拓，其中位移阶乘 $(a)_n$ 由下式定义

$$(a)_n = a(a+1)\cdots(a+n-1), n=1,2,\cdots,(a)_0 = 1$$
$$(2)$$

这个函数满足微分方程

$$z(1-z)y'' + [c-(a+b+1)z]y' - aby = 0 \quad (3)$$

而且,当 $|z|<1, \operatorname{Re} c>\operatorname{Re} b>0$ 时,由积分

$$_2F_1(a,b;c;z)=\frac{\Gamma(c)}{\Gamma(b)\Gamma(c-b)} \cdot$$

$$\int_0^1 (1-zt)^{-a}t^{b-1}(1-t)^{c-b-1}\mathrm{d}t \quad (4)$$

给出,式中 Γ 表示 Γ 函数.

对超几何函数产生兴趣的原因有以下几个方面.首先,许多重要的函数是一般的超几何函数的特殊情形.其次,一般超几何函数已经发展成为丰富的理论.最后,这些函数多次在应用中出现.超几何函数在自然科学中是作为微分方程的解而产生的,因为物理现象的离散模型较之连续模型越来越常用,所以,超几何函数作为支配这些模型的方程的解,仍继续不断出现.

在积分(4)中作一个简单的变量代换($t=1-s$)就给出线性(分式)变换

$$_2F_1(a,b;c;z)=(1-z)^{-a}\,_2F_1(a,c-b;c;\frac{z}{z-1})$$

$$(5)$$

重复这一变换并利用"a"和"b"的对称性就给出

$$_2F_1(a,b;c;z)=(1-z)^{c-a-b}\,_2F_1(c-a,c-b;c;z)$$

$$(6)$$

超几何函数有一个很重要的子类,其中的函数依赖于两个参数而不是三个.它们有一个"二次变换",其中两个基本的是

$$_2F_1(2a,2b;a+b+\frac{1}{2};z)=$$

$$_2F_1(a,b;a+b+\frac{1}{2};4z(1-z))$$

$$_2F_1(2b,a;2a;z)=$$

72

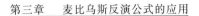

$$(1-z)^{-b}\,_2\mathrm{F}_1(b,a-b;a+\frac{1}{2};\frac{z^2}{4z-4}) \qquad (7)$$

这类函数之所以重要,是因为其中每一个函数可乘以一个代数函数而给出勒让德(法国著名数学家)函数,而且所有勒让德函数都能用这种方法产生.

1784 年勒让德在法国科学院宣读论文《行星外形的研究》(1784)中提出的这一函数.

微分方程(3)在点 0,1 和 ∞ 有正则奇点,我们可以用一个线性分式变换把它们移到点 Z_1,Z_2,Z_3. 由此而得的方程以更清晰的形式呈现出在线性变换和二次变换(5)～(7)中给出的对称性,还可使所得奇点重叠,对于普通的超几何函数来说这种做法叫作合流. 特别地

$$_1\mathrm{F}_1(\alpha;\beta;z) = \sum_{n=0}^{\infty} \frac{(\alpha)_n}{n!\,(\beta)_n} z^n$$

称为波赫哈默尔－巴恩斯合流超几何函数. 按推广的一般形式反演公式,由第 5 节例题给出的 $\mu_1(s)$ 与 $\mu_2(s)$ 可以表示成合流超几何函数,即当 $s \geqslant 1$ 时,有

$$\mu_1(s) = {}_1\mathrm{F}_1(1-s;2;-1)$$
$$-\mu_2(s) = {}_1\mathrm{F}_1(1-s;2;1)$$

进一步,我们还可以获得如下一对反演公式

$$f(s) = g(s) + \sum_{t=1}^{s-1} {}_1\mathrm{F}_1(1-s+t;2;-1)g(t)$$

$$g(s) = f(s) - \sum_{t=1}^{s-1} {}_1\mathrm{F}_1(1-s+t;2;1)f(t)$$

其中 $s=1,2,3,\cdots$. 又 $\sum\limits^{1}$ 表示和式不存在.

假如取 $\Phi(z) = \mathrm{e}^{\alpha z}(\alpha \neq 0)$,则类似地可得一对互反公式

$$f(s) = g(s) + \alpha \sum_{t=1}^{s-1} {}_1\mathrm{F}_1(1-s+t;2;-\alpha)g(t)$$

$$g(s) = f(s) - \alpha \sum_{t=1}^{s-1} {}_1\mathrm{F}_1(1-s+t;2;\alpha)f(t)$$

上面两式相当于 $\alpha = 1$ 的情形.

合流超几何函数的主要构成是 Γ 函数. 它是数学上一种特殊函数, 可以看作当 n 取非整数值时阶乘的某种插值, 它由定积分 $\Gamma(z) = \int_0^{\infty} u^{z-1}\mathrm{e}^{-u}\mathrm{d}u$ 定义, 也是数学竞赛试题背景之一.

在第 9 届中国数学奥林匹克上有一个组合问题:

题目 1: 对任何正整数 n, 求证

$$\sum_{k=0}^{n} \mathrm{C}_n^k 2^k \mathrm{C}_{n-k}^{[\frac{n-k}{2}]} = \mathrm{C}_{2n+1}^n$$

其中 $\mathrm{C}_0^0 = 1$, $[\dfrac{n-k}{2}]$ 表示 $\dfrac{n-k}{2}$ 的整数部分.

这不是一个新题, 而是根据两个老题目改编的, 分别是《美国数学月刊》的 E 3258 题和 E 1975 题, 原题是:

题目 2: 证明: $(1) \displaystyle\sum_{k=0}^{n} \mathrm{C}_m^{2k} \mathrm{C}_{m-2k}^{n-k} 2^{2k} = \mathrm{C}_{2n}^{2m}$;

$(2) \displaystyle\sum_{k=0}^{n} \mathrm{C}_{m+1}^{2k+1} \mathrm{C}_{m-2k}^{n-k} 2^{2k+1} = \mathrm{C}_{2m+2}^{2n+1}$.

题目 3: 证明 $\displaystyle\sum_{j=0}^{n} \mathrm{C}_n^j 2^{n-j} \mathrm{C}_j^{[\frac{j}{2}]} = \mathrm{C}_{2n+1}^n$.

我们想问的是这两个恒等式是如何得到的, 有没有一个统一的来源呢? 汉森 (Hansen) 指出: 题中的恒等式是已知的几何函数

$$\mathrm{F}(a,b;c;1) = \frac{\Gamma(c)\Gamma(c-a-b)}{\Gamma(c-a)\Gamma(c-b)}$$

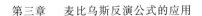

对应于 $a=-n, b=n-m, c=\dfrac{1}{2}$ 和 $a=-n, b=n-m,$

$c=\dfrac{3}{2}$ 的特殊情况.

超几何级数与复变函数中的比伯巴赫（Ludwig Bieberbach）猜想也有联系. 考虑单位圆 D : $|z|<1$ 内的单叶解析函数族 $\mathscr{S}$, 其中每一个函数 $f(z)$ 有展开式

$$f(z)=z+c_2 z^2+\cdots+c_n z^n+\cdots \qquad (8)$$

1916 年, 比伯巴赫在一篇文章中猜测: 对 $\mathscr{S}$ 中任何函数 $f(z)$, 对所有自然数 n, 下式成立

$$|c_n|\leqslant n, n=2,3,\cdots$$

且这个界限只能被克贝（Koebe）函数的旋转

$$k_\varphi(z)=\frac{z}{(1-\mathrm{e}^{\mathrm{i}\varphi}z)^2}=z+2\mathrm{e}^{\mathrm{i}\varphi}z^2+\cdots+n\mathrm{e}^{\mathrm{i}(n-1)\varphi}z^n$$

所达到（这个函数将 D 保形变换到复平面上除去从 $-\dfrac{\mathrm{e}^{-\mathrm{i}\varphi}}{4}$ 到 ∞ 的径向射线后得到的区域）. 这就是著名的比伯巴赫猜想.

这个猜想终于在 1984 年被德布朗斯（L. de Branges）彻底地解决了. 这件事情轰动了全世界的数学界, 连新闻界也对此事产生了兴趣,《科学》杂志、《纽约时报》和《美国科学》杂志及普渡大学（Purdue University）的学生报纸都作了报道, 于是德布朗斯的名字遂被世界所熟悉.

北京大学数学系沈燮昌教授在介绍这一成果时提到: 这个问题的解决不是一件容易的事, 但也没有用到 20 世纪一些较为深奥的复分析学. 其中用到了广义超几何函数

$$_2F_1\begin{bmatrix} \alpha,\beta\,; \\ \gamma\,; \end{bmatrix}x = \sum_{n=0}^{\infty}\frac{(\alpha)_n(\beta)_n}{(\gamma)_n n!}x^n,\ |x|<1$$

$$_3F_2\begin{bmatrix} \alpha,\beta,\gamma\,; \\ \delta,\varepsilon\,; \end{bmatrix}x = \sum_{n=0}^{\infty}\frac{(\alpha)_n(\beta)_n(\gamma)_n}{(\delta)_n(\varepsilon)_n n!}x^n,\ |x|<1$$

利用克劳森(Clausen)公式

$$\left\{_2F_1\begin{bmatrix} \alpha,\beta\,; \\ \alpha+\beta+\frac{1}{2}\,; \end{bmatrix}x\right\}^2 =_3F_2\begin{bmatrix} 2\alpha,2\beta,\alpha+\beta\,; \\ 2\alpha+2\beta,\alpha+\beta+\frac{1}{2}\,; \end{bmatrix}x$$

可得到一个关于雅可比(Jacobi)多项式

$$p_n^{(\alpha,\beta)}(x) =$$

$$\frac{(\alpha+1)_n}{n!}\sum_{j=0}^{n}\frac{(-n)_j(n+\alpha+\beta+1)_j}{j!\,(\alpha+1)}\left(\frac{1-x}{2}\right)^j$$

的 Askey-Gasper 不等式

$$\sum_{k=0}^{n}p_k^{(\alpha,0)}(x) \geqslant 0,\ |x|\leqslant 1$$

§8 $F_q[x]$ 中不可约多项式的计数公式[①]

设 F 是域,$F[x]$ 为其上的一元多项式环,$F[x]$ 中的不可约元总是具有特殊的重要性. 当 F 是有限域 F_q 时,F_q 中给定次数的多项式个数是有限的,从而可以考虑其中不可约多项式的计数问题. 我们用 $r_q(n)$ 来表示 $F_q[x]$ 中的 n 次首一不可约多项式的个数,在不引起混淆时,简记为 $r(n)$.

---

① 本节原作者沈明民.

8.1 $r(n)$ 满足的组合关系式

用 S_n 表示 $F_q[x]$ 中 n 次首一多项式的全体,用 T_n 表示 $F_q[x]$ 中 n 次首一不可约多项式的全体.

一方面,$S_n = \{a_0 + a_1 x + \cdots + a_n x^n \mid a_i \in F_q, i = 0, \cdots, n-1, a_n = 1 \in F_q\}$,故 $\mid S_n \mid = q^n$.

另一方面,$F_q[x]$ 是 UFD.考虑 S_n 中多项式的标准分解,用 $S_n(k_1, \cdots, k_n)$ 表示 S_n 中 k_1 个 1 次首一不可约多项式,k_2 个 2 次首一不可约多项式,$\cdots\cdots$,k_n 个 n 次首一不可约多项式的乘积,这里 $k_1 + 2k_2 + \cdots + nk_n = n$,于是

$$S_n = \bigcup_{k_1 + 2k_2 + \cdots + nk_n = n} S_n(k_1, \cdots, k_n)$$

$$\mid S_n \mid = \sum_{k_1 + 2k_2 + \cdots + nk_n = n} \mid S_n(k_1, \cdots, k_n) \mid$$

$S_n(k_1, \cdots, k_n)$ 可看成是从 T_1 中可重地取 k_1 个元素,T_2 中可重地取 k_2 个元素,$\cdots\cdots$,T_n 中可重地取 k_n 个元素,于是有

$$\mid S_n(k_1, \cdots, k_n) \mid =$$

$$\binom{\mid T_1 \mid + k_1 - 1}{k_1} \binom{\mid T_2 \mid + k_2 - 1}{k_2} \cdots \binom{\mid T_n \mid + k_n - 1}{k_n} =$$

$$\prod_{i=1}^{n} \binom{r(i) + k_i - 1}{k_i}$$

从而

$$\mid S_n \mid = \sum_{k_1 + 2k_2 + \cdots + nk_n = n} \prod_{i=1}^{n} \binom{r(i) + k_i - 1}{k_i}$$

于是我们得到下面的定理.

定理 1 r_q 为 $F_q[x]$ 中 n 次首一不可约多项式的个数,则

$$q^n = \sum_{k_1+2k_2+\cdots+nk_n=n} \prod_{i=1}^{n} \begin{bmatrix} r_q(i)+k_i-1 \\ k_i \end{bmatrix} \qquad (1)$$

8.2 问题的求解

为了使讨论方便,这里不加证明地引用有限域的一些基本性质①.

定理 2 设 F_q 是 q 元域,则:

(1)F_q 的特征是某个素数 p,并且它是 p 元域 F_p 的有限扩张.令 $n=[F_q:F_p]$,则 $q=p^n$,且作为加法群的 F_q 是 n 个 p 阶循环群的直积.

(2)$F_q^* = F_q - \{0\}$ 是 p^n-1 阶的乘法循环群,令 F_q^* 是由元素 u 生成的,则 $F_q=F_p(u)$.

(3)设 Ω_p 是 F_q 的一个代数闭包,则 F_q 恰好由 x^q-x 在 Ω_q 中的 q 个根组成.

(4)对于每个 $n \geqslant 1$,Ω_p 中有且只有唯一的 p^n 元域 F_{p^n},且 $\Omega_p = \bigcup_{n \geqslant 1} F_{p^n}$.

(5)任意两个阶数相同的有限域必同构.

令 $\Phi_n(x) = \prod_{f \in T_n} f(x)$,则 $\deg \Phi_n(x) = nr(n)$.

定理 3 在 $F_q[x]$ 中:

(1)设 $f(x)$ 为一不可约多项式,则
$$f(x) \mid x^{q^n}-x \Leftrightarrow \deg f \mid n$$

(2)又有
$$x^{q^n}-x = \prod_{d \mid n} \Phi_d(x) \qquad (2)$$

---

① 可参见冯克勤等编的《近世代数引论》(中国科学技术大学出版社).

证明　（1）设不可约多项式 $f(x) \mid x^{q^n} - x$，$\deg f(x) = d$，取 $f(x)$ 的一个根 u，则 F_q 是 q^d 元域，而且它是 F_{q^n} 的子域，$(F_q(u))^*$ 是 $F_{q^n}^*$ 的乘法子群，而后者是 $q^n - 1$ 阶循环群，故

$$\mid F_q(u)^* \mid\ \mid\ \mid F_{q^n}^* \mid$$

即

$$q^d - 1 \mid q^n - 1 \Rightarrow d \mid n$$

设 $d \mid n$，$f(x)$ 为 d 次不可约多项式. 取 $f(x)$ 的根 u，则 $F_q(u)$ 是 q^d 元域. 由于 $d \mid n$，故 $x^{q^d} - x \mid x^{q^n} - x$，从而 F_{q^n} 包含某个 q^d 元子域. 由于 Ω_p 中 q^d 元子域是唯一的，故 $F_q(u) \subset F_{q^n} \Rightarrow u \in F_{q^n} \Rightarrow u$ 是 $x^{q^n} - x$ 的根，故 $f(x) \mid x^{q^n} - x$.

（2）由上面直接推得.

由式（2），比较两边的次数，$q^n = \sum_{d \mid n} \deg \Phi_d(x) = \sum_{d \mid n} dr(d)$，于是得到下面的定理.

定理 4　$r_q(x)$ 为 $F_q[x]$ 中的 n 次首一不可约多项式的个数，则

$$q^n = \sum_{d \mid n} dr_q(d) \tag{3}$$

至此，我们得到了下面的主要结论.

定理 5　$r_q(n)$ 为 $F_q[x]$ 中的 n 次首一不可约多项式，则

$$r_q(n) = \frac{1}{n} \sum_{d \mid n} \mu\left(\frac{n}{d}\right) q^d \tag{4}$$

证明　对式（3）进行麦比乌斯反演得[①]

---

① 可参见嘉裕著的《组合数学》（同济大学出版社）.

$$nr_q(n) = \sum_{d \mid n} \mu\left(\frac{n}{d}\right) q^d$$

于是我们得到式(4)的关系式式(1)的解.实际上我们可以得到下面的定理.

定理 6 关系式

$$m^n = \sum_{k_1+2k_2+\cdots+nk_n} \prod_{i=1}^{n} \binom{f(i)+k_i-1}{k_i}, m \in \mathbf{N}$$

的解为

$$f(n) = \frac{1}{n} \sum_{d \mid n} \mu\left(\frac{n}{d}\right) m^d$$

证明 $x = p$ 是多项式方程

$$x^n = \sum_{k_1+2k_2+\cdots+nk_n} \prod_{i=1}^{n} \binom{\frac{1}{i}\sum_{d \mid i}\mu\left(\frac{i}{d}\right)x^d + k_i - 1}{k_i}$$

的根,故这是恒等式,将 $x = m$ 代入即可.

§9 麦比乌斯反演在有限域 F_p 上的 周期序列研究中的应用[①]

北京轻工业学院的杨延龄教授在 1989 年利用麦比乌斯反演研究了有限域 F_p 上的周期序列.

9.1 相似序列

设 p 是一个素数,考虑有限域 F_p 上两端无穷的序列 $A: \cdots, a_{-1}, a_0, a_1, \cdots$(简记作 $A = \{a_i\}$).两个序列

---

① 本节摘编自《应用数学学报》,1989 年,第 12 卷第 2 期.

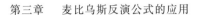

$A=\{a_i\}$ 和 $B=\{b_i\}$，若有常数 n，使得对任意 i 均有 $b_{i+n}=a_i$，即 B 与 A 移位等价，则这两个序列视为相同. 序列 $A=\{a_i\}$ 若有常数 n，使得对任意 i 均有 $a_{i+n}=a_i$，则称 A 为周期序列. 满足上述条件的 n 的最小正值称为 A 的本原周期，记作 $P(A)$.

F_p 上的本原周期为 n 的序列的个数记作 $M_p(n)$，确定 $M_p(n)$ 是熟知的环状字问题（例如见文献[1]）

$$p^n = \sum_{d|n} d M_p(d)$$

用麦比乌斯反演可得

$$nM_p(n) = \sum_{d|n} \mu\left(\frac{n}{d}\right) p^d \qquad (1)$$

本原周期为 n 的序列的任一长为 n 的段称为它的一个生成段. 若周期序列 A 的一个生成段中所有元素的和等于零，则称 A 属于 U 类，否则属于 V 类. 本原周期为 n 的 U 类和 V 类序列的个数分别记作 $U_p(n)$ 和 $V_p(n)$，则有

$$U_p(n) + V_p(n) = M_p(n) \qquad (2)$$

命题 1   若 $n = p^m q (m \geqslant 0, q \geqslant 1, (p,q)=1)$，则

$$V_p(p^m q) = \frac{p-1}{p^{m+1}q} \sum_{d|q} \mu\left(\frac{q}{d}\right) p^{p^m d} \qquad (3)$$

证明 F_p 上长为 $p^m q$ 的元素和不等于零的段共有 $(p-1)p^{p^m q-1}$ 种. 它们并不都生成本原周期 $p^m q$ 的序列，但 $p^m q$ 是一个周期，因此它们生成的序列的本原周期必是 $p^m q$ 的因数. 又因为元素和不等于零，本原周期必形如 $p^m d, d \mid q$. 于是有

$$(p-1)p^{p^m q-1} = \sum_{d|q} p^m d V_p(p^m d)$$

用麦比乌斯反演即得.

81

由式(1)(2)(3)可得 $U_p(n)$ 的公式.

周期序列 A 的每个元素 a_i 都与同一个 $b \in F_p$ 相加产生一个同周期的序列 B,称 B 与 A 相似.随着 b 的不同取法,应有 p 个序列互相相似.若这 p 个序列相同,则称 A 自相似.本原周期为 n 的自相似序列的个数记作 $C_p(n)$.

命题 2 若序列 A 的每个元素都与某个 $a \in \{1, 2, \cdots, p-1\}$ 相加所得到的 B 与 A 相同,则 A 是自相似序列.

证明 对于任一 $b \in \{1, 2, \cdots, p-1\}$,存在自然数 r,使得 $r \cdot a = b$,即 A 的元素与 a 相加 r 次便相当于与 b 相加.

由此可知,或 p 个不同序列互相相似,或一个序列自相似.

命题 3 若序列 A 自相似,则:

(1)$P(A) = n = lp$(l 是自然数).

(2)A 的一个生成段由 p 个不同的互相相似的子段 $A_1, A_2, \cdots, A_p$ 顺序连接而成,而且存在 $a^* \in \{1, 2, \cdots, p-1\}$,使得 A_{i+1} 恰为 A_i 的相应元素都与 a^* 相加而成($i = 1, 2, \cdots, p-1$).

证明 若序列 A 自相似,则对 $a \in \{1, 2, \cdots, p-1\}$,$A$ 的每个元素都与 a 相加所得到的 B 可视作 A 右移 r_a 位而成,这里 $1 \leqslant r_a < n$.作 p 次这种右移共移 pr_a 位,但这时 A 的每个元素加了 $p \cdot a = 0$,因此必是右移 A 的本原周期的整数倍,即 $pr_a = s_a \cdot n$.由 $n > r_a$,可知 $p > s_a \geqslant 1$.又 p 是素数,必有 $p \mid n$,即 $n = lp$.另外,对不同的 a, r_a 应不同,从而 $s_a \in \{1, 2, \cdots, p-1\}$ 应不同,因此应有 a^* 使 $s_{a^*} = 1$.这个 a^* 与 A_i 的每个

元素相加便得 A_{i+1}. 由此还可知诸 A_i 正是 p 个不同的互相相似的段.

9.2　邻位减映射

序列 $A = \{a_i\}$ 的相继二元相减可得一个新序列 $B = \{b_i\}$,其中 $b_i = a_{i+1} - a_i$,称为 A 产生 B. 若 A 是周期序列,则 B 也是周期序列. 这便建立了 F_p 上的周期序列集合到自身的一个映射.

命题 4　两个序列 A_1 与 A_2 产生同一个序列,当且仅当 A_1 与 A_2 相似.

证明　充分性显然,下面证必要性. 设 $A_1 = \{a_i^{(1)}\}$ 与 $A_2 = \{a_i^{(2)}\}$ 都产生 $B = \{b_i\}$,则
$$b_i = a_{i+1}^{(1)} - a_i^{(1)} = a_{i+1}^{(2)} - a_i^{(2)}$$
于是
$$a_{i+1}^{(2)} - a_{i+1}^{(1)} = a_i^{(2)} - a_i^{(1)} = \cdots = a_0^{(2)} - a_0^{(1)}$$
即
$$a_i^{(2)} = a_i^{(1)} + (a_0^{(2)} - a_0^{(1)})$$
从而 A_1 与 A_2 相似.

因此,或是 p 个不同的相似序列产生同一个 B,或是一个自相似序列产生一个 B.

命题 5　序列 A 产生 B,则或者:

(1) $P(B) = P(A)$,此时 A 不是自相似序列,而 B 属于 U 类;

或者:

(2) $P(B) = \dfrac{1}{p} P(A)$,此时 A 是自相似序列,而 B 属于 V 类.

证明　设 $A = \{a_i\}$ 产生 $B = \{b_i\}$.

（1）若 $P(B)=P(A)=n$，则

$$\sum_{i=0}^{n-1}b_i=\sum_{i=0}^{n-1}(a_{i+1}-a_i)=a_n-a_0=0$$

于是 B 属于 U 类. 而若 A 自相似，则必有 $P(B)\leqslant\dfrac{1}{p}P(A)$.

（2）若 $P(B)=l<P(A)=n$，设 $n=r\cdot l(r\geqslant 2)$，令 $A_1=a_0,a_1,\cdots,a_l,A_2=a_l,a_{l+1},\cdots,a_{2l},\cdots,A_r=a_{(r-1)l},a_{(r-1)l+1},\cdots,a_{rl}$，则 $A_1,A_2,\cdots,A_r$ 均产生 B 的同一个生成段，因此它们互相相似. 若 $a_l=a_0$，则 $A_2=A_1$，从而 $a_{2l}=a_l$，于是 $A_2=A_1$，由此可知诸 A_i 皆相同，与 $P(A)=n$ 矛盾. 设 $a_l=a_0+b,b\neq 0$，则 A_2 必由 A_1 的各元素加 b 而得，从而 $a_{2l}=a_l+b$，于是 A_3 必由 A_2 的各元素加 b 而得. 由此可知，A_r 由 A_1 的各元素加 $(r-1)b$ 而得，于是

$$a_{rl}=a_l+(r-1)b=a_0+rb$$

但 $a_{rl}=a_0$，于是 $rb=0$，从而 $p\mid r$. 若 $r>p$，又将与 $P(A)=n$ 矛盾，因此 $r=p$，即 $l=\dfrac{1}{p}n$，而 A 是自相似序列. 最后

$$\sum_{i=0}^{l-1}b_i=\sum_{i=0}^{l-1}(a_{i+1}-a_i)=a_l-a_0=b\neq 0$$

于是 B 属于 V 类.

因此，本原周期 n 的 U 类序列必由 p 个同周期序列产生，而 V 类序列则由一个本原周期 pn 的自相似序列产生. 于是有

$$C_p(pn)=V_p(n) \tag{4}$$

用式（3）和（4）可得：

命题 6　若 $n=p^mq(m>0,q\geqslant 1,(p,q)=1)$，则

84

$$C_p(p^m q) = \frac{p-1}{p^m q} \sum_{d \mid q} \mu\left(\frac{q}{d}\right) p^{p^{m-1}d} \qquad (5)$$

由命题 5 还可知,若 $P(A) = p^m q, q > 1$,则无论作多少次邻位减,均不能将 A 变成本原周期为 1 的序列,只有本原周期 p^m 的才有此可能. 事实上,所有本原周期 p^m 的序列均可经有限次邻位减而产生本原周期为 1 的序列.

命题 7 本原周期 p^m 的序列可经有限次邻位减产生周期为 1 的序列,而本原周期 p^m 的 V 类序列恰经 $p^m - 1$ 次邻位减变成周期为 1 的序列.

证明 设 $A = \{a_i\}, P(A) = p^m, A$ 经 r 次邻位减产生 $A_r = \{a_i^{(r)}\}$,则

$$a_i^{(r)} = a_{i+r} - \binom{r}{1} a_{i+r-1} + \cdots + (-1)^r \binom{r}{r} a_i \qquad (6)$$

因为对 $k = 1, 2, \cdots, p^m - 1$ 均有 $(-1)^k \binom{p^m-1}{k} \equiv 1 (\bmod\ p)$,于是在式(6)中取 $r = p^m - 1$,便有

$$a_i^{(p^m-1)} = a_{i+p^m-1} + a_{i+p^m-2} + \cdots + a_i = 常数$$

即 A_{p^m-1} 的本原周期为 1. 又若 A 属于 V 类,则 $a_i^{(p^m-1)} \neq 0$,即 A_{p^m-1} 也属 V 类,于是 A_{p^m-2} 的本原周期为 p.

9.3 有向图 $D(p)$ 和 $D_n(p)$

考虑 F_p 上全体周期序列组成的集合,现在给它对应一个有向图 $D(p)$:一个序列 A 对应一个顶点 v_A,序列 A 产生序列 B,则从顶点 v_A 到 v_B 连一条弧. 图中每个顶点出度为 1,入度为 1(V 类序列)或 $p(U$ 类序列). 以后序列与它对应的顶点不加区别. 图 $D(p)$ 分为若

干连通分支,每个分支上有一个有向回路.由命题 5,回路上各序列有相同的本原周期,因而都属于 U 类.

命题 8 本原周期 $n=p^m q(m\geqslant 0,q\geqslant 1,(p,q)=1)$ 的 V 类序列恰经 p^m 次邻位减进入回路.

证明 $q=1$ 时即为命题 7,下面设 $q>1$. 由欧拉定理 $p^{\varphi(q)}\equiv 1(\bmod q)$,即 $p^{\varphi(q)}=1+rq$. 设对 V 类序列 A 作 $p^{m+\varphi(q)}$ 次邻位减得序列 $C=\{c_i\}$,则

$$c_i=a_{i+p^{m+\varphi(q)}}-\binom{p^{m+\varphi(q)}}{1}a_{i+p^{m+\varphi(q)}-1}+\cdots-\binom{p^{m+\varphi(q)}}{p^{m+\varphi(q)}}a_i=$$

$$a_{i+p^{m+\varphi(q)}}-a_i=a_{i+p^m+p^m rq}-a_i=$$

$$a_{i+p^m}-a_i$$

但是 A 经 p^m 次邻位减所得 A_{p^m} 也是此序列,因此 A_{p^m} 已在回路中.

考虑 A 经 p^m-1 次邻位减产生的序列 $A_{p^m-1}=\{a_i^{(p^m-1)}\}$,则有

$$a_i^{(p^m-1)}=a_{i+p^m-1}-\binom{p^m-1}{1}a_{i+p^m-2}+\cdots+\binom{p^m-1}{p^m-1}a_i=$$

$$a_{i+p^m-1}+a_{i+p^m-2}+\cdots+a_i$$

即 A 的相继 p^m 个元素之和.类似地,A 经 $p^{m+\varphi(q)}-1$ 次邻位减产生的序列 B 的元素是 A 的相继 $p^{m+\varphi(q)}=p^m+p^m rq$ 个元素之和.注意到 $(r,p)=1$,而 A 属于 V 类.于是 A 的相继 $p^m rq$ 个元素之和不等于零,于是 A_{p^m-1} 与 B 相似.

A_{p^m} 在回路上,属于 U 类,于是 A_{p^m-1} 不是自相似序列,因而 A_{p^m-1} 与 B 不同,所以 A_{p^m-1} 不在回路上.

本原周期为 n 的序列对应的顶点构成 $D(p)$ 的导出子图 $D_n(p)$,它有 $M_p(n)$ 个顶点.其中 V 类序列对应顶点的入度为 0,出度为 1;自相似序列出度为 0,入度

为 0 或 p；其他顶点入度为 p，出度为 1. $D_n(p)$ 分成若干连通分支，每个分支或有一个回路，或有一个自相似序列，分别称为 $D_n(p)$ 的回路支或自相似支. 回路上的点称为可返点，$D_n(p)$ 中可返点的个数记作 $R_p(n)$.

命题 9　设 $n=p^m q(m \geqslant 0, q>1,(p,q)=1)$，则 $D_n(p)$ 的每个回路的长是 $p^m(p^{\varphi(q)}-1)$ 的因数. 回路上每个点连着 $p-1$ 棵高为 p^m-1 的有根完全 p 权树，树的根产生回路上的那个点，而叶属于 V 类.

证明　设 A 是回路上的一个点，它属于 U 类，从而是由 p 个不同的相似序列产生，其中之一在回路上，另外 $p-1$ 个不属于回路. 从这 $p-1$ 个序列任取一个，若它不属于 V 类，则又是由同周期的 p 个不同的相似序列产生. 如此上溯，由 $D_n(p)$ 的顶点有限，必在某一步到达 V 类序列. 由命题1，这个 V 类序列必经 p^m 次邻位减产生 A，因此 v_A 上连着 $p-1$ 棵高为 p^m-1 的完全 $p-$ 权树.

另外，由命题8的证明，A 经 $p^{m+\varphi(q)}-p^m$ 次邻位减回到自身，因此回路长是 $p^m(p^{\varphi(q)}-1)$ 的因数.

命题 10　设 $n=p^m q(m>0, q \geqslant 1,(p,q)=1)$，则 $D_n(p)$ 的自相似支是高为 $(p-1)p^{m-1}-1$ 的有根完全 $p-$ 权树. 根是自相似序列，叶属于 V 类.

证明　对 m 归纳. 当 $m=1$ 时，取一个自相似序列 A，设 A 产生 B，则 $P(B)=q$. 由命题9，在 $D_q(p)$ 中回路上每点连着 $p-1$ 棵高为零的树，于是 B 产生回路上的点. 再从 A 上溯到同周期的 V 类序列为止. 由命题8，此 V 类序列经 p 次邻位减而进入回路，因此 $D_n(p)$ 中自相似支是高为 $p-2$ 的有根完全 $p-$ 权树.

设对小于 m 时命题成立. 考虑 $D_n(p)$ 上的自相似

支上的一个 V 类序列 A_0，由命题 8，经 p^m 次邻位减产生的 A_{p^m} 进入回路，不过这次 A_{p^m} 不属于 $D_n(p)$. 设 $P(A_{p^m}) = p^h q (0 \leqslant h < m)$，则 A_{p^m} 在 $D_{p^h q}(p)$ 中连着高为 $p^h - 1$ 的完全 p-权树. 由命题 5，从 A_0 到 A_{p^m} 必经过本原周期为 $p^{m-1}q, p^{m-2}q, \cdots, p^{h+1}q$ 的序列，而这些序列分别属于 $D_{p^{m-1}q}(p), \cdots, D_{p^{h+1}q}(p)$ 的自相似支，由归纳假设可得：$D_n(p)$ 中自相似支的高为

$$p^m - [(p-1)p^{m-2} + (p-1)p^{m-3} + \cdots +$$
$$(p-1)p^h + p^h] - 1 =$$
$$(p-1)p^{m-1} - 1$$

的完全 p-权树.

由以上结果可作出 $D_n(p)$ 中可返点的计数.

命题 11 设 $n = p^m q (m \geqslant 0, q > 1, (p, q) = 1)$，则

$$R_p(p^m q) = \frac{1}{p^{p^m}} \left[M_p(p^m q) - \frac{p^{(p-1)p^{m-1}} - 1}{p-1} C_p(p^m q) \right]$$

证明 本原周期 $p^m q$ 的序列共有 $M_p(p^m q)$ 个，它的图 $D_n(p)$ 有 $C_p(p^m q)$ 个自相似支，每个自相似支有 $\dfrac{p^{(p-1)p^{m-1}} - 1}{p-1}$ 个顶点，其余顶点属于回路支，而回路上每点连着 $p-1$ 棵有 $\dfrac{p^{p^m} - 1}{p-1}$ 个点的树，于是

$$M_p(p^m q) = \frac{p^{(p-1)p^{m-1}} - 1}{p-1} C_p(p^m q) + p^{p^m} R_p(p^m q)$$

我们对图 $D_n(p)$ 已有了较全面的了解. 例如它有多少个自相似支，每个自相似支是什么图；它有多少个点在回路上，回路上每个点连着一些什么图，等等. 但是不知道它有多少个回路支，每个回路有多长.

9.4　周期序列的最小多项式

前面讨论的周期序列就是线性移位寄存器序列,因此可用连接多项式和最小多项式予以研究. 本小节记号同文献[2].

命题 12　周期序列 A 产生 B,若 $f(x)$ 是 A 的连接多项式,则它也是 B 的连接多项式.

证明　设 $f(x)=1+c_1 x+c_2 x^2+\cdots+c_k x^k$,则有

$$a_{i+k+1}+c_1 a_{i+k}+\cdots+c_{k-1}a_{i+2}+c_k a_{i+1}=0$$
$$a_{i+k}+c_1 a_{i+k-1}+\cdots+c_{k-1}a_{i+1}+c_k a_i=0$$

两式相减即得.

推论 1　周期序列 A 产生 B,则 $m_B(x)\mid m_A(x)$.

命题 13　周期序列 A 产生 B,若 $f(x)$ 是 B 的连接多项式,则 $(1-x)f(x)$ 是 A 的连接多项式. 反之亦然.

证明　设 $f(x)=1+c_1 x+\cdots+c_{k-1}x^{k-1}+c_k x^k$,则有

$$b_{i+k}+c_1 b_{i+k-1}+\cdots+c_{k-1}b_{i+1}+c_k b_i=0$$

将 $b_i=a_{i+1}-a_i$ 代入可得

$$a_{i+k+1}+(c_1-1)a_{i+k}+\cdots+(c_k-c_{k-1})a_{i+1}-c_k a_i=0$$

即 $1+(c_1-1)x+\cdots+(c_k-c_{k-1})x^k-c_k x^{k-1}=(1-x)f(x)$ 是 A 的连接多项式. 倒推回去可得另一部分.

推论 2　周期序列 A 产生 B,则

$$m_B(x)=\begin{cases} m_A(x), & \text{若}(1-x)\nmid m_A(x) \\[2mm] \dfrac{1}{1-x}m_A(x), & \text{若}(1-x)\mid m_A(x) \end{cases}$$

证明　由命题 13 的第一部分知 $m_A(x)\mid(1-$

89

$x)m_B(x)$. 若 $(1-x) \nmid m_A(x)$,则 $m_A(x) \mid m_B(x)$,再由推论1即得. 若 $(1-x) \mid m_A(x)$,则由命题13的第二部分可知 $m_B(x) \left| \dfrac{1}{1-x}m_A(x) \right.$,从而知 $m_A(x) = (1-x)m_B(x)$.

命题 14 若 A_1 与 A_2 不同且都产生 B,则或者 $m_{A_1}(x) = (1-x)m_B(x)$;或者 $m_{A_2}(x) = (1-x)m_B(x)$.

证明 用反证法,设 $A_1 = \{a_i^{(1)}\}$,$A_2 = \{a_i^{(2)}\}$,且
$$m_{A_1}(x) = m_{A_2}(x) = m_B(x) =$$
$$1 + c_1 x + \cdots + c_{k-1}x^{k-1} + c_k x^k$$
则有
$$a_{i+k}^{(1)} + c_1 a_{i+k-1}^{(1)} + \cdots + c_{k-1}a_{i+1}^{(1)} + c_k a_i^{(1)} = 0$$
$$a_{i+k}^{(2)} + c_1 a_{i+k-1}^{(2)} + \cdots + c_{k-1}a_{i+1}^{(2)} + c_k a_i^{(2)} = 0$$
因为 A_1 与 A_2 不同且都产生 B,则存在 $a^* \neq 0$ 使得对任意 i 均有 $a_i^{(1)} = a_i^{(2)} + a^*$,将前面两式相减便得
$$a^*(1 + c_1 + \cdots + c_{k-1} + c_k) = 0$$
因此 $1 + c_1 + \cdots + c_{k-1} + c_k = 0$,于是 $(1-x) \mid m_{A_1}(x)$,再由推论2导出矛盾.

换句话说,产生 B 的诸 A 中至多有一个与 B 有相同的最小多项式.下面给出回路上序列的刻画.

命题 15 (1) 同一回路上各序列有相同的最小多项式;

(2) 序列 A 在回路上当且仅当 $(1-x) \nmid m_A(x)$.

证明 由推论1立得(1).而由推论2立得(2)中必要性.下面证充分性.设 $(1-x) \nmid m_A(x)$,则由 A 经任意次邻位减产生的序列均以 $m_A(x)$ 为最小多项式.但以 $m_A(x)$ 为最小多项式的序列有限,必在某一步回

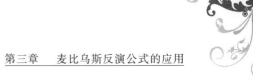

到已出现过的序列 B. 若 B 不是 A,则将有两个不同序列产生 B,而它们的最小多项式均与 B 的相同,矛盾.

现在可用最小多项式对图 $D(p)$ 做一描述. $D(p)$ 的每个连通分支包含一个回路,此回路上各序列有相同的与 $1-x$ 互素的最小多项式,离开回路上溯,每前进一步,序列的最小多项式增加一个因子 $1-x$.

参 考 文 献

[1] 屠规彰.组合计数方法及其应用[M].北京:科学出版社,1981.

[2] 肖国镇,梁传甲,王育民.伪随机序列及其应用[M].北京:国防工业出版社,1985.

偏序集上的麦比乌斯反演与组合计数[①]

第四章

§1 贝尔热论麦比乌斯反演

世界著名组合专家 Gian-Carlo Rota 曾说:在复兴组合学方面,有两位法国人起过主要的作用:贝尔热(Berge)和舒岑贝格尔(Schützen berger).贝尔热是一位多产作家,他的书在驾驭文字的深度与广度方面,事实上超过了任何地方的任何一本书.以下是 1971 年版 *Principles of Combinatorics* 中关于麦比乌斯反演的叙述.

① 本章摘编自 Richard P. Stanley 著,付梅,候庆虎,辛国策,等译的《计数组合学(第 5 版)》(高等教育出版社,2009).

现在我们来推广第一反演定理. 下面关于麦比乌斯函数的描述, 实质上是 Rota 引入的. 他确信麦比乌斯函数是枚举法中的一个基本的统一原理.

设 X 是其中定义了序关系"$\leqslant$"的集合, 则由定义

$$x \leqslant x$$
$$x \leqslant y, y \leqslant x \Rightarrow x = y$$
$$x \leqslant y, y \leqslant z \Rightarrow x \leqslant z$$

假定 X 中有一个唯一的最小元, 记为 0, 即

$$0 \leqslant x, x \in X$$

(如果 X 中不含有最小元, 那么总可以给 X 附上这样一个元素).

最后, 假定对于一切 $x, y \in X$, 线段

$$[x, y] = \{u, \mid u \in X, u \geqslant x, u \leqslant y\}$$

是有限的. 这样的集合 X 连同它的序关系"$\leqslant$"一起, 称为一个局部有限的有序集.

例如, X 可以是具有序关系

$$x \leqslant y \Leftrightarrow x \text{ 小于或等于 } y$$

的非负整数集合, X 还可以是具有序关系

$$x \leqslant y \Leftrightarrow x \text{ 是 } y \text{ 的一个因子}$$

的不小于 1 的整数的集合. 后面我们还会遇到许多别的例子.

像通常一样, 若 $x \leqslant y$ 且 $x \neq y$, 则记作 $x < y$; 若 $y \leqslant x$, 则记作 $x \geqslant y$. 设 X 是一个局部有限的有序集, A 是当 x 与 y 在 X 中取值时如下的全体二元实函数 $f(x, y)$ 的集合

$$f(x, y) \neq 0, \text{若 } x = y$$
$$f(x, y) = 0, \text{若 } x \not\leqslant y$$

A 中的乘积"$*$"定义如下

$$f * g(x,y) = \sum_{x \leqslant u \leqslant y} f(x,u)g(u,y)$$

其中的和是对有限线段 $[x,y]$ 中全体 u 求的.

集合 A 连同乘积"$*$",称为算术函数群. 下面我们来证明它的确是一个"群".

命题 1 乘积"$*$"是可结合的,即

$$(f * g) * h = f * (g * h)$$

证明 由定义

$$[(f * g) * h](x,z) = \sum_{\substack{y \\ x \leqslant y \leqslant z}} h(y,z) \sum_{\substack{u \\ x \leqslant u \leqslant y}} f(x,u)g(u,y) =$$
$$\sum_{\substack{u,y \\ x \leqslant u \leqslant y \leqslant z}} f(x,u)g(u,y)h(y,z) =$$
$$[f * (g * h)](x,z)$$

命题 2 克罗内克函数

$$\delta(x,y) = \begin{cases} 1, 若 x = y \\ 0, 若 x \neq y \end{cases}$$

是对"$*$"的单位元.

证明 由定义

$$[f * \delta](x,y) = \sum_{x \leqslant u \leqslant y} f(x,u)\delta(u,y) = f(x,y)$$

命题 3 对于每个 $f \in A$,存在左逆 $f^{-1} \in A$(即 $f^{-1} * f = \delta$). 对每个给定的 x,$f^{-1}(x,y)$ 关于 y 可如下归纳地定义:

(1) 若 $y = x$: $f^{-1}(x,y) = \dfrac{1}{f(x,x)}$;

(2) 若 $y > x$: $f^{-1}(x,y) = \dfrac{-1}{f(y,y)} \sum_{x \leqslant u < y} f^{-1}(x,u)f(u,y)$.

证明 由(1)有

$$f^{-1} * f(x,x) = f^{-1}(x,x)f(x,x) = 1$$

94

若 $x \prec y$,则由(2)有

$$f^{-1} * f(x,y) = \sum_{x \leqslant u \prec y} f^{-1}(x,u) f(u,y) +$$
$$f^{-1}(x,y) f(y,y) = 0$$

因此,$f^{-1} * f = \delta$.

但是,如果有单位元的半群的每个元素 α 都有一个左逆 α^{-1},则 α^{-1} 也是 α 的右逆. 因为

$$\alpha\alpha^{-1} = f = \delta f = f^{-1}ff = f^{-1}\alpha\alpha^{-1}\alpha\alpha^{-1} =$$
$$f^{-1}\alpha\delta\alpha^{-1} = f^{-1}f = \delta$$

因此,命题 1,2 和 3 证明了 A 是一个群.

此外,A 还是具有许多重要性质的一个环.

在这些性质中,与此处有关的最重要的性质是

$$f = g * \alpha \Rightarrow g = f * \alpha^{-1}$$

这就是说, 对于满足 $\alpha(x,x) \neq 0$ 及当 $x \not\leqslant y$ 时 $\alpha(x,y) = 0$ 的每个函数 $\alpha(x,y)$ 对应着具有同样性质的一个函数 $\beta(x,y)$,使得由

$$f(0,x) = \sum_{0 \leqslant u \leqslant x} \alpha(u,x) g(0,u)$$

可得

$$g(0,x) = \sum_{0 \leqslant u \leqslant x} \beta(u,x) f(0,u)$$

当 X 是一个局部有限集合时,函数

$$\xi(x,y) = \begin{cases} 1, & \text{若 } x \leqslant y \\ 0, & \text{其他情形} \end{cases}$$

称为黎曼(Riemann)函数.

麦比乌斯函数由下列式子(对于一切 $y \geqslant x$)归纳地定义为

$$\mu(x,x) = 1$$
$$\mu(x,y) = -\sum_{x \leqslant t \prec y} \mu(x,t)$$

95

由于函数 ξ 与 μ 互逆,因而下列定理是第一反演定理的一个推论.

定理 1(麦比乌斯反演定理) 设 X 是一个局部有限的有序集,并设 $f(x),g(x)$ 是在 X 上定义的函数,其间有关系

$$f(x) = \sum_{0 \leqslant u \leqslant x} g(u), x \in X$$

则

$$g(x) = \sum_{0 \leqslant u \leqslant x} \mu(u,x) f(u), x \in X$$

例 1 设 X 是正整数集合,其中的序关系"$\leqslant$"定义如下:

$k \leqslant n$ 即"k 小于或等于 n".

我们来反解(图 1)

$$f(n) = \sum_{k=1}^{n} g(k)$$

图 1

对于一切 $n \geqslant k$,麦比乌斯函数由

$$\mu(k,n) = \begin{cases} 1, 若 \ n=k \\ -1, 若 \ n=k+1 \\ 0, 若 \ n=k+2, k+3, \cdots \end{cases}$$

定义.因此

$$g(n) = f(n) - f(n-1)$$

例 2 设 X 是正整数集合,其序关系"$\leqslant$"由

$$y \leqslant x, 当 \ y \ 整除 \ x(y \mid x)$$

定义.我们来反解

96

$$f(n) = \sum_{d \mid n} g(d)$$

图 2 即说明了求麦比乌斯函数 $\mu(d,n)$ 的方法.

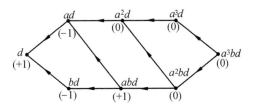

图 2

由此立即可得

$$\mu(d,n) = \begin{cases} 1, 若\ n = d \\ (-1)^k, 若\ n = p_1 p_2 \cdots p_k d \\ 0, 其他情形 \end{cases}$$

其中 p_i 是不等于 1 且互不相同的素数. 因此

$$g(n) = \sum_{d \mid n} \mu(d,n) f(d)$$

这个函数 $\mu(d,n)$ —— 通常写成 $\mu(d \mid n)$ —— 就是麦比乌斯在 1832 年为了研究素数分布而首次引入的经典的麦比乌斯函数.

例 3　设 A 是一个有限集合. 让我们来反解

$$f(A) = \sum_{S \subset A} g(S)$$

在这个例子中, X 是 A 的子集格, 其序关系为 "$\subset$" (包含关系). (图 3)

显然

$$\mu(S,A) = (-1)^{|A|-|S|}$$

由此

$$g(A) = \sum_{S \subset A} (-1)^{|A|-|S|} f(S)$$

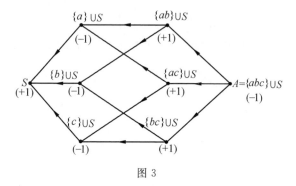

图 3

例 4   设 A 是一个集合,并设

$$\mathscr{A} = (A_1, A_2, \cdots, A_k)$$

是 A 的一个划分. 于是,由定义

$$A_i \neq \varnothing$$

$$i \neq j \Rightarrow A_i \bigcap A_j = \varnothing$$

$$\bigcup A_i = A$$

当

$$\begin{cases} B_j \bigcap A_i \neq \varnothing \\ B_j \in \mathscr{B} \qquad \Rightarrow B_j \subset A_i \\ A_i \in \mathscr{A} \end{cases}$$

时,就说 $\mathscr{B} \prec \mathscr{A}$($\mathscr{B}$ 是 $\mathscr{A}$ 的一个"子划分").(图 4)

如果 $\mathscr{A}$ 是把 A 分成 p 类 $A_1, A_2, \cdots, A_p$ 的一个划分,并且如果 $\mathscr{B}$ 是 $\mathscr{A}$ 的一个子划分,它使每个 A_i 含有 $\mathscr{B}$ 中的 n_i 个类,那么

$$\mu(\mathscr{B}, \mathscr{A}) =$$

$$(-1)^{p+n_1+n_2+\cdots+n_p} (n_1 - 1)! \ (n_2 - 1)! \ \cdots (n_p - 1)!$$

这个公式是由舒岑贝格尔第一个导出的,在那以后,为了不同的应用又曾被 Frucht 及 Rota 重新陈述过.

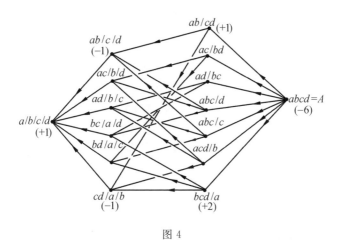

图 4

应用　循环字问题(Moreau). 一个字母表是称为字母的 m 个不同的记号 $a_1, a_2, \cdots, a_m$ 的集合. 一个长为 n 的字是把 $X = \{1, 2, \cdots, n\}$ 映入

$$A = \{a_1, a_2, \cdots, a_m\}$$

的一个映射 φ.

两个字 φ 与 φ' 称为等价, 或称为同一个"循环字", 若

$$\varphi'(i) = \varphi((i+p)(\bmod n)), i = 1, 2, \cdots, n$$

现在计算一下 n 个字母的循环字的数目.

如果对于每个 i, 有 $\varphi(i) = \varphi((i+p)(\bmod n))$, 那么 p 称为字 φ 的一个周期. 周期 $p(1 \leqslant p < n)$ 中的最小的称为 φ 的本原周期, 例如, $abcabcabc$ 的本原周期 $p = 3$.

显然, 周期 p 必须是 n 的一个因子. 以 $M(p)$ 表示本原周期为 p 的循环字的个数. 那么, 由于对于每一个这样的字对应着 p 个不同的字, 所以总的字数是

99

$$m^n = \sum_{p|n} pM(p)$$

利用例 2 中的麦比乌斯函数 $\mu(d,n)$，即

$$\mu(d,n) = \begin{cases} (-1)^k, \text{若 } n = p_1 p_2 \cdots p_k d \\ 0, \text{其他情形} \end{cases}$$

（其中 p_i 是不等于 1 的互不相同的素数）反解上述公式，得到

$$pM(p) = \sum_{q|p} \mu(q,p)m^q$$

因此，长为 n 的循环字的总数是

$$\sum_{p|n} M(p) = \sum_{p|n} \frac{1}{p} \sum_{q|p} \mu(q,p)m^q$$

信息论中"不加撇"的字典问题是这个著名问题的一个推广. 一个不加撇的字典是字的一个集合，其中每个字都由 n 个字母组成，并满足下列性质：对于字典中的任意两个字，不存在整数 $k(1 \leqslant k < n)$，使第一个字的后 $n - k$ 个字母之后接上第二个字的前 k 个字母能成为字典中的一个字. 问题就是找一个具有最多字的不加撇的字典.

有一些定理使得可以在一些特殊情形下简化麦比乌斯函数的计算方法，例如：

定理 2(P. Hall) 设有序集合 $(X, \leqslant)$ 是一个半格，即对于一切 $a, b \in X$ 都有一个最小上界 c（称为 a 和 b 的并，并记作 $a \vee b$）能使

$$c \geqslant a, b$$
$$x \geqslant a, b \Rightarrow x \geqslant c$$

如果 $x > y$，并且 x 不是刚好比 y 大的元素的并，那么

$$\mu(y, x) = 0$$

证明 假定 x 不是 y 的直接后继元素的并，这就

是说,它不是集合$\{z \mid z \in X, z \geqslant y$,且不存在 t 符合于 $z > t > y\}$ 中的元素的并.

　　设 $a_1, a_2, \cdots, a_k$ 是 y 的直接后继元素,它们又全都不大于 x,并且记为 $b = a_1 \vee a_2 \vee \cdots \vee a_k$,那么

　　$y \leqslant b \leqslant x$ 　（因为由 $a, a' \leqslant x$,可得 $a \vee a' \leqslant x$）

　　$b \neq x$ 　（否则,x 就是 y 的直接后继元素的并）

$$b \neq y \quad （因为 y < a_1 \leqslant b）$$

　　现在假设定理当 $z < x$ 时关于 $\mu(y, z)$ 是成立的,那么它对于 $\mu(y, x)$ 也是成立的. 因为

$$-\mu(y, x) = \sum_{z \in [y, x)} \mu(y, z) =$$
$$\sum_{y \leqslant x < b} \mu(y, z) + \mu(y, b) + 0 = 0$$

证毕（这个结果可在上面诸例中验证）.

　　正如 Rota 所说:这本书的主要长处,也许是它那富有启示、激人向上的品质.那种把读者装进刻板的程序之中的,旧的"定理 — 证明"式的数学陈述格式已经一去不复返了 —— 请代数学家们注意 —— 正被代之以一种具有论证性的、例子丰富的行文潮流.这使人忆起往昔的经典著作:Salmon,Webe,Bertini 等的作品.

　　贝尔热是这种新潮流的一位权威.

§2　有限偏序集的麦比乌斯反演公式

　　我们知道局部有限偏序集 P 的 ζ 函数是可逆的,它的逆称为 P 的麦比乌斯函数,记为 μ（如果可能引起混淆,记为 μ_P）.我们可以不涉及关联代数而归纳定义

μ，即关系 $\mu\zeta=\delta$ 等价于

$$\begin{cases} \mu(x,x)=1,\text{对所有 } x \in P \\ \mu(x,y)=-\sum_{x\leqslant z<y}\mu(x,z),\text{对 } P \text{ 中所有 } x \prec y \end{cases} \quad (1)$$

命题 1（麦比乌斯反演公式） 设 P 为所有主序理想有限的偏序集，令 $f,g:P\to\mathbf{C}$，则

$$g(x)=\sum_{y\leqslant x}f(y),\text{对所有的 } x \in P$$

当且仅当

$$f(x)=\sum_{y\leqslant x}g(y)\mu(y,x),\text{对所有的 } x \in P$$

证明 所有函数 $P\to\mathbf{C}$ 的集合 $\mathbf{C}^P$ 构成一个向量空间，$I(P)$ 作为线性变换代数通过

$$(f\xi)(x)=\sum_{y\leqslant x}f(y)\xi(y,x)$$

（右）作用于此空间，其中 $f\in\mathbf{C}^P,\xi\in I(P)$. 从而麦比乌斯反演就是

$$f\zeta=g\Leftrightarrow f=g\mu$$

有时用麦比乌斯反演公式的对偶形式更方便.

命题 2（麦比乌斯反演公式的对偶形式） 设 P 为一个所有主对偶序理想 V_x 均有限的偏序集. 令 $f,g\in\mathbf{C}^P$，则

$$g(x)=\sum_{y\geqslant x}f(y),\text{对所有的 } x \in P$$

当且仅当

$$f(x)=\sum_{y\geqslant x}\mu(x,y)g(y),\text{对所有的 } x \in P$$

证明 和上面的道理一样，除了现在 $I(P)$ 如下作用于左边

$$(\xi f)(x)=\sum_{y\geqslant x}\xi(x,y)f(y)$$

与容斥原理一样,上面关于麦比乌斯反演公式纯粹抽象的描述只是线性代数中的平凡的结果. 重要的是麦比乌斯反演公式的应用.

给定 n 个有限集 $S_1,\cdots,S_n$,令 P 为它们所有的交集在包含关系下构成的偏序集,其中包括空交 $S_1 \bigcup \cdots \bigcup S_n = \hat{1}$. 若 $T \in P$,则令 $f(T)$ 表示 P 中属于 T 但不属于任何 $T' \prec T$ 的元素的个数. 再令 $g(T) = |T|$. 我们希望得到关于 $|S_1 \bigcup \cdots \bigcup S_n| = \sum\limits_{T \preccurlyeq \hat{1}} f(T) = g(\hat{1})$ 的表达式. 现有 $g(T) = \sum\limits_{T' \preccurlyeq T} f(T')$,故由 P 上的麦比乌斯反演得

$$0 = f(\hat{1}) = \sum_{T \in P} g(T) \mu(T, \hat{1}) \Rightarrow$$

$$g(\hat{1}) = -\sum_{T < \hat{1}} |T| \mu(T, \hat{1})$$

§3 计算麦比乌斯函数的技巧

为了使麦比乌斯反演公式有应用价值,需要计算一些重要偏序集 P 的麦比乌斯函数. 我们从一个无须技巧的例子开始.

例 1 设 P 为链 **N**. 由第 2 节式(1)直接得到

$$\mu(i,j) = \begin{cases} 1, & \text{如果 } i = j \\ -1, & \text{如果 } i+1 = j \\ 0, & \text{否则} \end{cases}$$

其麦比乌斯反演公式如下:

对所有 $n \geqslant 0, g(n) = \sum_{i=0}^{n} f(i) \Leftrightarrow f(0) = g(0)$，且对所有 $n > 0$，有 $f(n) = g(n) - g(n-1)$.

换言之，运算"$\sum$"和"Δ"（"$\sum$"具有适当初值）互为对方的逆，也即"微积分基本定理"的有限差分模拟.

因为只有在很少的情况下麦比乌斯函数可以如例 1 那样计算，所以需要一些一般性的技巧来计算其值. 我们从这方面最简单的结果开始.

命题 1（乘积定理） 设 P 和 Q 为局部有限偏序集，而 $P \times Q$ 为它们的直积. 如果在 $P \times Q$ 中 $(x,y) \leqslant (x',y')$，则

$$\mu_{P \times Q}((x,y),(x',y')) = \mu_P(x,x')\mu_Q(y,y')$$

证明 设 $(x,y) \leqslant (x',y')$，则

$$\sum_{(x,y) \leqslant (u,v) \leqslant (x',y')} \mu_P(x,u)\mu_Q(y,v) =$$
$$\Big(\sum_{x \leqslant u \leqslant x'} \mu_P(x,u) \Big) \Big(\sum_{y \leqslant v \leqslant y'} \mu_Q(y,v) \Big) =$$
$$\delta_{xx'}\delta_{yy'} = \delta_{(x,y),(x',y')}.$$

与唯一确定 μ 的第 2 节中式(1)比较即得证.

对于熟悉张量积的读者，我们介绍一种更概念化的方法来证明上述命题，即 $I(P \times Q) = I(P) \bigotimes_c I(Q)$ 且 $\zeta_{P \times Q} = \zeta_P \otimes \zeta_Q$，因此 $\mu_{P \times Q} = \mu_P \otimes \mu_Q$.

例 2 设 $P = B_n$ 是秩为 n 的布尔（Boole）代数. 现有 $B_n \cong 2^n$ 且链 $2 = \{1, 2\}$ 的麦比乌斯函数由 $\mu(1,1) = \mu(2,2) = 1, \mu(1,2) = -1$ 给出. 因此如果我们将 B_n 等同于一个 n 元集合 X 的所有子集构成的集合，则由乘积定理有

$$\mu(T,S) = (-1)^{|S-T|}$$

104

因为 $|S-T|$ 为区间 $[T,S]$ 的长度 $l(T,S)$，上式用纯粹的序理论语言表述为

$$\mu(T,S)=(-1)^{l(T,S)} \qquad (1)$$

B_n 的麦比乌斯反演公式就变成如下的断言. 设 $f,g:B_n \to \mathbf{C}$，则

$$g(S)=\sum_{T\subseteq S}f(T)，对所有的\ S\subseteq X$$

当且仅当

$$f(S)=\sum_{T\subseteq S}(-1)^{|S-T|}g(T)，对所有的\ S\subseteq X$$

可以说布尔代数上的麦比乌斯反演等价于容斥原理.

例 3　设 $n_1,n_2,\cdots,n_k\in\mathbf{N},P=n_1+1\times n_2+1\times\cdots\times n_k+1$. 注意到 P 与分配格 $J(n_1+n_2+\cdots+n_k)$ 同构. 将 P 等同所有 k 元组 $(a_1,a_2,\cdots,a_k)\in\mathbf{N}^k$ 构成的集合，其中 $0\leqslant a_i\leqslant n_i$，按照对应分量比较大小排序. 若对所有的 i 有 $a_i\leqslant b_i$，则 P 的区间 $[(a_1,\cdots,a_k),(b_1,\cdots,b_k)]$ 与 $b_1-a_1+1\times\cdots\times b_k-a_k+1$ 同构. 因此由例 1 和命题 1 知

$$\mu((a_1,\cdots,a_k),(b_1,\cdots,b_k))=$$
$$\begin{cases}(-1)^{\sum(b_i-a_i)}，如果对每个\ i\ 有\ b_i-a_i=0\ 或\ 1\\ 0，否则\end{cases} \qquad (2)$$

等价地，有

$$\mu(x,y)=\begin{cases}(-1)^{l(x,y)}，如果\ [x,y]\ 是一个布尔代数\\ 0，否则\end{cases}$$

（见第 4 节中的例题对此所做的些许推广）.

还有两种方法来解释格 $P=n_1+1\times n_2+1\times\cdots\times n_k+1$. 其一，$P$ 同构于重集 $\{x_1^{n_1},\cdots,x_k^{n_k}\}$ 的子重集按照包含关系排序所构成的偏序集. 其二，如果 N 是一个形如 $p_1^{n_1}\cdots p_k^{n_k}$ 的正整数，其中 p_i 为不同的素数，则 P

同构于由 N 的正整数因子按照整除性排序（即在 P 中 $r \leqslant s$，若 $r \mid s$）所构成的偏序集 D_N. 在后一种情况下，式（2）变为

$$\mu(r,s) = \begin{cases} (-1)^t, & \text{如果 } \frac{s}{r} \text{ 为 } t \text{ 个不同素数的乘积} \\ 0, & \text{否则} \end{cases}$$

换言之，$\mu(r,s)$ 正是数论中经典的麦比乌斯函数 $\mu(\frac{s}{r})$. 麦比乌斯反演公式就变成经典公式，即

$$g(n) = \sum_{d \mid n} f(d), \text{对所有的 } n \mid N$$

当且仅当

$$f(n) = \sum_{d \mid n} g(d) \mu(\frac{n}{d}), \text{对所有的 } n \mid N$$

这就解释了"偏序集的麦比乌斯函数"一词的由来.

　　与局限于某一固定整数 N 的因子相比，考虑所有正整数按照整除性排序所构成的偏序集 P 更自然. 由于该偏序集的任一区间 $[r,s]$ 也是 s（或者任一满足 $s \mid N$ 的 N）的因子构成的格的区间，其麦比乌斯函数仍为 $\mu(r,s) = \mu(\frac{s}{r})$. 抽象地说，该偏序集 P 同构于有限性的分配格

$$J_f(\mathbf{P} + \mathbf{P} + \mathbf{P} + \cdots) = J_f\left(\sum_{n \geqslant 1} \mathscr{P}\right) \cong \prod_{n \geqslant 1} \mathscr{N} \quad (3)$$

其中乘积 $\prod_{n \geqslant 1} \mathscr{N}$ 为限制直积，即乘积的元素只有有限多个分量非零. 换言之，P 可以等同于集合 $\mathscr{N}$（或任一可数无限集）上所有有限重集构成的格.

　　现在我们考虑一种计算麦比乌斯函数的重要方法.

　　命题 2　设 P 为一个有限偏序集，且 $\hat{P}$ 表示 P 附

加上 $\hat{0}$ 和 $\hat{1}$. 令 c_i 为 $\hat{0}$ 到 $\hat{1}$ 之间长为 i 的链 $\hat{0}=x_0 \prec$ $x_1 \prec \cdots \prec x_i = \hat{1}$ 的条数(于是 $c_0 = 0$ 且 $c_1 = 1$),那么

$$\mu_P(\hat{0},\hat{1}) = c_0 - c_1 + c_2 - c_3 + \cdots \qquad (4)$$

证明　我们有

$$\mu_P(\hat{0},\hat{1}) = [1+(\xi-1)]^{-1}(\hat{0},\hat{1}) =$$
$$[1-(\xi-1)+(\xi-1)^2 - \cdots](\hat{0},\hat{1}) =$$
$$\delta(\hat{0},\hat{1}) - (\xi-1)(\hat{0},\hat{1}) +$$
$$(\xi-1)^2(\hat{0},\hat{1}) - \cdots =$$
$$c_0 - c_1 + c_2 - c_3 + \cdots$$

命题 2 的意义在于它表明 $\mu(\hat{0},\hat{1})$(进而对任意区间 $[x,y]$ 的 $\mu(x,y)$)可以解释为欧拉示性数,从而将麦比乌斯反演和强大的代数拓扑理论联系起来. 为了理解这一联系,我们首先回顾一些相关概念. 在一个顶点集 V 上的(抽象)单纯复形为 V 的子集族 Δ,满足:

(1) 若 $x \in V$,则 $\{x\} \in \Delta$;

(2) 若 $S \in \Delta$ 且 $T \subseteq S$,则 $T \in \Delta$.

元素 $S \in \Delta$ 称为 Δ 的面,而 S 的维数定义为 $|S|-1$. 特别地,空集 $\varnothing$ 总是 Δ 的面(只要 $\Delta \neq \varnothing$),维数为 -1. 我们还定义 Δ 的维数为

$$\dim \Delta = \max_{F \in \Delta}(\dim F)$$

若 Δ 是有限的,则令 f_i 表示 Δ 的 i 维面的个数. 定义约化的欧拉示性数 $\tilde{\chi}(\Delta)$ 为

$$\tilde{\chi}(\Delta) = \sum_i (-1)^i f_i = -f_{-1} + f_0 - f_1 + \cdots = $$
$$-1 + f_0 - f_1 + \cdots \qquad (5)$$

($\tilde{\chi}(\Delta)$ 与普通的欧拉示性数 $\chi(\Delta)$ 的关系为 $\tilde{\chi}(\Delta) =$

$\chi(\Delta)-1$ 如果 P 为一个偏序集,定义单纯复形 $\Delta(P)$ 如下:$\Delta(P)$ 的顶点为 P 中的元素,$\Delta(P)$ 的面为 P 的链,$\Delta(P)$ 被称为 P 的序复形.由式(4)和(5)可得下面的命题.

命题 3(命题 2 重述) 设 P 为有限偏序集,则

$$\mu_P(\hat{0},\hat{1})=\tilde{\chi}(\Delta(p))$$

命题 2 给出了 $\mu(\hat{0},\hat{1})$ 的一种自对偶(即将 P 换为 P^* 时不变)的表达式.因此在任意局部有限偏序集 P 中

$$\mu_P(x,y)=\mu_{P^*}(y,x)$$

(也可以利用 $\mu\xi=\xi\mu$ 证明).

在拓扑中我们将一个单纯复形 Δ 与一个被称为 Δ 的几何实现的拓扑空间 $|\Delta|$ 联系起来(也称 Δ 为 $|\Delta|$ 的三角剖分).空间 $X=|\Delta|$ 的约化欧拉示性数 $\tilde{\chi}(X)$ 定义为

$$\tilde{\chi}(X)=\sum_i(-1)^i\operatorname{rank}\widetilde{H}_i(X,\mathbf{Z})$$

其中 $\widetilde{H}_i(X,\mathbf{Z})$ 为 X 的第 i 个约化同调群.于是有

$$\tilde{\chi}(X)=\tilde{\chi}(\Delta) \tag{6}$$

从而 $\mu_P(\hat{0},\hat{1})$ 仅依赖于 $\Delta(P)$ 的几何实现 $|\Delta(P)|$.

例 4(供一些熟悉拓扑知识的读者参考) 一个有限正则胞腔复形 Γ 是由两两不相交的非空开胞腔 $\sigma_i\subset\mathbf{R}^N$ 构成的有限集,并且满足:

(1) 对某个 $n=n(i)$,有 $(\bar{\sigma}_i,\bar{\sigma}_i-\sigma_i)\approx(B^n,S^{n-1})$;
(2) 每个 $\bar{\sigma}_i-\sigma_i$ 为一些 σ_j 的并.

其中,$\bar{\sigma}_i$ 表示 σ_i 的闭包,"$\approx$"表示同胚,B^n 为单位球 $\{(x_1,\cdots,x_n)\in\mathbf{R}^n:x_1^2+\cdots+x_n^2\leqslant1\}$,$S^{n-1}$ 为单位球面 $\{(x_1,\cdots,x_n)\in\mathbf{R}^n:x_1^2+\cdots+x_n^2=1\}$.注意一个

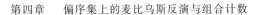

胞腔 σ_i 可能由一个点组成,这对应于 $n=0$ 的情况. 此外,定义 Γ 的底空间为拓扑空间 $|\Gamma|=\bigcup \sigma_i \subset \mathbf{R}^N$. 给定一个有限正则胞腔复形 Γ,定义它的(第一)重心重分 $\mathrm{sd}(\Gamma)$ 为一个抽象单纯复形,其顶点集由 Γ 的闭胞腔 $\bar{\sigma}_i$ 组成,面由构成一个旗形 $\bar{\sigma}_{i_1} \subset \bar{\sigma}_{i_2} \subset \cdots \subset \bar{\sigma}_{i_k}$ 的顶点集合 $\{\bar{\sigma}_{i_1}, \cdots, \bar{\sigma}_{i_k}\}$ 组成. 我们这里所关注的有限正则胞腔复形的重要性质是单纯复形 $\mathrm{sd}(\Gamma)$ 的几何实现,即 $|\mathrm{sd}(\Gamma)|$ 同胚于胞腔复形 Γ 的底空间 $|\Gamma|$.

给定一个有限正则胞腔复形 Γ,令 $P(\Gamma)$ 为 Γ 的胞腔构成的偏序集,其中偏序定义为 $\sigma_i \leqslant \sigma_j$,若 $\bar{\sigma}_i \subseteq \bar{\sigma}_j$. 从上面一段可知 $\Delta(P(\Gamma))=\mathrm{sd}(\Gamma)$. 由命题 3 和式(6),我们得到下面的命题.

命题 4　设 Γ 为一个有限正则胞腔复形,并设 $P=P(\Gamma)$,则

$$\mu_P(\hat{0}, \hat{1}) = \tilde{\chi}(|\Gamma|) \tag{7}$$

其中 $\tilde{\chi}(|\Gamma|)$ 为拓扑空间 $|\Gamma|$ 的约化欧拉示性数.

命题 3 和命题 4 讨论了整数 $\mu_P(\hat{0}, \hat{1})$ 的拓扑意义. 我们也对其他 $\mu_P(x, y)$ 的值感兴趣,为此做简单讨论. 设 Δ 为任一有限单纯复形,且 $F \in \Delta$. F 的连接复形为如下定义的 Δ 的子复形

$$\mathrm{lk}\, F = \{G \in \Delta \mid G \cap F = \varnothing \text{ 且 } G \cup F \in \Delta\}$$

若 P 为有限偏序集且在 P 中 $x < y$,则选择 P 中的饱和链 $x_1 < x_2 < \cdots < x_r = x$ 和 $y = y_1 < y_2 < \cdots < y_s$,使得 x_1 为 P 的极小元,而 y_s 为极大元. 设 $F = \{x_1, \cdots, x_r, y_1, \cdots, y_s\} \in \Delta(P)$,则 $\mathrm{lk}\, F$ 正是开区间 $(x, y) = \{z \in P \mid x < z < y\}$ 的序复形. 因此由命题 3 有

$$\mu(xy) = \tilde{\chi}(\mathrm{lk}\, F) \tag{8}$$

现在,假设 Δ 是一个抽象单纯复形,它三角剖分了带边或不带边的流形 $M.$(换言之,$|\Delta|\approx M.$)设 $\varnothing \neq F \in \Delta.$ 由熟知的拓扑知识,$\mathrm{lk}\ F$ 与维数等于 $\dim(\mathrm{lk}\ F) = \max\limits_{G \in \mathrm{lk}\ F}(\dim G)$ 的球面或者球具有相同的同调群.更进一步,恰好当 F 位于 Δ 的边界 $\partial\Delta$ 上时,$\mathrm{lk}\ F$ 具有球的同调群.(有些令人惊奇的是,$\mathrm{lk}\ F$ 不必是单连通的,而且 $|\ \mathrm{lk}\ F\ |$ 不必是一个流形.)因为 $\tilde{\chi}(S^n) = (-1)^n$ 且 $\tilde{\chi}(B^n) = 0$,由式(7)和式(8)得到下面的命题.

命题 5 设 Γ 为一个有限正则胞腔复形.假设 $|\Gamma|$ 为带边或者不带边的流形.令 $P = P(\Gamma)$,则

$$\mu_P(x,y) = \begin{cases} 0,\text{若 } x \neq \hat{0}, y = \hat{1} \text{ 且胞腔 } x \text{ 位于} \\ \quad |\Gamma| \text{ 的边界上} \\ \tilde{\chi}(|\Gamma|),\text{若}(x,y) = (\hat{0},\hat{1}) \\ (-1)^{l(x,y)},\text{否则} \end{cases}$$

基于命题 5,我们定义具有 $\hat{0}$ 和 $\hat{1}$ 的有限分次偏序集 P 为半欧拉的,如果当 $(x,y) \neq (\hat{0},\hat{1})$ 时,有 $\mu_P(x,y) = (-1)^{l(x,y)}$. 如果再有 $\mu_P(\hat{0},\hat{1}) = (-1)^{l(\hat{0},\hat{1})}$,则称之为欧拉的.因此命题 5 蕴涵着若 $|\Gamma|$ 是一个(不带边)流形,则 $\hat{P}(\Gamma)$ 是半欧拉的.进一步,若 $|\Gamma|$ 是一个球面,则 $\hat{P}(\Gamma)$ 是欧拉的.由例 2,布尔代数 B_n 是欧拉的.实际上,$B_n = \hat{P}(\Gamma)$,其中 Γ 为 $n-1$ 维单形的边界复形.因此 $|\Delta(B_n)|\approx S^{n-2}$.

例 5 (1)图 5 中的图形表示了 $|\Gamma|\approx S^1$ 或者 $|\Gamma|\approx S^2$ 的有限正则胞腔复形 Γ.(带阴影的区域表示 2 维胞腔.)相应地,欧拉偏序集 $\hat{P}(\Gamma)$ 如图 6 所示.

注意 $\hat{P}(\varGamma_2)$ 和 $\hat{P}(\varGamma_3)$ 是格. 这是因为在 $\varGamma_2$ 和 $\varGamma_3$ 中, 任意的交 $\bar{\sigma}_i \bigcap \bar{\sigma}_j$ 是某个 $\bar{\sigma}_k$.

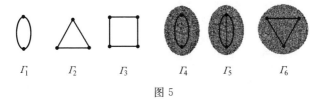

$$\varGamma_1 \qquad \varGamma_2 \qquad \varGamma_3 \qquad \varGamma_4 \qquad \varGamma_5 \qquad \varGamma_6$$

图 5

(2) 图形 $\bigcirc$ 表示一个非正则的胞腔复形 $\varGamma$. 这是因为唯一的 1 维胞腔 σ 不满足 $\bar{\sigma} - \sigma \approx S^0$ (S^0 由两个点构成, 而 $\bar{\sigma} - \sigma$ 只包含一个点). 相应地, 偏序集 $P = P(\varGamma)$ 是一条二元链, 且 $|\Delta(P)|$ 与 $|\varGamma|$ 不同胚 ($|\varGamma| \approx S^1$, 而 $|\Delta(P)| \approx B^1$). 注意, 尽管 $|\varGamma|$ 为球面, 但 $\hat{P}$ 不是欧拉的.

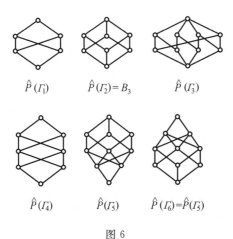

$$\hat{P}(\varGamma_1) \qquad \hat{P}(\varGamma_2) = B_3 \qquad \hat{P}(\varGamma_3)$$

$$\hat{P}(\varGamma_4) \qquad \hat{P}(\varGamma_5) \qquad \hat{P}(\varGamma_6) = \hat{P}(\varGamma_5)$$

图 6

(3) 如图 7 所示给定 $\varGamma$, 虽然 $|\varGamma| \approx S^1$, 但是 $|\varGamma|$ 是一个与 S^1 具有相同欧拉示性数(即 0)的不带边流

形.因此尽管 $|\Gamma|$ 和球面具有不同的同调群,但 $\hat{P}(\Gamma)$ 仍然是欧拉的,如图 8 所示.

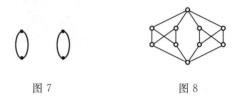

图 7   图 8

（4）若 Γ 是 t 个点的不交并,则 $|\Gamma|$ 是一个具有欧拉示性数 t 的流形.因此,若 $t \neq 2$,则 $\hat{P}(\Gamma)$ 是半欧拉的,但不是欧拉的,如图 9 所示.

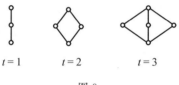

$t=1$ $t=2$ $t=3$

图 9

最后再做一些与拓扑相关的讨论.设 P 为具有 $\hat{0}$ 和 $\hat{1}$ 的有限分次偏序集,称 P 的麦比乌斯函数是符号交错的,如果

$(-1)^{l(x,y)}\mu(x,y) \geqslant 0$,对 P 中所有的 $x \leqslant y$

有限偏序集 P 称为（在 $\mathbf{Q}$ 上）科恩－麦考莱 (Cohen-Macaulay) 的,如果对 $\hat{P}$ 中任意的 $x < y$,开区间 (x,y) 的序复形 $\Delta(x,y)$ 满足

$\widetilde{H}_i(\Delta(x,y),\mathbf{Q})=0$,当 $i < \dim \Delta(x,y)$ 时   （9）

其中 $\widetilde{H}_i(\Delta(x,y),\mathbf{Q})$ 表示有理系数的约化单纯同调. 易证科恩－麦考莱偏序集是分次的.如果式（9）成立并且设 $d=\dim \Delta(x,y)$,则

112

$$\mu_P(x,y) = \tilde{\chi}(\Delta(x,y)) =$$
$$(-1)^d \dim_{\mathbf{Q}} \widetilde{H}_d(\Delta(x,y), \mathbf{Q})$$

因为 $d = l(x,y) - 2$，所以我们得到

$$(-1)^{l(x,y)} \mu_P(x,y) = \dim_{\mathbf{Q}} \widetilde{H}_d(\Delta(x,y), \mathbf{Q}) \geqslant 0$$

这就证明了下面的命题.

命题 6 若 P 是科恩－麦考莱的，则 $\hat{P}$ 的麦比乌斯函数是符号交错的.

科恩－麦考莱偏序集的例子包括形如 $P(\Gamma)$ 的偏序集，其中 Γ 是一个有限正则胞腔复形，使得 $|\Gamma|$ 为一个 d 维带边或不带边的流形且满足当 $i < d$ 时，$\widetilde{H}_i(|\Gamma|, \mathbf{Q}) = 0$. 可以证明对任意有限正则胞腔复形 Γ，判断 $P(\Gamma)$ 是否是科恩－麦考莱的问题仅依赖于空间 $|\Gamma|$. 还可以证明若 $\hat{P}$ 是有限半模格，则 P 是科恩－麦考莱的.

§4 格及其麦比乌斯代数

计算格的麦比乌斯函数有一些特殊方法，这些方法对一般的偏序集不适用. 我们将利用麦比乌斯代数来统一讨论这些结果. 虽然研究麦比乌斯函数无须借助麦比乌斯代数，但是我们更偏好于代数观点所具有的方便性和美观性.

定义 设 L 是一个格，且 K 是一个域. 麦比乌斯代数 $A(L, K)$ 是 L 在 K 上的以交运算为乘法所构成的半群代数. 换言之，$A(L, K)$ 是 K 上的由 L 中的元素的形式线性组合构成的向量空间，并且其（双线性）乘法定义为：对所有的 $x, y \in L$，有 $x \cdot y = x \wedge y$.

麦比乌斯代数 $A(L,K)$ 是交换的,并且具有一组由幂等元构成的向量空间的基,即 L 的元素. 由一般的环论知识(韦德伯恩(Wedderburn) 理论或其他) 可知当 L 有限时,$A(L,K) \cong K^{|L|}$. 为使这一同构更清晰,对 $x \in L$ 定义 $\delta_x \in A(L,K)$ 为

$$\delta_x = \sum_{y \leqslant x} \mu(y,x)y$$

于是由麦比乌斯反演公式

$$x = \sum_{y \leqslant x} \delta_y \qquad (1)$$

δ_x 的个数等于 $|L| = \dim_K A(L,K)$,并且式(1)表明它们张成 $A(L,K)$. 因此 δ_x 构成 $A(L,K)$ 的一组 K-基.

定理 设 L 是一个有限格,且 $A'(L,K)$ 为抽象代数 $\coprod_{x \in L} K_x$,其中每个 $K_x \cong K$. 记 δ'_x 为 K_x 的单位元,则 $\delta'_x \delta'_y = \delta_{xy} \delta'_x$. 定义线性变换 $\theta: A(L,K) \rightarrow A'(L,K)$ 为对 $\theta(\delta_x) = \delta'_x$ 的线性扩张,则 θ 是代数同构.

证明 对 $x \in L$,令 $x' = \sum_{y \leqslant x} \delta'_y \in A'$. 因为 θ 显然是向量空间的同构,所以只需要证明 $x'y' = (x \wedge y)'$. 现有

$$x'y' = \left(\sum_{z \leqslant x} \delta'_z\right)\left(\sum_{w \leqslant y} \delta'_w\right) = \sum_{\substack{z \leqslant x \\ w \leqslant y}} \delta_{zw}\delta'_z =$$

$$\sum_{v \leqslant x \wedge y} \delta'_v = (x \wedge y)'$$

推论 1 设 L 是一个至少有两个元素的有限格,并设 $\hat{1} \neq a \in L$,则

$$\sum_{x:x \wedge a = \hat{0}} \mu(x,\hat{1}) = 0$$

证明 在麦比乌斯代数 $A(L,K)$ 中

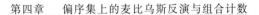

$$a\delta_{\hat{1}} = \left(\sum_{b \leqslant a} \delta_b\right)\delta_{\hat{1}} = 0, \text{若 } a \neq \hat{1} \qquad (2)$$

另一方面

$$a\delta_{\hat{1}} = a\sum_{x \in L}\mu(x,\hat{1})x = \sum_{x \in L}\mu(x,\hat{1})(a \wedge x) \quad (3)$$

记 $a\delta_{\hat{1}} = \sum\limits_{x \in L} c_x \cdot x$，则由式(2)知 $c_{\hat{0}} = 0$，而由式(3)知

$$c_{\hat{0}} = \sum_{x : x \wedge a = \hat{0}} \mu(x,\hat{1}).$$

通过观察麦比乌斯函数的递归定义(第 2 节式(1))，可以看出推论 1 给出了一个类似的递推式，但是一般来说项数少得多. 我们很快将给出推论 1 的一些应用. 此前先给出定理的一些其他推论.

推论 2　设 L 是一个有限格，X 是 L 的子集，且满足：(1) $\hat{1} \notin X$；(2) 如果 $y \in L$ 且 $y \neq \hat{1}$，对某个 $x \in X$，有 $y \leqslant x$，那么

$$\mu(\hat{0},\hat{1}) = \sum_k (-1)^k N_k$$

其中 N_k 是 X 的交为 $\hat{0}$ 的 k 元子集的个数.

证明　对任意的 $x \in L$，在 $A(L,K)$ 中有

$$\hat{1} - x = \sum_{y \leqslant \hat{1}}\delta_y - \sum_{y \leqslant x}\delta_y = \sum_{y \not\leqslant x}\delta_y$$

因此由定理有

$$\prod_{x \in X}(\hat{1} - x) = \sum_y \delta_y$$

其中 y 取遍 L 中所有满足对任意的 $x \in X$ 有 $y \not\leqslant x$ 的元素. 由假设，这样的元素只有 $\hat{1}$. 因此

$$\prod_{x \in X}(\hat{1} - x) = \delta_{\hat{1}}$$

将两边展开为 L 中的元素的线性组合，并对等 $\hat{0}$ 的系

数即得证.

显然,L 的子集 X 满足推论 2 的条件(2)当且仅当 X 包含 L 的上原子(等于被 $\hat{1}$ 覆盖的元素)集合 A^*. 为了使 N_k 尽量小,我们应该取 $X = A^*$. 注意到如果 $\hat{0}$ 不是 L 的所有上原子的交,则每个 $N_k = 0$. 因此可得下面的推论.

推论 3 若 L 是一个有限格,并且 $\hat{0}$ 不是上原子之交,则 $\mu(\hat{0}, \hat{1}) = 0$. 对偶地,若 $\hat{1}$ 不是原子之并,则也有 $\mu(\hat{0}, \hat{1}) = 0$.

例 设 $L = J(P)$ 为有限分配格. L 的区间 $[I, I']$ 为一个布尔代数当且仅当 $I' - I$ 是 P 的反链. 更一般地,区间 $[I, I']$(视为 L 的子格)的所有原子的并为序理想 $I \cup M$,其中 M 是 P 的子偏序集 $I' - I$ 的极小元集合. 因此 I' 为 $[I, I']$ 的原子的并当且仅当 $[I, I']$ 为一个布尔代数. 由第 3 节例 2 和本节中推论 3,就得到 L 的麦比乌斯函数,即

$$\mu(I, I') = \begin{cases} (-1)^{l(I, I')} = (-1)^{|I' - I|}, & \text{如果} [I, I'] \text{为布尔代数} \\ 0, & \text{否则} \end{cases}$$

§5   半模格的麦比乌斯函数

我们希望将第 4 节推论 1 的对偶形式应用到秩为 n 且秩函数为 ρ 的有限半模格 L 上. 取 L 的一个原子 a,设 $a \vee x = \hat{1}$. 若还有 $a \leqslant x$,则 $x = \hat{1}$. 因此,或者 $x \wedge a = \hat{0}$,或者 $x = \hat{1}$. 由半模性的定义知 $\rho(x) +$

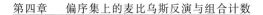

$\rho(a) \geqslant \rho(x \wedge a) + \rho(x \vee a)$. 因此, 或者 $x = \hat{1}$, 或者 $\rho(x) + 1 \geqslant 0 + n$. 从而, 或者 $x = \hat{1}$, 或者 x 是一个上原子. 由第 4 节推论 1(对偶后的) 有

$$\mu(\hat{0}, \hat{1}) = - \sum_{\substack{满足 x \ne a \\ 的上原子 x}} \mu(\hat{0}, x) \tag{1}$$

因为半模格的每个区间也是半模的, 应用式(1)并对 n 进行归纳, 可以得到在第 3 节末尾提到的如下结论.

命题 有限半模格的麦比乌斯函数是符号交错的.

既然对有限半模格 L 中任意的 $x \leqslant y$, $(-1)^{l(x,y)} \mu(x, y)$ 均为非负整数, 那么自然要问这个整数是否确实计数了与 L 的结构有关的对象.

现在讨论半模格的最重要的几个例子.

例 1 设 q 为一个素数的幂, $GF(q)$ 为 q 元域, $V_n = V_n(q)$ 为 $GF(q)$ 上的 n 维向量空间. 用 $L_n = L_n(q)$ 表示 V_n 的所有子空间按照包含关系排序构成的偏序集, L_n 是秩为 n 的分次格, 其中子空间 W 的秩 $\rho(W)$ 就是它的维数. 我们也说明了因为任意两个 V_n 的子空间 W, W' 满足 $\dim W + \dim W' = \dim(W \bigcap W') + \dim(W + W')$, 易知 L_n 实际上是模格. 由于 V_n 的每个子空间都是由它的 1 维子空间张成的, L_n 还是几何格. L_n 的区间 $[W, W']$ 同构于商空间 W'/W 的子空间构成的格, 因此 $[W, W'] \cong L_m$, 其中 $m = l(W, W') = \dim W' - \dim W$. 因此 $\mu(W, W')$ 只与整数 $l = l(W, W')$ 有关. 从而我们记 $\mu_l = \mu(W, W')$. 现在利用式(1)计算 μ_l 就很容易了. 设 a 是 L_n 的一个秩为 1 的元素. L_n 总共有 $\binom{n}{n-1} = q^{n-1} + q^{n-2} + \cdots + 1$(个) 上原子, 其中

$$\binom{n-1}{n-2}=q^{n-2}+q^{n-3}+\cdots+1(\text{个}) \text{ 位于 } a \text{ 之上. 因此有}$$

q^{n-1} 个上原子 x 满足 $x \not\geqslant a$. 由式(1) 知

$$\mu_n=-q^{n-1}\mu_{n-1}$$

再由初始条件 $\mu_0=1$ 得

$$\mu_n=(-1)^n q^{\binom{n}{2}} \tag{2}$$

例 2 我们给出应用式(2)的一个简单例子. 我们希望计数 $V_n(q)$ 的生成子集的个数.(此例中,我们认为空集不生成空间,而子集$\{0\}$生成 0 维空间$\{0\}$.)设 $W\in L_n(q)$,令 $f(W)$ 表示线性扩张成 W 的 $V_n(q)$ 的子集的个数,而 $g(W)$ 为线性扩张包含在 W 中的子集个数. 由于空集不生成空间,因此 $g(W)=2^{q^{\dim W}}-1$. 显然

$$g(W)=\sum_{T\leqslant W}f(T)$$

于是由 $L_n(q)$ 中的麦比乌斯反演

$$f(W)=\sum_{T\leqslant W}g(T)\mu(T,W)$$

取 $W=V_n$,有

$$f(V_n)=\sum_{T\in L_n}g(T)\mu(T,V_n)=$$

$$\sum_{k=0}^{n}\binom{n}{k}(-1)^{n-k}q^{\binom{n-k}{2}}(2^{q^k}-1)$$

例 3 令 $\Pi(S)$ 表示有限集 S 的所有划分,并用 Π_n 记 $\Pi([n])$. 我们对 $\Pi(S)$ 按照加细排序,即定义当 π 的每个块包含在 σ 的某个块中时,有 $\pi\leqslant\sigma$. 例如 Π_1,Π_2 和 Π_3 如图 10 所示. 易见 Π_n 是分次的,秩为 $n-1$,且 $\pi\in\Pi_n$ 的秩 $\rho(\pi)$ 等于 $n-(\pi$ 的块数$)=n-|\pi|$. 因此 Π_n 的秩生成函数为

$$F(\Pi_n, q) = \sum_{k=0}^{n-1} S(n, n-k) q^k \qquad (3)$$

其中 $S(n, n-k)$ 为第二类斯特林数. 如果 $\pi, \sigma \in \Pi_n$, 那么 $\pi \wedge \sigma$ 的块为非空的 $B \bigcap C$, 其中 $B \in \pi$ 且 $C \in \sigma$. 因此 Π_n 为交半格. 因为具有一个块的 $[n]$ 的划分是 Π_n 的 $\hat{1}$, 故 Π_n 是一个格.

图 10

假设 $\pi = \{B_1, \cdots, B_k\} \in \Pi_n$, 则区间 $[\pi, \hat{1}]$ 以一种明显的方式同构于集合 $\{B_1, \cdots, B_k\}$ 的划分构成的格 $\Pi(\pi)$, 因此 $[\pi, \hat{1}] \cong \Pi_k$. 易见在 Π_k 中任意两个不同原子的并的秩为 2. 此外, 任意的 $\pi \in \Pi_n$ 是形如 $\{B_1, \cdots, B_{n-1}\}$ 的原子之并, 其中 $|B_1| = 2$ 且 B_1 为 π 的某个块的子集. 因此 Π_n 是几何格.

上面确定了 $[\pi, \hat{1}]$ 的结构, 现在我们考虑任意区间 $[\sigma, \pi]$ 的结构. 假设 $\pi = \{B_1, B_2, \cdots, B_k\}$, 并且 B_i 在 σ 中被分成 λ_i 块. 我们留给读者证明

$$[\sigma, \pi] \cong \Pi_{\lambda_1} \times \Pi_{\lambda_2} \times \cdots \times \Pi_{\lambda_k}$$

特别地, $[\hat{0}, \pi] \cong \Pi_1^{a_1} \times \cdots \times \Pi_n^{a_n}$, 其中令 $\pi = (a_1, \cdots, a_n)$, 例如, 如果 $\sigma = 1\text{-}2\text{-}3\text{-}45\text{-}67\text{-}890$ 且 $\pi = 14567\text{-}2890\text{-}3$, 那么

$$[\sigma, \pi] \cong \Pi(1\text{-}45\text{-}67) \times \Pi(2\text{-}890) \times \Pi(3) \cong$$
$$\Pi_3 \times \Pi_2 \times \Pi_1$$

119

现在令 $\mu_n = \mu(\hat{0}, \hat{1})$，其中 μ 是 $\varPi_n$ 的麦比乌斯函数. 如果 $[\sigma, \pi] = \varPi_{\lambda_1} \times \varPi_{\lambda_2} \times \cdots \times \varPi_{\lambda_k}$，则由第 3 节命题 1 知 $\mu(\sigma, \pi) = \mu_{\lambda_1} \mu_{\lambda_2} \cdots \mu_{\lambda_k}$. 因此为了完全确定 μ，只需要计算 μ_n. 虽然 $\varPi_n$ 是几何格，可以应用式(1)，但是直接应用第 4 节推论 1 更简单. 取 a 为具有两个块 $\{1, 2, \cdots, n-1\}$ 和 $\{n\}$ 的划分. $\varPi_n$ 的元素 x 满足 $x \wedge a = \hat{0}$，当且仅当 $x = \hat{0}$，或者 x 是一个原子，并且它的唯一的二元块形如 $\{i, n\}$，其中 $i \in [n-1]$. 区间 $[x, \hat{1}]$ 同构于 $\varPi_{n-1}$，因此由第 4 节推论 1 知 $\mu_n = -(n-1)\mu_{n-1}$. 因为 $\mu_0 = 1$，所以

$$\mu_n = (-1)^{n-1}(n-1)! \tag{4}$$

还有许多其他方法可以证明这一重要结论，稍后我们将讨论其中的一些方法. 这里我们仅仅指出更一般的结果

$$\sum_{\pi \in \varPi_n} \mu(\hat{0}, \pi) q^{|\pi|} = (q)_n = q(q-1) \cdots (q-n+1) \tag{5}$$

为得到式(4)，对等两边 q 的系数即可.

式(5)可以纳入下述更一般的理论中. 设 P 为一个具有 $\hat{0}$ 的有限分次偏序集，不妨设其秩为 n. 定义 P 的特征多项式 $\chi(P, q)$ 为

$$\chi(P, q) = \sum_{x \in P} \mu(\hat{0}, x) q^{n - \rho(x)} = \sum_{k=0}^{n} w_k q^{n-k}$$

系数 w_k 被称为 P 的第 k 个第一类魏特尼（Whitney）数

$$w_k = \sum_{\substack{x \in P \\ \rho(x) = k}} \mu(\hat{0}, x)$$

在此理论中，记 P 的秩为 k 的元素个数为 W_k，称为 P

的第 k 个第二类魏特尼数. 于是 P 的秩生成函数 $F(P,q)$ 就由下式给出

$$F(P,q) = \sum_{x \in P} q^{\rho(x)} = \sum_{k=0}^{n} W_k q^k$$

因为 Π_n 的秩为 $n-1$ 且 $|\pi| = n - \rho(\pi)$，所以由式(5)可得

$$\chi(\Pi_n, q) = (q-1)(q-2)\cdots(q-n+1)$$

因此 $w_k = S(n, n-k)$，即第一类斯特林数. 此外，式(3)说明对于格 Π_n 有 $W_k = S(n, n-k)$.

§6　ζ 多项式

设 P 为有限偏序集. 如果 $n \geqslant 2$，那么定义 $Z(P,n)$ 为 P 中的可重链 $x_1 \leqslant x_2 \leqslant \cdots \leqslant x_{n-1}$ 的条数. 我们称 $Z(P,n)$（视为 n 的函数）为 P 的 ζ 多项式. 首先，我们说明这一术语是恰当的，并列举 $Z(P,n)$ 的一些基本性质.

命题　(1) 令 b_i 为 P 中的链 $x_1 < x_2 < \cdots < x_{i-1}$ 的条数，则 $b_{i+2} = \Delta^i Z(P,2), i \geqslant 0$. 换言之

$$Z(P,n) = \sum_{i \geqslant 2} b_i \binom{n-2}{i-2} \tag{1}$$

特别地，$Z(P,n)$ 是关于 n 的多项式函数，其次数 d 等于 P 的最长链的长度，其首项系数为 $\dfrac{b_{d+2}}{d!}$. 此外，$Z(P,2) = |P|$（由 $Z(P,n)$ 的定义显然）.

(2) 因为 $Z(P,n)$ 对所有的整数 $n \geqslant 2$ 是多项式，从而可拓展其定义至所有的 $n \in \mathbf{Z}$（甚至对所有的 $n \in$

C),我们有

$$Z(P,1) = \chi(\Delta(P)) = 1 + \mu_P(\hat{0}, \hat{1})$$

(3) 若 P 具有 $\hat{0}$ 和 $\hat{1}$,则对所有的 $n \in \mathbf{Z}$,有 $Z(P, n) = \zeta^n(\hat{0}, \hat{1})$(解释了 ζ 多项式一词). 特别地

$$Z(P, -1) = \mu(\hat{0}, \hat{1})$$

$$Z(P, 0) = 0 \quad (若\ \hat{0} \neq \hat{1})$$

$$Z(P, 1) = 1$$

证明 (1) 支撑为 $x_1 < x_2 < \cdots < x_{i-1}$ 的 $n-1$ 元可重链的条数为 $\binom{i-1}{n-1-(i-1)} = \binom{n-2}{i-2}$,由此式(1)成立. 其他关于 $Z(P, n)$ 的信息可以从式(1)中读出.

(2) 在式(1)中,令 $n = 1$ 得到

$$Z(P, n) = \sum_{i \geq 2} b_i \binom{-1}{i-2} = \sum_{i \geq 2} (-1)^i b_i$$

再利用第 3 节命题 2 即知.

(3) 若 P 具有 $\hat{0}$ 和 $\hat{1}$,则可重链 $x_1 \leqslant x_2 \leqslant \cdots \leqslant x_{n-1}$ 的条数等于可重链 $\hat{0} = x_0 \leqslant x_1 \leqslant x_2 \leqslant \cdots \leqslant x_{n-1} \leqslant x_n = \hat{1}$ 的条数,当 $n \geqslant 2$ 时,后者就是 $\zeta^n(\hat{0}, \hat{1})$. 有多种方法可以证明,由式(1)所定义的 $Z(P, n)(n \geqslant 2)$ 拓展后对所有的 $n \in \mathbf{Z}$ 都等于 $\zeta^n(\hat{0}, \hat{1})$. 例如,对 $n \geqslant 2$,有 $\Delta^{d+1} \zeta^n(\hat{0}, \hat{1}) = 0$. 于是对任意的 $n \in \mathbf{Z}$,有

$$\Delta^{d+1} \zeta^n(\hat{0}, \hat{1}) = \zeta^{n-2}(\Delta^{d+1} \zeta^k)_{k=2}(\hat{0}, \hat{1}) = 0$$

因此对所有的 $n \in \mathbf{Z}$,$\zeta^n(\hat{0}, \hat{1})$ 是一个多项式函数,从

122

而对所有的 $n \in \mathbf{Z}$,它与式(1)一致.

对 $m \in P$,令 $\Omega(P, m)$ 表示保序映射 $\sigma: P \to m$ 的个数. 易知 $\Omega(P, m) = Z(J(P), m)$. 因此 $\Omega(P, m)$ 是关于 m 的多项式函数,次数为 $|P|$,首项系数为 $\dfrac{e(P)}{|P|!}$ (这也容易由一个更直接的讨论得到). $\Omega(P, m)$ 称为 P 的序多项式. 因此 P 的序多项式正是 $J(P)$ 的 ζ 多项式.

例 设 $P = B_d$ 是秩为 d 的布尔代数,则对 $n \geqslant 1$,$Z(B_d, n)$ 等于 d 元集合 S 的可重链 $\varnothing = S_0 \subseteq S_1 \subseteq \cdots \subseteq S_n = S$ 的条数. 对任意的 $s \in S$,我们可以任意选取使得 $s \in S_i$ 的最小整数 $i \in [n]$. 因此 $Z(B_d, n) = n^d$ (因为任意映射 $\sigma: d1 \to n$ 是保序的,我们也可以通过 $Z(B_d, n) = \Omega(d1, n)$ 得到这一结果). 令 $n = -1$,可得 $\mu_{B_d}(\hat{0}, \hat{1}) = (-1)^d$,此即第 3 节式(1)的第三个证明. 这种对 $\mu(\hat{0}, \hat{1})$ 的计算是"半组合"证明的重要例子:先对 $n \geqslant 1$ 组合地计算 $Z(B_d, n)$,然后代入 $n = -1$. 许多关于偏序集 P 的麦比乌斯函数的定理可以用这一模式证明,即先对 $n \geqslant 1$ 组合地证明关于 $Z(P, n)$ 的适当结果,然后再令 $n = -1$.

§7 秩 选 取

设 P 是一个秩为 n 的有限分次偏序集,秩函数为 $\rho: P \to [0, n]$. 若 $S \subseteq [0, n]$,则定义子偏序集

$$P_s = \{x \in P \mid \rho(x) \in S\}$$

称之为 P 的秩集为 S 的子偏序集. 例如,$P_\varnothing = \varnothing$,而

$P_{[0,n]}=P$. 定义 $\alpha(P,S)$（或简写为 $\alpha(S)$）为 P_S 的极大链的条数. 例如 $\alpha(i)$（$\alpha(\{i\})$ 的缩写）就是 P 中秩为 i 的元素的个数. 最后,定义 $\beta(P,S)=\beta(S)$ 为

$$\beta(S)=\sum_{T\subseteq S}(-1)^{|S-T|}\alpha(T)$$

等价地,由容斥原理

$$\alpha(S)=\sum_{T\subseteq S}\beta(T) \tag{1}$$

若 μ_S 表示偏序集 $\hat{P}_S$ 的麦比乌斯函数,则由第 3 节命题 2 可得

$$\beta(S)=(-1)^{|S|-1}\mu_S(\hat{0},\hat{1}) \tag{2}$$

因此,我们称函数 β 为 P 的选定秩的麦比乌斯不变量.

假设 P 具有 $\hat{0}$ 和 $\hat{1}$,则容易看出

$$\alpha(P,S)=\alpha(P,S\cap[n-1])$$

$\beta(P,S)=0$,若 $S\not\subseteq[n-1]$（即若 $0\in S$ 或 $n\in S$）,则我们不妨只考虑 $S\subseteq[n-1]$.鉴于此,如果事先知道 P 具有 $\hat{0}$ 和 $\hat{1}$（例如 P 是格）,那么我们只考虑 $S\subseteq[n-1]$.

等式（1）和等式（2）提供了一种解释 P 的麦比乌斯函数的组合方法. $\alpha(S)$ 具有组合定义. 如果我们可以定义 $\gamma(S)\geqslant 0$ 使得存在对 $\alpha(S)=\sum_{T\subseteq S}\gamma(T)$ 的组合证明,那么 $\gamma(S)=\beta(S)$,从而 $\mu_S(\hat{0},\hat{1})=(-1)^{|S|-1}\gamma(S)$.我们不能期望对任意的 P 定义 $\gamma(S)$,因为一般没有 $\beta(S)\geqslant 0$.然而对一大类偏序集 P, $\gamma(S)$ 确实可以用一种很好的组合方式定义.为了向读者介绍这一主题,本节将考虑两种特殊情况,而在下一节考虑对此现象更一般的结果.

设 $L=J(P)$ 是一个秩为 n 的有限分配格（于是

$|P|=n$).将 P 视为集合 $[n]$ 的偏序,并假设 P 和 $[n]$ 的通常的顺序相容,即若在 P 中 $i<j$,则在 $\mathbf{Z}$ 中 $i<j$,此时称 P 为 $[n]$ 上的一个自然偏序.我们可以将 P 到全序集的扩张 $\sigma:P\to n$ 等同于 $[n]$ 的一个排列 $\sigma^{-1}(1),\cdots,\sigma^{-1}(n)$.用这种方法得到的所有 $e(P)$ 个 $[n]$ 的排列构成的集合,记为 $\mathscr{S}(P)$,称为 P 的约当—赫尔德(Jordan-Hölder)集.例如,如果 P 由图 11 给出,则 $\mathscr{S}(P)$ 由 5 个排列 1234,2134,1243,2143,2413 构成.

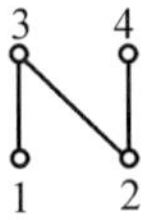

图 11

定理 1 设 $L=J(P)$ 如上,$S\subseteq[n-1]$,则 $\beta(L,S)$ 等于下降集为 S 的排列 $\pi\in\mathscr{S}(P)$ 的个数.

证明 设 $S=\{a_1,a_2,\cdots,a_k\}_<$.由定义知 $\alpha(L,S)$ 等于满足 $|I_i|=a_i$ 的 P 的序理想链 $I_1\subset I_2\subset\cdots\subset I_k$ 的个数.给定这样的序理想链,如下定义排列 $\pi\in\mathscr{S}(P)$:首先将 I_1 的元素按照升序排列,然后在它们的右边按照升序排列 I_2-I_1 的元素,继续这一过程直至最后把 $P-I_k$ 的元素按照升序排列.这就建立了 L_S 的极大链与下降集包含在 S 中的排列 $\pi\in\mathscr{S}(P)$ 之间的双射.因此如果 $\gamma(L,S)$ 表示下降集等于 S 的 $\pi\in\mathscr{S}(P)$ 的个数,则

$$\alpha(L,S)=\sum_{T\subseteq S}\gamma(L,T)$$

由此得证.

推论 设 $L=B_n$ 是秩为 n 的布尔代数,$S\subseteq[n-$

125

1〕,则 $\beta(L,S)$ 等于下降集为 S 的 $[n]$ 的排列的总数.

定理 2 设 $L=L_n(q)$ 为 F_q 上的 n 维向量空间的子空间构成的格,$S \subseteq [n-1]$,则

$$\beta(L,S) = \sum_\pi q^{i(\pi)} \tag{3}$$

其中求和取遍下降集为 S 的所有排列 $\pi \in \mathfrak{S}_n$,而 $i(\pi)$ 为 π 的逆序数.

证明 设 $S = \{a_1, a_2, \cdots, a_k\}_<$,则

$$\alpha(L,S) = \binom{n}{a_1}\binom{n-a_1}{a_2-a_1}\binom{n-a_2}{a_3-a_2}\cdots\binom{n-a_k}{n-a_k} =$$

$$\binom{n}{a_1, a_2-a_1, \cdots, n-a_k}$$

比较式(1)即得证.

§8 R — 标 号

本节将介绍一大类偏序集 P,记其集合为 $\mathscr{A}$,它们的选定秩的麦比乌斯不变量 $\beta(P,S)$ 具有直接的组合解释(因此是非负的).若 $P \in \mathscr{A}$,则 P 的每个区间也属于 $\mathscr{A}$.因此,特别地有 P 的麦比乌斯函数是符号交错的.

令 $\mathscr{H}(P)$ 表示 P 的满足 y 覆盖 x 的元素对 (x,y) 的集合.我们可以将 $\mathscr{H}(P)$ 的元素视为 P 的哈塞图的边.

定义 设 P 是一个具有 $\hat{0}$ 和 $\hat{1}$ 的有限分次偏序集,函数 $\lambda : \mathscr{H}(P) \to \mathbf{Z}$.如果对 P 的每个区间 $[x,y]$,都存在唯一的饱和链 $x = x_0 \lessdot x_1 \lessdot \cdots \lessdot x_l = y$ 使得

$$\lambda(x_0,x_1)\leqslant\lambda(x_1,x_2)\leqslant\cdots\leqslant\lambda(x_{l-1},x_l)\quad(1)$$

则 λ 称为 P 的 $R-$标号. 具有 $R-$标号 λ 的偏序集 P 称为 $R-$偏序集, 称满足式 (1) 的链 $x=x_0<x_1<\cdots<x_l=y$ 为从 x 到 y 的递增链.

注意, 如果 $I=[x,y]$ 是 P 的区间, 那么 λ 限制到 $\mathscr{H}(I)$ 上是 $\mathscr{H}(I)$ 的一个 $R-$标号. 因此 I 也是一个 $R-$偏序集, 从而所有的 $R-$偏序集 P 满足的性质对 P 的区间也适用.

定理　设 P 是一个 $R-$偏序集, 并且记 $n=l(P)$, 设 λ 为 P 的一个 $R-$标号, $S\subseteq[n-1]$, 则 $\beta(P,S)$ 等于 P 的满足下述条件的极大链 M: $\hat{0}=x_0<x_1<\cdots<x_n=\hat{1}$ 的条数. 序列 $\lambda(M):=(\lambda(x_0,x_1),\cdots,\lambda(x_{n-1},x_n))$ 具有下降集 S, 即

$$D(\lambda(M)):=\{i\mid\lambda(x_{i-1},x_i)>\lambda(x_i,x_{i+1})\}=S$$

证明　设 C: $\hat{0}<y_1<\cdots<y_s<\hat{1}$ 是 $\hat{P}_S$ 的一条极大链. 我们断言存在唯一的 P 的极大链 M 包含 C, 并且满足 $D(\lambda(M))\subseteq S$. 设 M: $\hat{0}=x_0<x_1<\cdots<x_n=\hat{1}$ 为这样的极大链 (如果存在), $S=\{a_1,\cdots,a_s\}_<$, 于是 $x_{a_i}=y_i$. 因为对 $1\leqslant i\leqslant s+1$ 有 $\lambda(x_{a_{i-1}},x_{a_{i-1}+1})\leqslant\lambda(x_{a_{i-1}+1},x_{a_{i-1}+2})\leqslant\cdots\leqslant\lambda(x_{a_i-1},x_{a_i})$ (其中令 $a_0=0$, $a_{s+1}=n$), 所以我们必须取 $x_{a_{i-1}},x_{a_{i-1}+1},\cdots,x_{a_i}$ 为区间 $[y_{i-1},y_i]=[x_{a_{i-1}},x_{a_i}]$ 的唯一的升链. 所以 M 存在并且唯一, 正如所断言的.

因此, P 中满足 $D(\lambda(M))\subseteq S$ 的极大链 M 的条数 $\alpha'(P,S)$ 就是 P_S 的极大链的条数, 即 $\alpha'(P,S)=\alpha(P,S)$. 若 $\beta'(P,S)$ 表示 P 的满足 $D(\lambda(M))=S$ 的极大链 M 的条数, 则显然有

$$\alpha'(P,S) = \sum_{T \subseteq S} \beta'(P,T)$$

因此由第 7 节式(1)知 $\beta'(P,S) = \beta(P,S)$.

例 1 我们现在考虑一些 R-偏序集的例子. 设 P 为如第 7 节定理 1 所述的 $[n]$ 上的自然偏序. 设 $(I,I') \in \mathscr{H}(J(P))$,则 I 和 I' 是 P 的序理想,满足 $I \subseteq I'$ 且 $|I'-I|=1$. 定义 $\lambda(I,I')$ 为 $I'-I$ 中的唯一元素. 对 $J(P)$ 的任意区间 $[K,K']$,存在唯一的升链 $K = K_0 \lessdot K_1 \lessdot \cdots \lessdot K_l = K'$,其中定义 $K_i - K_{i-1}$ 的唯一元素为 $K' - K_{i-1}$ 中的最小整数(在 $[n]$ 上的普通线性序下). 因此 λ 是一个 R-标号,并且实际上第 7 节定理 1 和本节定理是一致的. 我们将不加证明地给出这一例子的两个推广.

例 2 一个有限格 L 是超可解的,如果它具有一条被称为 M-链的极大链 C,使得由 C 和任意 L 的其他链所生成的 L 的子格是分配的. 超可解格的例子包含模格,划分格 Π_n,以及有限超可解群的子群构成的格. 对于模格,任意的极大链都是 M-链. 对于格 Π_n,链 $\hat{0} = \pi_0 \lessdot \pi_1 \lessdot \cdots \lessdot \pi_{n-1} = \hat{1}$ 是 M-链当且仅当每个划分 $\pi_i(1 \leqslant i \leqslant n-1)$ 都恰有一个元素个数多于 1 的块 B_i(因此 $B_1 \subset B_2 \subset \cdots \subset B_{n-1} = [n]$). 对 $n \geqslant 2$,Π_n 的 M-链的个数为 $\dfrac{n!}{2}$. 对于由超可解群 G 的子群构成的格 L,一个 M-链可由正规序列 $\{1\} = G_0 \lessdot G_1 \lessdot \cdots \lessdot G_n = G$ 给出,即每个 G_i 是 G 的正规子群,并且每个 G_{i+1}/G_i 是素数阶循环群.(可能还有其他的 M-链.)

若 L 是超可解的,并且有 M-链 $C: \hat{0} = x_0 \lessdot$

$x_1 \lessdot \cdots \lessdot x_n = \hat{1}$,则定义 R - 标号 $\lambda : \mathcal{H}(P) \to \mathbf{Z}$ 为

$$\lambda(x, y) = \min\{i \mid x \vee x_i = y \vee x_i\} \qquad (2)$$

若将 λ 限制在由 C 和某个其他链所构成的 L 的(分配)子格 L' 上,则我们得到了一个与例 1 一致的对 L' 的 R - 标号. 图 12 展示了一个(非半模的)超可解格 L 及其 R - 标号 λ,它的 M - 链用实心点表示. 共有 5 条极大链,标号分别为 $312, 132, 123, 213, 231$,对应的下降集为 $\{1\}, \{2\}, \emptyset, \{1\}, \{2\}$. 因此 $\beta(\emptyset) = 1, \beta(1) = \beta(2) = 2, \beta(1, 2) = 0$.

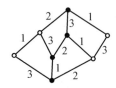

图 12

例 3　设 L 为有限(上)半模格,P 为 L 的并运算不可约元构成的子偏序集. 令 $\omega : P \to [k]$ 为保序双射,并记 $x_i = \omega^{-1}(i)$. 对 $(x, y) \in \mathcal{H}(L)$ 定义

$$\lambda(x, y) = \min\{i \mid x \vee x_i = y\} \qquad (3)$$

则 λ 为一个 R - 标号,从而半模格是 R - 偏序集. 图 13(a) 展示了一个半模格 L,其元素 $x_i \in P$ 被标以 i. 图 13(b) 展示了相应的 R - 标号 λ. 存在 7 条极大链,标号分别为 $123, 132, 213, 231, 312, 321, 341$,对应的下降集为 $\emptyset, \{2\}, \{1\}, \{2\}, \{1\}, \{1, 2\}, \{2\}$. 因此 $\beta(\emptyset) = 1, \beta(1) = 2, \beta(2) = 3, \beta(1, 2) = 1$.

例 2 和例 3 都具有这样的性质:我们可以以将 L 的某一元素标号为 x_i,然后用类似式(2)和式(3)的式子定义 λ. 虽然不是全部,但许多 R - 格具有这一性质. 当然

129

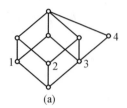 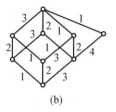

(a)　　　　　　　　　　(b)

图 13

式（2）和式（3）对不是格的偏序集是没有意义的. 图 14
展示了一个不是格的偏序集 P 及其 R － 标号 λ.

图 14

§9　偏序集上的麦比乌斯反演公式[①]

　　本节深入浅出地介绍了著名的麦比乌斯函数与反
演公式在偏序集上的推广及其应用,内容虽然涉及某
些近代数学内容,但文中都交代得很清楚,相信大多数
细心的读者都能看懂,并从中获得启发与收获.麦比乌
斯反演本来是数论中的经典理论与工具,属于标准的
纯粹数学范畴,却出乎意外地在 1989 年由我国北京科

　　①　本节摘编自《数学通报》,1995 年,第 9 期,万哲先(中国科学
院).

技大学陈难先教授经过修正后成功地应用于解决工程物理学中的重要问题,给出了声子态密度和黑体辐射反问题的精确解公式(见《物理评论通讯》,Phys. Rev. Lett. ,1990,64),引起国际学术界的注意和极大兴趣.著名的英国《自然》杂志于 1990 年 3 月 29 日为此发表专文加以评介;我国《参考消息》也于同年 5 月 18 日摘要译载此文,题为"从数学文献中发掘珍宝".

9.1 偏序集

定义 1 设 P 是非空集,"$\geqslant$"是定义在 P 上的二元关系. 如果下列三条公理(1)～(3)成立,P 就叫作偏序集,而"$\geqslant$"叫作 P 上的偏序.

(1) 对任意的 $x \in P$,都有 $x \geqslant x$.

(2) 对任意的 $x,y \in P$,如果 $x \geqslant y$ 而 $y \geqslant x$,那么 $x = y$.

(3) 对任意的 $x,y,z \in P$,如果 $x \geqslant y$ 而且 $y \geqslant z$,那么 $x \geqslant z$.

如果除了上述三条公理之外,下列公理(4)也成立,那么 P 就叫全序集.

(4) 对任意的 $x,y \in P$,$x \geqslant y$ 和 $y \geqslant x$ 二者之中至少有一个成立.

全序集有时也叫作链.

设 P 是偏序集,"$\geqslant$"是 P 上的偏序,如果 $x \geqslant y$,我们也记 $y \leqslant x$. 如果 $x \geqslant y$(或 $x \leqslant y$),而 $x \neq y$,就记 $x > y$(或 $x < y$).

例 1 设 S 是一个集合,而 $\mathscr{P}(S)$ 是 S 的幂集,即 $\mathscr{P}(S)$ 是由 S 的所有子集组成的集合. 对于 $A,B \in \mathscr{P}(S)$,如果 $A \supseteq B$,就规定 $A \geqslant B$,那么 $\mathscr{P}(S)$ 是偏

序集.

当 S 是无限集时,令 $\mathcal{P}_f(S)$ 是由 S 的所有有限子集组成的集合,对于 $A, B \in \mathcal{P}_f(S)$,仍规定 $A \geqslant B$ 如上,那么 $\mathcal{P}_f(S)$ 也是偏序集.

例 2 设 V 是域 F 上的向量空间,维数可以有限,也可以无限.令 $\mathcal{L}(V)$ 是 V 的所有子空间组成的集合,对于 V 的子空间 U 和 W,如果 $U \supseteq W$,就规定 $U \geqslant W$,那么 $\mathcal{L}(V)$ 是偏序集.

当 $\dim V = \infty$ 时,令 $\mathcal{L}_f(V)$ 是由 V 的所有有限维子空间组成的集合,对于 $U, W \in \mathcal{L}_f(V)$,仍规定 $U \geqslant W$ 如上,那么 $\mathcal{L}_f(V)$ 也是偏序集.

例 3 设 $\mathbf{N}$ 是正整数的全体组成的集合,对于 $a, b \in \mathbf{N}$,如果 $a \mid b$,就规定 $a \leqslant b$,那么 $\mathbf{N}$ 成一偏序集.

设 T 是偏序集 P 的子集,$m \in T$,如果不存在 $x \in T$ 使得 $m < x$(或 $m > x$),那么 m 就叫作 T 的一个极大元(或极小元). 如果对于所有的 $x \in T$ 都有 $m \geqslant x$(或 $m \leqslant x$),那么 m 就叫作 T 的一个最大元(或最小元). 显然,当 T 有最大元(或最小元) 时,它必定是 T 的唯一的最大元(或最小元). 当 P 有最大元(或最小元) 时,往往把 P 的唯一的最大元(或最小元)记作 1(或 0).

例如,例 1 中 S 和空集 $\varnothing$ 分别是 $\mathcal{P}(S)$ 的最大元和最小元. 当 S 是无限集时,$\varnothing$ 仍是 $\mathcal{P}_f(S)$ 的最小元,但 $\mathcal{P}_f(S)$ 没有最大元;例 2 中 V 和仅由零向量组成的子空间 $\{\mathbf{0}\}$ 分别是 $\mathcal{L}(V)$ 的最大元和最小元. 当 $\dim V = \infty$ 时,$\{\mathbf{0}\}$ 仍是 $\mathcal{L}_f(V)$ 的最小元,但 $\mathcal{L}_f(V)$ 没有最大元. 例 3 中,1 是 $\mathbf{N}$ 的最小元,但 $\mathbf{N}$ 没有最大元.

设 T 是偏序集 P 的子集,$u \in P$,如果对于所有的

$x \in T$ 都有 $u \geqslant x$(或 $u \leqslant x$),那么 u 就叫作 T 的一个上界(或下界).如果 u 是 T 的一个上界,而对于 T 的任意一个上界 v 都有 $v \geqslant u$,那么 u 就叫作 T 的上确界,同样可定义 T 的下确界.根据定义 1 中的公理(2),如果 T 有上确界(或下确界),那么它一定唯一,我们把它记作 $\sup T$(或 $\inf T$).

设 P 是偏序集,$x,y \in P$,而 $x \leqslant y$,定义
$$[x,y] = \{z \in P \mid x \leqslant z \leqslant y\}$$
并把 $[x,y]$ 叫作以 x 和 y 为端点的区间,简称区间.

例如,在例 1 中设 $S = \{1,2,\cdots,10\}$,$x = \{1,2\}$,$y = \{1,2,3,4\}$,则
$$[x,y] = \{\{1,2\},\{1,2,3\},\{1,2,4\},\{1,2,3,4\}\}$$
在例 3 中
$$[1,6] = \{1,2,3,6\}$$
$$[3,12] = \{3,6,12\}$$

设 P 是偏序集,$x,y \in P$,$x < y$.若不存在 $z \in P$ 使 $x < z < y$,则称 y 是 x 的一个覆盖,记作 $x \lessdot y$.

例如,在例 1 中,$\{1,2,3\} \lessdot \{1,2,3,5\}$;在例 3 中,$2 \lessdot 4$,$2 \lessdot 6$.

设 P 是偏序集,$x,y \in P$,并且 $x < y$.如果 $x_0 = x,x_1,x_2,\cdots,x_n = y \in P$,并且
$$x = x_0 < x_1 < x_2 < \cdots < x_n = y \qquad (1)$$
那么把(1)叫作以 x 为起点,y 为终点的链,简称 x,y 链.如果 $x_i \lessdot x_{i+1}$,那么(1)就叫作以 x 为起点,y 为终点的极大链,而 n 叫作它的长.如果
$$x = x'_0 < x'_1 < x'_2 < \cdots < x'_m = y \qquad (2)$$
也是以 x 为起点,y 为终点的链,而每个 $x_i(0 \leqslant i \leqslant n)$ 都在(2)中出现,那么(2)就叫作链(1)的加细.假定以

x 为起点,y 为终点的链都可以加细成极大链,而以 x 为起点,y 为终点的极大链的长的最大值存在,就把它记作 $d(x,y)$,规定 $d(x,x)=0$. 如果有以 x 为起点,y 为终点的链不能加细成极大链,或以 x 为起点,y 为终点的所有极大链的长没有最大值,那么就定义 $d(x,y)=\infty$. 例如,在例 1 中,设 S 为无限集,那么 $d(\varnothing,S)=\infty$. 如果以 x 为起点,y 为终点的链都能加细成极大链,而以 x 为起点,y 为终点的极大链的长都相等,那么就令 $l(x,y)=d(x,y)$,并把它叫作从 x 到 y 的长.

定义 2 设 P 是偏序集,P' 是 P 的非空子集,显然 P' 对于 P 的偏序来说也是偏序集,叫作 P 的子偏序集.

设 P 是偏序集,$x,y \in P$,而 $x \leqslant y$. 那么以 x 和 y 为端点的区间 $[x,y]$ 是 P 的子偏序集.

定义 3 设 P 和 P' 都是偏序集,P 中偏序记作 "$\leqslant$",而 P' 中偏序记作 "$\leqslant'$". 假定 $f:P \to P'$ 是一个双射,如果对任意的 $x,y \in P$,$x \leqslant y$ 当且仅当 $f(x) \leqslant' f(y)$,那么 f 就叫作从偏序集 P 到 P' 的一个同构映射,而 P 和 P' 称为同构.

例如,在例 1 中,设 $A,B,A',B' \in \mathscr{P}_f(S)$,$A \leqslant B$,$A' \leqslant B'$,而 $|B|-|A|=|B'|-|A'|$,这里 $|B|$ 表示 B 中元素的个数,那么区间 $[A,B]$ 和 $[A',B']$ 作为子偏序集同构. 在例 2 中,设 $U,W,U',W' \in \mathscr{L}_f(V)$,$U \leqslant W,U' \leqslant W'$,而 $\dim W - \dim U = \dim W' - \dim U'$. 那么区间 $[U,W]$ 和 $[U',W']$ 作为子偏序集同构,而且它们又都和 $\mathscr{L}(W/U)$ 同构,这里 W/U 表示 W 对于 U 的商空间.

134

9.2　局部有限偏序集上的麦比乌斯函数

定义 4　设 P 是偏序集.如果对任意的 $x, y \in P$,而 $x \prec y$,区间 $[x, y]$ 都是有限集,那么 P 就叫作局部有限偏序集;如果 P 是有限集,那么 P 就叫作有限偏序集.

显然,有限偏序集都是局部有限偏序集.例如,当 S 是有限集时,$\mathcal{P}(S)$ 是有限偏序集.设 q 是素数幂,而 V 是有限域 F_q 上的有限维向量空间时,$\mathcal{L}(V)$ 也是有限偏序集,因此它们都是局部有限偏序集.当 S 是无限集时,因为区间 $[\varnothing, S]$ 是无限集,所以 $\mathcal{P}(S)$ 不是局部有限偏序集.但是 $\mathcal{P}_f(S)$ 是局部有限偏序集.同样,当 V 是 F_q 上的无限维向量空间时,$\mathcal{L}(V)$ 不是局部有限偏序集,但是 $\mathcal{L}_f(V)$ 是局部有限偏序集.

定义 5　设 P 是局部有限偏序集,R 是有单位元 1 的交换环,设 $\mu(x, y)$ 是定义在 P 上而在 R 中取值的二元函数.假定 $\mu(x, y)$ 适合以下三个条件:

(1) 对任意的 $x \in P$,总有 $\mu(x, x) = 1$;

(2) 对于 $x, y \in P$,若 $x \not\leqslant y$,则 $\mu(x, y) = 0$;

(3) 对于 $x, y \in P$,若 $x \leqslant y$,则 $\sum\limits_{x \leqslant z \leqslant y} \mu(x, z) = 0$.

就把 $\mu(x, y)$ 叫作 P 上的麦比乌斯函数.

命题 1　设 $\mu(x, y)$ 是局部有限偏序集 P 上的麦比乌斯函数,那么 $\mu(x, y)$ 也适合以下条件:

(4) 对于 $x, y \in P$,若 $x \leqslant y$,则 $\sum\limits_{x \leqslant z \leqslant y} \mu(z, y) = 0$.

反过来,如果函数 $\mu(x, y)$ 满足条件(1)(2)(4),那么 $\mu(x, y)$ 也满足条件(3).

证明　设 $x, y \in P$,而 $x \leqslant y$.因 P 局部有限,$[x,$

$y]$ 是有限集.设 $|[x,y]|=n$,那么可将 $[x,y]$ 中的元素排列成

$$x_1=x,x_2,\cdots,x_n=y$$

使得 $x_i<x_j$ 蕴涵 $i<j$.定义

$$a_{ij}=\mu(x_i,x_j),1\leqslant i,j\leqslant n$$

再定义

$$b_{ij}=\begin{cases}1,\text{如果 } x_i\leqslant x_j\\0,\text{如果 } x_i\nleqslant x_j\end{cases}$$

那么

$$\boldsymbol{A}=(a_{ij})_{1\leqslant i,j\leqslant n}\text{ 和 }\boldsymbol{B}=(b_{ij})_{1\leqslant i,j\leqslant n}$$

都是 R 上的 $n\times n$ 矩阵.由于条件(1)(2)(3),我们有

$$\boldsymbol{AB}=\boldsymbol{I}$$

其中 $\boldsymbol{I}$ 是 $n\times n$ 单位矩阵.根据矩阵论,我们也有

$$\boldsymbol{BA}=\boldsymbol{I}$$

而这个式子就给出条件(4).

又因为从 $\boldsymbol{BA}=\boldsymbol{I}$ 可推出 $\boldsymbol{AB}=\boldsymbol{I}$,所以本命题的第二个断言也成立.

下面这个引理是显然的.

引理 设 P 是局部有限偏序集,对于 $x,y\in P$,如果 $x<y$,那么 $d(x,y)<\infty$.

命题 2 局部有限偏序集上一定有麦比乌斯函数而且是唯一的.

证明 设 P 是局部有限偏序集,先证明 P 上一定有麦比乌斯函数,先定义:

$\mu(x,x)=1$,对任意 $x\in P$.

$\mu(x,y)=0$,若 $x\nleqslant y$.

设 $x,y\in P$,而 $x\leqslant y$.对 $d(x,y)$ 作归纳来定义 $\mu(x,y)$,当 $d(x,y)=0$ 时,$x=y$.上面已经定义了

$\mu(x,x)=1$. 设 $d(x,y)>0$. 对于 $z\in P$, 而 $x\leqslant z<y$, 显然有 $d(x,z)<d(x,y)$, 因此 $\mu(x,z)$ 已定义, 那么定义

$$\mu(x,y)=-\sum_{x\leqslant z<y}\mu(x,z)$$

根据 $\mu(x,y)$ 的定义方法, 它适合条件(1)(2)(3). 因此 $\mu(x,y)$ 是 P 上的麦比乌斯函数.

再设 $\mu'(x,y)$ 也是 P 上的一个麦比乌斯函数. 由条件(1), 对任意的 $x\in P$, 有 $\mu'(x,x)=1$. 因此

$$\mu'(x,x)=\mu(x,x)=1, 对任意的 x\in P$$

设 $x,y\in P$, 若 $x\not\leqslant y$, 根据条件(2), 则有 $\mu'(x,y)=0$. 因此

$$\mu'(x,y)=\mu(x,y)=0, 若 x\not\leqslant y$$

再设 $x\leqslant y$, 对 $d(x,y)$ 作归纳法来证明 $\mu'(x,y)=\mu(x,y)$. 当 $d(x,y)=0$ 时, $x=y$, 已证 $\mu'(x,x)=\mu(x,x)=1$. 设 $d(x,y)>0$, 对于 $z\in P$, 而 $x\leqslant z<y$, 显然有 $d(x,z)<d(x,y)$. 根据归纳法假设 $\mu'(x,z)=\mu(x,z)$. 于是

$$\mu'(x,y)=-\sum_{x\leqslant z<y}\mu'(x,z)=$$
$$（因为 \mu'(x,y) 适合条件(3)）$$
$$-\sum_{x\leqslant z<y}\mu(x,z)=　（根据归纳法假设）$$
$$\mu(x,y)　（因为 \mu(x,y) 适合条件(3)）$$

这就证明了 P 上麦比乌斯函数的唯一性.

例1(续)　设 S 是一个集合, 再设 $x,y\in \mathscr{P}_f(S)$, 即 x,y 是 S 的有限子集. 定义

$$\mu(x,y)=\begin{cases}0,如果 x\not\leqslant y\\(-1)^{|y|-|x|},如果 x\leqslant y\end{cases}\tag{3}$$

137

显然 $\mu(x,y)$ 适合条件(1) 和(2). 再来验证 $\mu(x,y)$ 适合条件(3). 假设 $x \prec y$,即 $x \subsetneqq y$. 再假定 $\mid y \mid - \mid x \mid = r$,那么 $r > 0$,而对于任意的 j,$0 \leqslant j \leqslant r$,一共有 $\binom{r}{j}$ 个有限子集 z 适合条件 $x \leqslant z \leqslant y$,而 $\mid z \mid = \mid x \mid + j$. 根据二项式定理

$$\sum_{x \leqslant z \leqslant y} \mu(x,z) = 1 + \binom{r}{1}(-1) + \binom{r}{2}(-1)^2 + \cdots +$$

$$\binom{r}{j}(-1)^j + \cdots + \binom{r}{r}(-1)^r = 0$$

因此按式(3) 定义的 $\mu(x,y)$ 就是 $\mathscr{P}_f(S)$ 上的麦比乌斯函数.

例 2(续)　设 V 是 F_q 上的向量空间,再设 $x,y \in \mathscr{L}_f(V)$,即 x,y 是 V 的有限维子空间. 定义

$$\mu(x,y) = \begin{cases} 0, \text{如果} \ x \nleqslant y \\ (-1)^r q^{\binom{r}{2}}, \text{如果} \ x \leqslant y \end{cases} \qquad (4)$$

其中 $r = \dim y - \dim x$. 显然 $\mu(x,y)$ 适合条件(1) 和(2). 再来验证 $\mu(x,y)$ 适合条件(3). 假设 $x < y$,即 $x \subsetneqq y$. 再假定 $\dim y - \dim x = r$. 那么 $r > 0$,而对于任意的 j,$0 \leqslant j \leqslant r$,一共有 $\begin{bmatrix} r \\ j \end{bmatrix}_q$ 个子空间适合条件 $x \leqslant z \leqslant y$,而 $\dim z = \dim x + j$. 根据高斯系数 $\begin{bmatrix} r \\ j \end{bmatrix}_q$ 的性质

$$\sum_{x \leqslant z \leqslant y} \mu(x,z) = 1 + \begin{bmatrix} r \\ 1 \end{bmatrix}_q (-1)^1 q^{\binom{1}{2}} +$$

$$\begin{bmatrix} r \\ 2 \end{bmatrix}_q (-1)^2 q^{\binom{2}{2}} + \cdots +$$

138

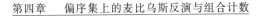

$$\begin{bmatrix} r \\ j \end{bmatrix}_q (-1)^j q^{\binom{j}{2}} + \cdots +$$

$$\begin{bmatrix} r \\ r \end{bmatrix}_q (-1)^r q^{\binom{r}{2}} = 0$$

因此按式(4)定义的函数 $\mu(x,y)$ 就是 $\mathscr{L}_f(V)$ 上的麦比乌斯函数.

例 3(续)　自然数集 **N** 上通常的麦比乌斯函数 $\mu(n)$ 是一元函数,它的定义是:如果 $n > 1$,就将 n 唯一地表示成素数幂的乘积 $n = p_1^{e_1} p_2^{e_2} \cdots p_r^{e_r}$,其中 p_1, $p_2, \cdots, p_r$ 是不同的素数,而 $e_1, e_2, \cdots, e_r$ 是正整数,那么

$$\mu(1) = 1$$

$$\mu(n) = \begin{cases} 0, \text{如果某个 } e_i > 1 \\ (-1)^r, \text{如果 } e_1 = e_2 = \cdots = e_r = 1 \end{cases}$$

不难证明,通常的麦比乌斯函数 $\mu(n)$ 适合以下条件

$$\sum_{d \mid n} \mu(d) = \begin{cases} 1, \text{如果 } n = 1 \\ 0, \text{如果 } n > 1 \end{cases} \tag{5}$$

现在把 **N** 看成偏序集:设 $x, y \in \mathbf{N}$,若 $x \mid y$,则规定 $x \leqslant y$. 再定义偏序集 **N** 上的二元函数 $\mu(x,y)$ 如下

$$\mu(x,y) = \begin{cases} \mu\left(\dfrac{y}{x}\right), \text{如果 } x \leqslant y \\ 0, \text{如果 } x \nleqslant y \end{cases} \tag{6}$$

显然,定义 5 中条件(1)和(2)成立,利用式(5)不难证明,条件(3)也成立,因此由式(6)定义的函数 $\mu(x,y)$ 是偏序集 **N** 上的麦比乌斯函数.

9.3　局部有限偏序集上的麦比乌斯反演公式

命题 3　设 P 是有最小元 0 的局部有限偏序集,R

是有单位元 1 的交换环，$\mu(x,y)$ 是定义在 P 上而在 R 中取值的麦比乌斯函数. 再设 $f(x)$ 和 $g(x)$ 是定义在 P 上而在 R 中取值的函数，那么

$$g(x) = \sum_{y \leqslant x} f(y)，对任意的 x \in P 都成立 \quad (7)$$

当且仅当

$$f(x) = \sum_{y \leqslant x} g(y)\mu(y,x)，对任意的 x \in P 都成立$$

$$(8)$$

证明　因为 P 是有最小元 0 的局部有界偏序集，所以区间 $[0,x]$ 是有限集，于是式(7) 和式(8) 中的和都是有限和. 假定式(7) 成立，那么

$$\sum_{y \leqslant x} g(y)\mu(y,x) = \sum_{y \leqslant x} (\sum_{z \leqslant y} f(z))\mu(y,x)) =$$

（将式(7) 代入）

$$\sum_{z \leqslant x} f(z) \sum_{z \leqslant y \leqslant x} \mu(y,x) =$$

（交换求和次序）

$$\sum_{z \leqslant x} f(z)\delta_{z,x} =$$

（根据条件(3)）

$$f(x)$$

其中 $\delta_{z,x}$ 是 Delta 函数，即对任意的 $x \in P, \delta_{x,x} = 1$. 如果 $z \neq x$，那么 $\delta_{z,x} = 0$. 因此式(8) 也成立.

反之，设式(8) 成立，那么

$$\sum_{y \leqslant x} f(y) = \sum_{y \leqslant x} \sum_{z \leqslant y} g(z)\mu(z,x) = \quad （将式(8) 代入）$$

$$\sum_{z \leqslant x} g(z) \sum_{y \leqslant z \leqslant x} \mu(z,x) =$$

（交换求和次序）

$$\sum_{z \leqslant x} g(z)\delta_{z,x} = \quad （根据条件(3)）$$

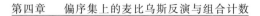

$g(x)$

式(8)和式(7)分别称为式(7)和式(8)的麦比乌斯反演公式.

平行地,又有下面的命题.

命题4　设 P 是有最大元 1 的局部有限偏序集,R 是有单位元 1 的交换环,$\mu(x,y)$ 是定义在 P 上而在 R 中取值的麦比乌斯函数.再设 $f(x)$ 和 $g(x)$ 是定义在 P 上而在 R 中取值的函数,那么

$$g(x) = \sum_{x \leqslant y} f(y), \text{对任意的 } x \in P \text{ 都成立} \quad (9)$$

当且仅当

$$f(x) = \sum_{x \leqslant y} \mu(x,y) g(y), \text{对任意的 } x \in P \text{ 都成立}$$

$$(10)$$

注意命题 4 中,1 的两个不同意义:一方面,1 表示有最大元的局部有限偏序集 P 的最大元;另一方面,1 又表示交换环 R 的单位元.

系理1　设对于任一非负整数 k,R 中都有一个元素 a_k 与之相应,这定义了 $\mathbf{N} \bigcup \{0\}$ 上的一个函数 a,即

$$a: \mathbf{N} \bigcup \{0\} \to R$$
$$k \mapsto a_k$$

同样,设 $b: k \mapsto b_k$ 也是定义在 $\mathbf{N} \bigcup \{0\}$ 上而在 R 中取值的函数,那么

$$b_n = \sum_{k=0}^{n} \binom{n}{k} a_k, \text{对任意的 } n \in \mathbf{N} \bigcup \{0\} \text{ 成立}(11)$$

当且仅当

$$a_n = \sum_{k=0}^{n} (-1)^{n-k} \binom{n}{k} b_k, \text{对任意 } n \in \mathbf{N} \bigcup \{0\} \text{ 成立}$$

$$(12)$$

证明 设 S 是可数集. 对 S 中的任一个 k 元子集, 规定 R 中的元素 a_k 与之对应. 这就定义了 $\mathscr{P}_f(S)$ 上的一个函数

$$a : \mathscr{P}_f(S) \to R$$
$$T \mapsto a(T) = a_{|T|}$$

对任意的 $T \in \mathscr{P}_f(S)$, 令

$$b(T) = \sum_{U \leqslant T} a(U) \tag{13}$$

显然, 如果 $|T| = |T'|$, 那么 $b(T) = b(T')$. 因此当 $|T| = n$ 时, 令 $b_n = b(T)$, 式(13)就是式(11). 根据命题 3, 从式(13)推出

$$a(T) = \sum_{U \leqslant T} b(U) \mu(U, T) \tag{14}$$

因为 $a(T) = a_{|T|}, b(U) = b_{|U|}, \mu(U, T) = (-1)^{|T|-|U|}$, 所以从式(14)就推出式(12).

反之, 用同样的方法可以证明从式(12)也可以推出式(11).

公式(11)和(12)是经典的反演公式.

系理 2 设对于任一非负整数 k, R 都有一个元素 a_k 与之对应, 这就定义了 $\mathbf{N} \cup \{0\}$ 上的一个函数 a, 即

$$a : \mathbf{N} \cup \{0\} \to R$$
$$k \mapsto a_k$$

同样, 设 $b : k \mapsto b_k$ 也是定义在 $\mathbf{N} \cup \{0\}$ 上而在 R 中取值的函数, 那么

$$b_n = \sum_{k=0}^{n} \begin{bmatrix} n \\ k \end{bmatrix}_q a_k, \text{对任意的 } n \in \mathbf{N} \cup \{0\} \text{ 成立} \tag{15}$$

其中 $\begin{bmatrix} n \\ k \end{bmatrix}_q$ 是高斯系数, 而 q 是素数幂, 当且仅当

$$a_n = \sum_{k=0}^{n} (-1)^{n-k} q^{\binom{n-k}{2}} \begin{bmatrix} n \\ k \end{bmatrix}_q b_k \qquad (16)$$

对任意的 $b \in \mathbf{N} \bigcup \{0\}$ 成立.

证明 取 V 为 F_q 上的可数无限维向量空间,在系理 1 的证明中用偏序集 $\mathscr{L}_f(V)$ 来代替 $\mathscr{P}_f(S)$,就可以证明本系理,但证明的细节留给读者去写出来.

公式(15) 和(16) 可看作经典反演公式(11) 和(12) 的 $q-$ 类比,它们叫作高斯反演公式.

现在举一个高斯反演公式的应用.

定义 6 设 q 是素数幂,n 是非负整数,而 x 是未定元,那么多项式
$$g_n(x) = (x-1)(x-q)\cdots(x-q^{n-1})$$
(其中 $n \geqslant 1, g_0(x) = 1$) 就叫作高斯多项式.

$q-$ 二项式定理有以下的等价形式
$$g_n(x) = \sum_{k=0}^{n} (-1)^{n-k} q^{\binom{n-k}{2}} \begin{bmatrix} n \\ k \end{bmatrix}_q x^{n-k}$$

根据高斯反演公式,可得
$$x^n = \sum_{k=0}^{n} \begin{bmatrix} n \\ k \end{bmatrix}_q g_k(x)$$

系理 3 设 $f(n)$ 和 $g(n)$ 是定义在 $\mathbf{N}$ 上而在 R 中取值的函数,那么
$$g(n) = \sum_{d \mid n} f(d), \text{对任意的 } n \in \mathbf{N} \text{ 成立} \qquad (17)$$
当且仅当
$$f(n) = \sum_{d \mid n} \mu(d) g\left(\frac{n}{d}\right), \text{对任意的 } n \in \mathbf{N} \text{ 成立}$$
$$\qquad (18)$$

证明 设式(17) 成立,那么根据 $\mathbf{N}$ 上的二元麦比乌斯函数的定义和命题 3,有

$$\sum_{d|n}\mu(d)g(\frac{n}{d}) = \sum_{d|n}\mu(\frac{n}{d})g(d) =$$

$$\sum_{d|n}\mu(d,n)\sum_{d'|d}f(d') =$$

$$\sum_{d'|n}f(d')\sum_{d'|d|n}\mu(d,n) =$$

$$\sum_{d'|n}f(d')\sum_{d'\leqslant d\leqslant n}\mu(d,n) =$$

（"$\leqslant$"是 **N** 中的偏序）

$$\sum_{d'|n}f(d')\delta_{d',n} =$$

$$f(n)$$

反之,如果式(18)成立,同理可证式(17)也成立.

式(17)和式(18)就是通常自然数集 **N** 上的麦比乌斯反演公式.

9.4 逐步淘汰原则

命题 5(逐步淘汰原则)　设 S 为一个 N 元有限集,而 $I_m = \{1,2,\cdots,m\}$. 对任意的 $i \in I_m$,令 P_i 为 S 中元素的一个性质,即对于 S 中任一元素 a,a 或者有性质 P_i,或者没有性质 P_i,二者之中必有一发生. 令 N_i 表示 S 中有性质 P_i 的元素的个数,$N_{ij}(1 \leqslant i,j \leqslant m$, $i \neq j)$ 表示 S 中兼有性质 P_i 和 P_j 的元素的个数,$N_{ijk}(1 \leqslant i,j,k \leqslant m, i \neq j, j \neq k, k \neq i)$ 表示 S 中兼有性质 P_i, P_j 和 P_k 的元素的个数,$\cdots\cdots$,$N_{12\cdots m}$ 表示 S 中兼有性质 $P_1, P_2, \cdots, P_m$ 的元素的个数. 那么 S 中既没有性质 P_1,又没有性质 P_2,$\cdots\cdots$,又没有性质 P_m 的元素的个数等于

$$N - N_1 - N_2 - \cdots - N_m + N_{12} +$$
$$N_{13} + \cdots + N_{m-1,m} - N_{123} - \cdots -$$

$$N_{m-2,m-1,m} + \cdots + (-1)^m N_{12\cdots m}$$

这个原则是很有用的一个计数原则. 下面我们要指出,这个原则实际上是有限偏序集 $\mathscr{P}(S)$ 上麦比乌斯反演公式的特例,这等于给出命题 5 的另一个证明.

用 A_i 表示 S 中具有性质 P_i 的元素的集合, $A_{ij}(i \neq j)$ 表示 S 中兼有性质 P_i 和 P_j 的元素的集合. 一般地,对 I_m 的任一子集 T,令 A_T 表示 S 中兼有性质 P_i 对所有 $i \in T$ 的元素的集合,令 T^c 表示 T 在 S 中的补集,即 $T^c = S \backslash T$;例如,如果 $T = \{1,3,5\}$,则 $T^c = \{2, 4,6,7,\cdots,m\}$. 对任一集合 T,令 $|T|$ 表示 T 中元素的个数,那么命题 5 可以改述成下面的形式.

命题 $5'$ 设 S 为一有限集,$I_m = \{1,2,\cdots,m\}$. 对任意的 $i \in I_m$,令 P_i 为 S 中元素的一个性质. 对 I_m 的任一子集 T,令 A_T 表示 S 中兼有性质 P_i(对所有的 $i \in T$) 的元素的集合,那么

$$|A_1^c \bigcap A_2^c \bigcap \cdots \bigcap A_m^c| = \sum_{T \subseteq I_m} (-1)^{|T|} |A_T|$$

实际上,$A_1^c \bigcap A_2^c \bigcap \cdots \bigcap A_m^c$ 就是 S 中既没有性质 P_1,又没有性质 P_2,$\cdots\cdots$,又没有性质 P_m 的元素的集合,所以命题 5 和命题 $5'$ 等价是很显然的.

仍设 R 是有单位元 1 的交换环,设 w 是定义在 S 上而在 R 中取值的函数,对于 S 的任一子集 S_0.再规定 $w(S_0) = \sum_{a \in S_0} w(a)$,那么我们把 w 叫作 S 的一个加性权函数.

命题 $5'$ 还可推广如下:

命题 6   设 S 是一个有限集,w 是 S 的一个加性权函数,那么

$$w(A_1^c \bigcap A_2^c \bigcap \cdots \bigcap A_m^c) = \sum_{T \subseteq I_m} (-1)^{|T|} w(A_T)$$

实际上,如果令 $w(a)=1$ 对任一 $a \in S$,命题 6 就化成了命题 $5'$.

设 $T \subseteq I_m$,令 $B_T = A_T \bigcap (\bigcap_{j \notin T} A_j^c)$,那么 B_T 就是 S 中只有性质 P_i 对任一 $i \in T$,而没有性质 P_j 对任一 $j \notin T$ 的元素的集合,我们有下面的命题.

命题 7 设 $T \subseteq I_m$,那么

$$w(B_T) = \sum_{T \subseteq X \subseteq I_m} (-1)^{|X|-|T|} w(A_X)$$

证明 显然,对任意的 $T \subseteq I_m$,A_T 可以写成 $B_X(T \subseteq X \subseteq I_m)$ 的不相交的并集

$$A_T = \bigcup_{T \subseteq X \subseteq I_m} B_X \tag{19}$$

对任意的 $X \subseteq I_m$,定义

$$f(X) = w(B_X)$$
$$g(X) = w(A_X)$$

那么由式(19)推出

$$g(T) = \sum_{T \subseteq X \subseteq I_m} f(X)$$

$\mathscr{P}(I_m)$ 是有限偏序集,根据命题 3 中麦比乌斯反演公式 (8),有

$$f(T) = \sum_{T \subseteq X \subseteq I_m} \mu(T, X) g(X) =$$
$$\sum_{T \subseteq X \subseteq I_m} (-1)^{|X|-|T|} g(X)$$

(根据 $\mathscr{P}(I_m)$ 上的麦比乌斯函数的定义),即

$$w(B_T) = \sum_{T \subseteq X \subseteq I_m} (-1)^{|X|-|T|} w(A_X)$$

在命题 7 中,令 $T = \varnothing$ 就得到命题 6.

9.5　局部有限偏序集上的关联代数和推广的麦比乌斯反演公式

局部有限偏序集 P 上的麦比乌斯函数可以看作 P 上的关联代数中的元素,现在先给出关联代数的定义.

定义 7　设 P 是局部有限偏序集, R 是有单位元 1 的交换环,设 $f(x,y)$ 是定义在 P 上而在 R 中取值的二元函数,并假设 $f(x,y)$ 适合条件:

(1) 对于 $x,y \in P$,若 $x \nleqslant y$,则 $f(x,y) = 0$.

用 $I(P)$ 表示定义在 P 上,在 R 中取值,而适合条件(1) 的二元函数所组成的集合,对于 $f, g \in I(P)$, $c \in R$,规定

$(f+g)(x,y) = f(x,y) + g(x,y)$,对一切的 $x,y \in P$

$(cf)(x,y) = cf(x,y)$,对一切的 $x,y \in P$

$$(f*g)(x,y) = \begin{cases} \sum_{x \leqslant z \leqslant y} f(x,z)g(z,y), \text{如果 } x \leqslant y \\ 0, \text{如果 } x \nleqslant y \end{cases}$$

那么不难证明 $I(P)$ 对于如上规定的运算是 R 上的代数,叫作 P 的关联代数. $f*g$ 叫作 f 和 g 的卷积,而 $I(P)$ 的单位元 δ 由下式所定义

$\delta(x,x) = 1$,对任意的 $x \in P$

$\delta(x,y) = 0$,如果 $x \neq y$

显然 P 上的麦比乌斯函数 $\mu(x,y)$ 是 P 的关联代数 $I(P)$ 中的元素. 再用下式来定义 P 上的 Zeta 函数 $\zeta(x,y)$

$$\zeta(x,y) = \begin{cases} 1, \text{如果 } x \leqslant y \\ 0, \text{如果 } x \nleqslant y \end{cases}$$

我们有下面的命题.

命题 8　$\mu * \zeta = \zeta * \mu = \delta.$

证明　设 $x, y \in P$,如果 $x = y$,那么

$$(\mu * \zeta)(x,x) = \mu(x,x)\zeta(x,x) = 1 \times 1 = 1$$

如果 $x < y$,那么根据卷积的定义和麦比乌斯函数的性质(3),有

$$(\mu * \zeta)(x,y) = \sum_{x \leqslant z \leqslant y} \mu(x,z)\zeta(z,y) =$$
$$\sum_{x \leqslant z \leqslant y} \mu(x,z) = 0$$

如果 $x \not\leqslant y$,那么没有 $z \in P$ 使 $x \leqslant z \leqslant y$,因此

$$(\mu * \zeta)(x,y) = \sum_{x \leqslant z \leqslant y} \mu(x,z)\zeta(z,y) =$$
$$\sum_{z \in \varnothing} \mu(x,z)\zeta(z,y) = 0$$

这就证明了 $\mu * \zeta = \delta.$ 同理可证 $\zeta * \mu = \delta.$

利用 Zeta 函数 $\zeta(x,y)$ 可以把式(7)写为

$$g(x) = \sum_{y \leqslant x} f(y)\zeta(y,x) \tag{20}$$

这样一来,命题 3 可以表述成下面这个对称的形式,而它可以利用命题 8 来证明.

命题 3′　设 P 是有最小元 0 的局部有限偏序集,R 是有单位元 1 的交换环,$\zeta(x,y)$ 和 $\mu(x,y)$ 分别是定义在 P 上而在 R 中取值的 Zeta 函数和麦比乌斯函数,再设 $f(x)$ 和 $g(x)$ 是定义在 P 上而在 R 中取值的函数.那么

$$g(x) = \sum_{y \leqslant x} f(y)\zeta(y,x), \text{对任意的 } x \in P \text{ 都成立}$$

当且仅当

$$f(x) = \sum_{y \leqslant x} g(y)\mu(y,x), \text{对任意的 } x \in P \text{ 都成立}$$

证明　假定式(20)成立,那么

$$\sum_{y\leqslant x} g(y)\mu(y,x) =$$

$$\sum_{y\leqslant x}\left(\sum_{z\leqslant y}f(z)\zeta(z,y)\right)\mu(y,x) = \quad (将式(20) 代入)$$

$$\sum_{z\leqslant x}f(z)\sum_{z\leqslant y\leqslant x}\zeta(z,y)\mu(y,x) = \quad (交换求和次序)$$

$$\sum_{z\leqslant x}f(z)(\zeta * \mu)(z,x) = \quad (卷积的定义)$$

$$\sum_{z\leqslant x}f(z)\delta(z,x) = \quad (命题 8)$$

$$f(x) \quad (1(z,x) 的定义)$$

因此式(8) 也成立.

　　反之,设式(8) 成立,那么

$$\sum_{y\leqslant x}f(y)\zeta(y,x) =$$

$$\sum_{y\leqslant x}\left(\sum_{z\leqslant y}g(z)\mu(z,y)\right)\zeta(y,x) = \quad (将式(8) 代入)$$

$$\sum_{z\leqslant x}g(z)\sum_{z\leqslant y\leqslant x}\mu(z,y)\zeta(y,x) = \quad (交换求和次序)$$

$$\sum_{z\leqslant x}g(x)(\mu * \zeta)(z,x) = \quad (卷积的定义)$$

$$\sum_{z\leqslant x}g(x)\delta(z,x) = \quad (命题 8)$$

$$g(x) \quad (1(z,x) 的定义)$$

因此式(20) 也成立.

　　同样,命题 4 可以改述如下:

　　命题 $4'$　　设 P 是有最大元 1 的局部有限偏序集, R 是有单位元 1 的交换环,$\zeta(x,y)$ 和 $\mu(x,y)$ 分别是定义在 P 上而在 R 中取值的 Zeta 函数和麦比乌斯函数. 再设 $f(x)$ 和 $g(x)$ 是定义在 P 上而在 R 中取值的函数,那么

$$g(x) = \sum_{x\leqslant y}\zeta(x,y)f(y),\text{对任意的 } x \in P \text{ 都成立}$$

$$(21)$$

当且仅当

$$f(x) = \sum_{x \leqslant y} \mu(x,y)g(y), \text{对任意的 } x \in P \text{ 都成立}$$

设 P 是局部有限偏序集，$I(P)$ 是 P 的关联代数. 设 $\alpha \in I(P)$，我们说 α 是一个可逆元，如果有 $\beta \in I(P)$ 使 $\alpha * \beta = \beta * \alpha = \delta$，而 β 叫作 α 的一个逆元. 如果 $\gamma \in I(P)$ 也是 α 的逆元，即 $\alpha * \gamma = \gamma * \alpha = \delta$，那么 $\gamma = \gamma * \delta = \gamma * (\alpha * \beta) = (\gamma * \alpha) * \beta = \delta * \beta = \beta$. 因此可逆元的逆元是唯一的，通常我们把可逆元 α 的逆元记作 α^{-1}，并说 α 和 α^{-1} 互为逆元.

命题 $3'$ 可以推广如下：

命题 9 设 P 是有最小元 0 的局部有限偏序集，R 是有单位元 1 的交换环，$\alpha(x,y)$ 和 $\alpha^{-1}(x,y)$ 是 P 的关联代数 $I(P)$ 中的一对互为逆元的函数，即 $\alpha * \alpha^{-1} = \alpha^{-1} * \alpha = \delta$. 再设 $f(x)$ 和 $g(x)$ 是定义在 P 上而在 R 中取值的函数，那么

$$g(x) = \sum_{y \leqslant x} f(y)\alpha(y,x), \text{对任意的 } x \in P \text{ 都成立} \tag{22}$$

当且仅当

$$f(x) = \sum_{y \leqslant x} g(y)\alpha^{-1}(y,x), \text{对任意的 } x \in P \text{ 都成立} \tag{23}$$

证明 可以完全仿照命题 $3'$ 的证明来证，我们就不细说了.

公式 (22) 和 (23) 称为推广的麦比乌斯反演公式.

平行地，命题 $4'$ 可以推广如下：

命题 10 设 P 是有最大元 1 的局部有限偏序集，R 是有单位元 1 的交换环，$\alpha(x,y)$ 和 $\alpha^{-1}(x,y)$ 是 P 的

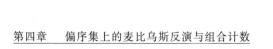

关联代数 $I(P)$ 中的一对互逆的函数，即 $\alpha * \alpha^{-1} = \alpha^{-1} * \alpha = \delta$. 再设 $f(x)$ 和 $g(x)$ 是定义在 P 上而在 R 中取值的函数，那么

$$g(x) = \sum_{x \leqslant y} \alpha(x,y)f(y)，\text{对任意的 } x \in P \text{ 都成立}$$

$$(24)$$

当且仅当

$$f(x) = \sum_{x \leqslant y} \alpha^{-1}(x,y)g(y)，\text{对任意的 } x \in P \text{ 都成立}$$

$$(25)$$

设 P 是局部有限偏序集. 确定 P 的关联代数 $I(P)$ 中哪些元素是可逆的，自然是一个有意义的问题，我们有下面的命题.

命题 11　设 P 是局部有限偏序集，$I(P)$ 是它的关联代数，那么 $\alpha \in I(P)$ 是可逆元，当且仅当 $\alpha(x,x) \neq 0$ 对任意的 $x \in P$.

证明　设 $\alpha \in I(P)$ 是可逆元，即有 $\beta \in I(P)$ 使 $\alpha * \beta = \beta * \alpha = \delta$，那么对任意的 $x \in P$，$1 = \delta(x,x) = \sum_{x \leqslant y \leqslant x} \alpha(x,y)\beta(y,x) = \alpha(x,x)\beta(x,x)$. 因此 $\alpha(x, x) \neq 0$ 对任意的 $x \in P$.

反之，设 $\alpha(x,x) \neq 0$ 对任意的 $x \in P$. 我们来证明有 $\beta \in I(P)$ 使 $\alpha * \beta = \delta$. 首先，对任意的 $x \in P$，定义 $\beta(x,x) = \alpha(x,x)^{-1}$. 再对于 $x,y \in P$，而 $x \not\leqslant y$，定义 $\beta(x,y) = 0$. 最后，对于 $x,y \in P$，而 $x \leqslant y$，我们来定义 $\beta(x,y)$. 对 $d(x,y)$ 作归纳法来定义 $\beta(x,y)$. 当 $d(x,y) = 0$，即 $x = y$ 时，$\beta(x,x)$ 前面已定义. 设 $d(x, y) = d > 0$，那么对任意的 z，$x \prec z \leqslant y$，根据归纳假设 $\beta(z,y)$ 已定义. 再定义

151

$$\beta(x,y) = -\alpha(x,x)^{-1} \sum_{x < z \leqslant y} \alpha(x,z)\beta(z,y)$$

那么

$$\sum_{x < z \leqslant y} \alpha(x,z)\beta(z,y) = \delta(x,y)$$

因此如上定义的 $\beta \in I(P)$,适合条件 $\alpha * \beta = \delta$. 同样可定义 $\gamma \in I(P)$ 适合条件 $\gamma * \alpha = \delta$. 于是 $\gamma = \gamma * \delta = \gamma * (\alpha * \beta) = (\gamma * \alpha) * \beta = \delta * \beta = \beta$. 因此 $\alpha * \beta = \beta * \alpha = \delta$,这就证明了 α 是可逆元.

9.6 局部有限偏序集上的约化关联代数和指数生成函数,欧拉生成函数

定义 8 设 P 是局部有限偏序集,而 $f \in I(P)$,并假设 f 适合条件:

(1) 如果对于任意两个同构的区间 $[x,y]$ 和 $[x', y']$ 都有 $f(x,y) = f(x', y')$. 用 $R(P)$ 表定义在 P 上,在 R 中取值,同时适合定义 7 中的条件(1) 和上述条件的二元函数所组成的集合,即 $R(P)$ 是 $I(P)$ 中适合上述条件的元素所组成的集合. 不难证明,$R(P)$ 是 $I(P)$ 的子代数,叫作 P 的约化关联代数.

命题 12 $\delta, \mu, \zeta \in R(P)$.

证明 由 δ, μ, ζ 的定义,这是显然的.

下面我们来讨论可数无限集 S 上的局部有限偏序集 $\mathcal{P}_f(S)$ 的约化关联代数 $R(\mathcal{P}_f(S))$ 和 F_q 上的可数无限维向量空间 V 上的局部有限偏序集 $\mathcal{L}_f(V)$ 的约化关联代数 $R(\mathcal{L}_f(V))$,并研究它们分别和指数生成函数和欧拉生成函数的关系.

命题 13 设 S 是可数无限集. 对于任一 $f \in R(\mathcal{P}_f(S))$ 和任一非负整数 n,定义

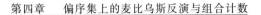

$$a_n = f(x,y), 如果 x,y \in \mathscr{P}(S), x \leqslant y$$
$$|y|-|x|=n \qquad\qquad (26)$$

那么这个定义是合理的. 这样, 每个 $f \in R(\mathscr{P}_f(S))$ 都唯一确定了交换环 R 上的一个无限序列 $(a_0, a_1, a_2, \cdots)$, 即

$$f \mapsto (a_0, a_1, a_2, \cdots) \qquad\qquad (27)$$

而且这个对应是双射, 更进一步, 如果还有

$$g \mapsto (b_0, b_1, b_2, \cdots)$$

那么

$$f * g \mapsto (c_0, c_1, c_2, \cdots) \qquad\qquad (28)$$

而

$$c_n = \sum_{k=0}^{n} \binom{n}{k} a_k b_{n-k} \qquad\qquad (29)$$

证明　显然 $\mathscr{P}(S)$ 中的两个区间 $[x,y]$ 和 $[x',y']$ 同构, 当且仅当 $|y|-|x|=|y'|-|x'|$. 因此 a_n 的定义 (26) 是合理的.

映射 (27) 是双射, 是不难验证的.

最后来证明式 (29) 成立, 设 $x,y \in \mathscr{P}(S), x \leqslant y$, 而 $|y|-|x|=n$, 那么

$$c_n = (f * g)(x,y) = \sum_{x \leqslant z \leqslant y} f(x,z) g(z,y)$$

因为总共有 $\binom{n}{k}$ 个元素 $z \in \mathscr{P}(S)$ 使得 $x \leqslant z \leqslant y$, 而 $|z|-|x|=k$, 所以式 (29) 成立.

设 $(a_0, a_1, a_2, \cdots), (b_0, b_1, b_2, \cdots)$ 是交换环 R 上的无限序列, 而 $c \in R$, 规定

$$(a_0, a_1, a_2, \cdots) + (b_0, b_1, b_2, \cdots) =$$
$$(a_0+b_0, a_1+b_1, a_2+b_2, \cdots) \qquad (30)$$

$$c(a_0, a_1, a_2, \cdots) = (ca_0, ca_1, ca_2, \cdots) \qquad (31)$$

$$(a_0, a_1, a_2, \cdots) * (b_0, b_1, b_2, \cdots) = (c_0, c_1, c_2, \cdots)$$
$$(32)$$

其中 $c_n(n=0,1,2,\cdots)$ 由式(29)所定义,易证 R 上无限序列的集合组成 R 上的代数,而按式(29)和式(32)规定的运算叫作二项式卷积,于是有下面的系理.

系理 1 设 S 是可数无限集,那么在对应式(27)之下,$\mathscr{P}_f(S)$ 的约化关联代数 $R(\mathscr{P}_f(S))$ 和交换环 R 上的无限序列的集合所组成的代数同构.

对于交换环 R 上的无限序列 $(a_0, a_1, a_2, \cdots)$,令指数生成函数

$$\sum_{n=0}^{\infty} \frac{a_n x^n}{n!}$$

与之对应,那么从 R 上的无限序列所组成之集到 R 上的指数生成函数所组成之集的映射

$$(a_0, a_1, a_2, \cdots) \mapsto \sum_{n=0}^{\infty} \frac{a_n x^n}{n!} \qquad (33)$$

是双射. 如果定义 R 上的指数生成函数的形式和、形式纯量积及形式积如下

$$\sum_{n=0}^{\infty} \frac{a_n x^n}{n!} + \sum_{n=0}^{\infty} \frac{b_n x^n}{n!} = \sum_{n=0}^{\infty} \frac{(a_n + b_n)x^n}{n!}$$

$$c \sum_{n=0}^{\infty} \frac{a_n x^n}{n!} = \sum_{n=0}^{\infty} \frac{ca_n x^n}{n!}$$

$$\left(\sum_{n=0}^{\infty} \frac{a_n x^n}{n!} \right) \left(\sum_{n=0}^{\infty} \frac{b_n x^n}{n!} \right) = \sum_{n=0}^{\infty} \left(\sum_{k=0}^{n} \binom{n}{k} a_k b_{n-k} \right) \frac{x^n}{n!}$$

那么 R 上的指数级数之集成为 R 上的代数,而映射(33)是代数同构.

系理 2 设 S 是可数无限集. 对于任一 $f \in R(\mathscr{P}_f(S))$,按式(26)来定义 $a_n(n=0,1,2,\cdots)$. 那么映

154

射(27)和(33)的合成

$$f \mapsto \sum_{n=0}^{\infty} \frac{a_n x^n}{n!} \tag{34}$$

是从 $R(\mathscr{P}_f(S))$ 到交换环 R 上的指数生成函数所组成的代数之上的同构.

平行地,有下面的命题.

命题 14 设 V 是 F_q 上的可数无限维向量空间,对于任一 $f \in R(\mathscr{L}_f(V))$ 和任一非负整数 n,定义 $a_n = f(x,y)$,如果 $x,y \in \mathscr{L}_f(V)$, $x \leqslant y$,而

$$\dim y - \dim x = n \tag{35}$$

那么这个定义是合理的,这样每个 $f \in R(\mathscr{L}_f(V))$ 都唯一确定了交换环 R 上的一个无限序列 $(a_0, a_1, a_2, \cdots)$,即

$$f \mapsto (a_0, a_1, a_2, \cdots) \tag{36}$$

而且这个对应是双射.更进一步,如果还有

$$g \mapsto (b_0, b_1, b_2, \cdots)$$

那么

$$f * g \mapsto (c_0, c_1, c_2, \cdots)$$

而

$$c_n = \sum_{k=0}^{n} \begin{bmatrix} n \\ k \end{bmatrix}_q a_k b_{n-k} \tag{37}$$

对于交换环 R 上的无限序列 $(a_0, a_1, a_2, \cdots)$ 和 $(b_0, b_1, b_2, \cdots)$,我们还可以规定它们的高斯卷积

$$(a_0, a_1, a_2, \cdots) * (b_0, b_1, b_2, \cdots) = (c_0, c_1, c_2, \cdots)$$

$$\tag{38}$$

其中 $c_n (n = 0, 1, 2, \cdots)$ 由式(37)所定义.那么 R 上的无限序列的集合对于按式(30)规定的加法,按式(31)规定的纯量乘法,以及按式(37)和式(38)规定的高斯

155

卷积来说,组成 R 上的代数,而且有下面的系理.

系理 1 设 V 是 F_q 上的可数无限维向量空间,那么在对应式(36)之下,$\mathscr{L}_f(V)$ 的约化关联代数 $R(\mathscr{L}_f(V))$ 和交换环 R 上的无限序列的集合,对于按分量的加法(30),按分量的纯量乘法(31),以及高斯卷积所组成的代数同构.

对于交换环 R 上的无限序列 $(a_0, a_1, a_2, \cdots)$,令欧拉生成函数

$$\sum_{n=0}^{\infty} \frac{a_n x^n}{(1-q)(1-q^2)\cdots(1-q^n)}$$

与之对应,那么从 R 上的无限序列所组成之集到 R 上的欧拉生成函数所组成之集的映射

$$(a_0, a_1, a_2, \cdots) \mapsto \sum_{n=0}^{\infty} \frac{a_n x^n}{(1-q)(1-q^2)\cdots(1-q^n)}$$

(39)

是双射,如果定义 R 上的欧拉生成函数的形式和、形式纯量积及形式积如下

$$\sum_{n=0}^{\infty} \frac{a_n x^n}{(1-q)(1-q^2)\cdots(1-q^n)} +$$

$$\sum_{n=0}^{\infty} \frac{b_n x^n}{(1-q)(1-q^2)\cdots(1-q^n)} =$$

$$\sum_{n=0}^{\infty} \frac{(a_n + b_n) x^n}{(1-q)(1-q^2)\cdots(1-q^n)}$$

$$c \sum_{n=0}^{\infty} \frac{a_n x^n}{(1-q)(1-q^2)\cdots(1-q^n)} =$$

$$\sum_{n=0}^{\infty} \frac{c a_n x^n}{(1-q)(1-q^2)\cdots(1-q^n)}$$

$$\left(\sum_{n=0}^{\infty} \frac{a_n x^n}{(1-q)(1-q^2)\cdots(1-q^n)} \right) \cdot$$

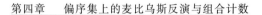

$$\left(\sum_{n=0}^{\infty}\frac{b_n x^n}{(1-q)(1-q^2)\cdots(1-q^n)}\right)=$$

$$\sum_{n=0}^{\infty}\left(\sum_{k=0}^{n}{\begin{bmatrix}n\\k\end{bmatrix}}_q a_k b_{n-k}\right)\frac{x^n}{(1-q)(1-q^2)\cdots(1-q^n)}$$

那么 R 上的欧拉生成函数之集成为 R 上的代数,而映射(39)是代数同构.

系理 2　设 V 是 F_q 上的可数无限维向量空间. 对于任一 $f\in R(\mathscr{L}_f(V))$,按式(27)来定义 $a_n (n=0,1,2,\cdots)$,那么映射(36)和(39)的合成

$$f\mapsto\sum_{n=0}^{\infty}\frac{a_n x^n}{(1-q)(1-q^2)\cdots(1-q^n)}\qquad(40)$$

是从 $R(\mathscr{L}_f(V))$ 到交换环 R 上的欧拉生成函数所组成的代数之上的同构.

§10　词偏序集的麦比乌斯函数的科恩 — 麦考莱性质的推广[①]

　　大连理工大学数学科学研究所的王天明教授与苏州大学数学科学学院的马欣荣教授利用偏序集的同调方法,给出任意两个分层偏序集的等价分类映射概念;证明了该映射是保科恩 — 麦考莱性质的. 本节的结论部分回答了 B. Stechin 的问题,同时推广了词偏序集的麦比乌斯函数的符号交错性.

---

　　① 本节摘编自《应用数学学报》,1997 年,第 20 卷第 3 期.

10.1　引言

本节所涉及的有关偏序集同调理论参见 R.P. Stanley 的著作 *Enumerative Combinatorics*, *Vol. I.* 本节中研究的主要对象是词偏序集,也就是一种特殊的局部有限偏序集.给定集合 A(将称为字母表),它的任一个元素称为字母.字母表 A 上的一个词 w 又定义为由 A 的元素构成的任一有限序列,通常表示成如下形式

$$w = a_1 a_2 \cdots a_n$$

或

$$w = \Phi(1)\Phi(2)\cdots\Phi(n)$$

其中映射 $\Phi:[n] \to A, \Phi(i) = a_i, n = |w|$,序列的长度定义为词 w 的长度,记作 $|w|$.字母表 A 上的词集合记作 $W(A)$.若定义序关系"$\leqslant$"为:$u \leqslant w$ 当且仅当存在 $v \in W(A)$,使得 $w \in u \circ v, u \circ v$ 表示有限长序列 u 和 v 按原有顺序交错重排后得到的新词集合,即任给 $u,v \in W(A)$,若 $u = u_1 u_2 \cdots u_n, v = v_1 v_2 \cdots v_n$,则

$$u \circ v = \{h \mid h = u_1 v_1 u_2 v_2 \cdots u_n v_n, u_i, v_i \in A\} \quad (1)$$

不难验证,$W(A)$ 恰是局部有限的偏序集.就任一偏序集 P 而言,麦比乌斯函数是反映其结构性质的特征函数.它可由下面关系式递推地定义

$$\mu(x,x) = 1, \sum_{x \leqslant z \leqslant y} \mu(x,z) = 0 \quad (2)$$

从关联代数的角度出发,也可以定义麦比乌斯函数为该代数中 zeta 函数的逆函数.本节所涉及的另一个概念是分层偏序集.我们将有限偏序集 P 的任意全序子集称为链(单形),所有单形的全体称为 P 的序复形.任意链的长度(单形的维数)为其所含的元素个数减 1.

若所有最大链的长度均相同且等于 n,则称 P 为秩 n 的分层偏序集.另外,P 是秩 n 分层的当且仅当存在秩函数 $\rho:P\to\{0,1,2,\cdots,n\}$,满足:

(1)$\rho(x)=0$,x 是 P 的最小元素;

(2)$\rho(y)=\rho(x)+1$,y 是 x 的一个覆盖,即 $\{z:x\leqslant z\leqslant y\}=\{x,y\}$.

定义 1[2]　　任给一具有最大和最小元素的有限偏序集 P.若对任意的 $x,y\in P$,开区间 (x,y) 的序复形 $\Delta(x,y)$ 满足当 $i<\dim\Delta(x,y)$ 时,$H_i(\Delta(x,y),\mathcal{Q})=0$,其中 $\dim\Delta(x,y)$ 表示复形 $\Delta(x,y)$ 的维数,$H_i(\Delta(x,y),\mathcal{Q})$ 表示序复形 $\Delta(x,y)$ 在有理数域 $\mathcal{Q}$ 上的第 i 个既约单纯同调群,则称 P 是科恩－麦考莱的,简称 CM 的.

以下均假设 P,Q 是具有最大和最小元素的有限偏序集,不再另作说明.如上所述,尽管麦比乌斯函数是刻画偏序集结构的重要函数,但是关于麦比乌斯函数性质的结论一般都建立在具体的研究对象上,而系统的、普适性的结论很少,原因之一便是偏序集外延太广.G. C. Rota[4] 证明了格的麦比乌斯函数是符号交错的,即 $\mu(x,y)\mu(x,z)<0$,其中 $|\rho(y)-\rho(z)|=1$.秩函数 ρ 的存在性由格是分层偏序集而决定.同时,也给出了一条深刻的结论:任意两个局部有限偏序集在伽罗瓦联系(Galois connection)下,它们各自的麦比乌斯函数将满足一定的关系式.有可能给出一般性结论的问题是由 B. Stechin[1] 提出的如下一个问题:

问题 1　　任给有限偏序集 $(P,\leqslant)$ 和它的等价分类 $F(P)=\bigcup_{i\in I}P_i$,P_i 是 $(P,\leqslant)$ 的子集,I 是指标集.在 $F(P)$ 上定义新的序关系"$\leqslant$"如下

$$P_i \leqslant P_j, P_i, P_j \in F(P) \tag{3}$$

当且仅当存在 $x \in P_i, y \in P_j$，使得 $x \leqslant y$.

（1）在什么条件下$(F(P), \leqslant)$构成偏序集？

（2）当$(F(P), \leqslant)$为一偏序集时，给出它与$(P, \leqslant)$各自的麦比乌斯函数之间的联系.

另外，A. Björner[5] 利用给偏序集 $W(A)$ 最大链排序的办法，得到词偏序集的麦比乌斯函数 $\mu(v, w)$ 为：

定理 1 对任意的 $v, w \in W(A)$. 麦比乌斯函数为

$$\mu(v, w) = \begin{cases} (-1)^{|w|-|v|} \dbinom{w}{v}_n, & v \leqslant w \text{ 且 } |w| = n \\ 0, & \text{其余情况} \end{cases}$$

$$\tag{4}$$

其中 $\dbinom{w}{v}_n$ 表示 v 在 w 中的重集嵌入次数.

A. Björner 所得到的结论提示我们：可否在词偏序集的范围内考虑 B. Stechin 所提出的问题？为此，取$(P, \leqslant)$为$(\mathcal{B}(N), \subseteq)$，$(Q, \leqslant)$为$(W(A), \leqslant)$. 任给 $w \in W(A)$. 对于任意的 $S_1, S_2 \in \mathcal{B}(N)$，规定 $S_1 \approx S_2$ 当且仅当 $\Phi(S_1) = \Phi(S_2)$，其中 $\Phi(S_i) = \Phi \mid_{S_i}$: $\mathcal{B}(N) \to W(A), \Phi(S_i) = w$，即 $\Phi(S_i)$ 是映射 Φ 在子集 $S_i \cap \mathcal{B}(N)$ 的限制$(i = 1, 2)$. 在此映射下，关系式（3）被自然地满足，而关于词偏序集的麦比乌斯函数的结果也可嵌入到科恩—麦考莱偏序集中.

定义 2 任给一对分层偏序集 P, Q，若存在映射 $\Phi: P \to Q$，满足 Φ 是满射、保序、保秩的，且

$$\bigcup_{w \in Q} \Phi^{-1}(w) = P \tag{5}$$

160

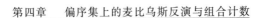

则称 Φ 为从 P 到 Q 上的等价分类映射.

根据以上分析可知,从自然数集的幂集 (P) 到词偏序集 (Q) 之间便存在这种等价分类映射. 结合偏序集的同调理论,本节将证明下面的结论:

定理 2　给定分层偏序集 P,Q 和从 P 到 Q 的等价分类映射 Φ. 若 P 是科恩－麦考莱的,则 Q 也是科恩－麦考莱的,即 Φ 保持科恩－麦考莱性质不变.

因此,定理 2 的结论既是定理 1 结论的推广,又是定理 1 的加强. 因为从定理 2 可以得到:词偏序是科恩－麦考莱的;同时给出了 B. Stechin 的问题部分回答.

10.2　定理 2 的证明

本小节将不加证明地引用以下结论,详细的证明均可在相关文献中查到.

引理 1[6]　任给一有限偏序集 P,若 P 是科恩－麦考莱的,则 P 必是分层的且其麦比乌斯函数

$$\mu_P(x,y) = (-1)^d \dim_{\mathcal{Q}} H_d(\Delta(x,y),\mathcal{Q})$$
$$d = \dim \Delta(x,y)$$

引理 2[6]　P 是 CM 的当且仅当 $\Delta(P)$ 是 CM 的.

此处 $\Delta(P)$ 表示由 P 的全部全序子集为单形而构成的单纯复形,它的 k 维单形集合记作 $C_k(P)$ $(0 \leqslant k \leqslant \rho(P))$,$\rho(P)$ 为 P 的秩. 引理 2 保证我们可以利用偏序集 P 的所有链来讨论它的科恩－麦考莱性质.

引理 3　给定从 P 到 Q 的等价分类映射 Φ,则 Φ 是保单形映射,即 Φ 将 P 的任意给定长度的链映到 Q 上相同长度的链上.

由定义 2 可直接给出引理 3 的证明,此处略去.

定义 3　任给 $\delta \in C_k(P)$,$\delta = \sum_{i=1}^{m} \lambda_i \delta_i$,$\delta_i \in$

$C_k(P)$，则有限维向量 $\boldsymbol{\lambda}=(\lambda_1,\lambda_2,\cdots,\lambda_i,\cdots,\lambda_m)$ 称为 δ 的坐标，m 为 $C_k(P)$ 的基本单形的个数.

定义 4　给定边缘映射 $\alpha_{k+1}:C_{k+1}(P)\rightarrow C_k(P)$，则对于任意 $\delta\in C_{k+1}(P)$，均存在唯一的矩阵 $\boldsymbol{A}_{k+1}$，满足 $\boldsymbol{Y}^{\mathrm{T}}=\boldsymbol{A}_{k+1}\boldsymbol{X}^{\mathrm{T}}$，其中 $\boldsymbol{X},\boldsymbol{Y}$ 分别是单形 $\delta,\alpha_{k+1}(\delta)$ 在 $C_{k+1}(P),C_k(P)$ 中的坐标，$\boldsymbol{A}_{k+1}$ 称为边缘算子 α_{k+1} 的表示矩阵.

其实，当 P 是有限集时，集合 $C_k(P)(0\leqslant k)$ 均为有限维线性空间的，而边缘映射 α_{k+1} 恰好是从 $C_{k+1}(P)$ 到 $C_k(P)$ 的线性映射，因此定义 4 是合理的.

例 1　给定如图 1 所示的偏序集 P，则 $C_2(P)=\{(a,b,d),(a,c,d)\}$，$C_1(P)=\{(a,b),(a,c),(a,d),(b,d),(c,d)\}$，$C_0(P)=\{(a),(b),(c),(d)\}$. 此处，$(a,b,\cdots,d)$ 表示 P 的链 $a\leqslant b\leqslant\cdots\leqslant d$. 又由边缘算子 α_1,α_2 的定义[5]，可得

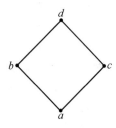

图 1

$$\alpha_1:C_1(P)\rightarrow C_0(P)$$
$$\alpha_1(a,b)=(b)-(a),\alpha_1(a,c)=(c)-(a)$$
$$\alpha_1(a,d)=(d)-(a),\alpha_1(b,d)=(d)-(b)$$
$$\alpha_1(c,d)=(d)-(c)$$
$$\alpha_2:C_2(P)\rightarrow C_1(P)$$
$$\alpha_2(a,b,d)=(b,d)-(a,d)+(a,b)$$

$$\alpha_2(a,c,d)=(c,d)-(a,d)+(a,c)$$

则 $\tau\in C_1(P),\delta\in C_2(P)$，必有

$$\tau=x_1(a,b)+x_2(a,c)+x_3(a,d)+$$
$$x_4(b,d)+x_5(c,d)$$
$$\alpha_1(\tau)=x_1\alpha_1(a,b)+x_2\alpha_1(a,c)+x_3\alpha_1(a,d)+$$
$$x_4\alpha_1(b,d)+x_5\alpha_1(c,d)\equiv$$
$$y_1(a)+y_2(b)+y_3(c)+y_4(d)$$

其中 $x_i,y_j\in Q$. 将边缘算子 α_1 对各基本单形的作用代入此式左端，对应系数相等，则得 α_1 的表示矩阵 $\boldsymbol{A}_1$ 为

$$\boldsymbol{A}_1=\begin{pmatrix} -1 & -1 & -1 & 0 & 0 \\ 1 & 0 & 0 & -1 & 0 \\ 0 & 1 & 0 & 0 & -1 \\ 0 & 0 & 1 & 1 & 1 \end{pmatrix}$$

同理可求，α_2 的表示矩阵 $\boldsymbol{A}_2$ 为

$$\boldsymbol{A}_2=\begin{pmatrix} 1 & 0 & -1 & 1 & 0 \\ 0 & 1 & -1 & 0 & 1 \end{pmatrix}^{\mathrm{T}}$$

$\boldsymbol{A}^{\mathrm{T}}$ 表示矩阵 $\boldsymbol{A}$ 的转置矩阵.

定义5　假定 $\delta_i\in C_k(P)$ 均为基本单形，其中 $i\in I,I$ 是指标集. 若边缘算子 α_k 在该集上的表示矩阵 $\boldsymbol{A}_k$ 是行满秩矩阵，则称 δ_i 为 $C_k(P)$ 的独立单形集. 当该独立单形集所含基本单形的数目达到最大时，则称为 $C_k(P)$ 的最大独立单形集.

例2　如例 1 所给的偏序集 P. α_1 在基本单形集 $(a),(b),(c)$ 和 (d) 上的表示矩阵即为 $\boldsymbol{A}_1$，显然，$\boldsymbol{A}_1$ 不是行满秩的，而 α_1 在基本单形集 $(a),(b),(c)$ 或 $(a),(c),(d)$ 上的表示矩阵，分别对应该矩阵的第 $1,2,3$ 和第 $1,3,4$ 行子矩阵，却是行满秩的. 因此，$(a),(b),(c)$

或$(a),(c),(d)$均是$C_0(P)$的最大独立单形集.同理可知,$(a,b),(a,c)$或$(a,d),(b,d)$均是$C_1(P)$的最大独立单形集.

从定义5中,我们可以给出下面一个尚未解决的问题.

问题2　k维单形集$C_k(P)$满足怎样的性质,使得边缘算子α_k的表示矩阵$\boldsymbol{A}_k$是行满秩的?

引理4　给定有限分层偏序集P,Q和从P到Q的等价分类映射Φ,则矩阵$\boldsymbol{D}_k$是行满秩的,其中$\boldsymbol{D}_k$是映射$\gamma_k=\Phi\mid_{C_k(P)}:C_k(P)\to C_k(Q)$的表示矩阵.

证明　由Φ是满射、保序、保秩的性质可直接推证,略去.

引理5　给定有限分层的偏序集P,Q和从P到Q的等价分类映射Φ,则下面的是可交换的

$$C(P):\cdots\to C_{k+1}(P)\xrightarrow{\alpha_{k+1}}C_k(P)\xrightarrow{\alpha_k}C_{k-1}(P)\xrightarrow{\alpha_{k-1}}\cdots$$
（A）

$$\gamma_{k+1}\downarrow\qquad\gamma_k\downarrow\qquad\gamma_{k-1}\downarrow$$

$$C(Q):\cdots\to C_{k+1}(Q)\xrightarrow{\beta_{k+1}}C_k(Q)\xrightarrow{\beta_k}C_{k-1}(Q)\xrightarrow{\beta_{k-1}}\cdots$$
（B）

其中α_k,β_k分别为$C_k(P),C_k(Q)$上的第k个边缘算子,$\gamma_k=\Phi\mid_{C_k(P)}$

$$C(P):\cdots\to C_{k+1}(P)\xrightarrow{\boldsymbol{A}_{k+1}}C_k(P)\xrightarrow{\boldsymbol{A}_k}C_{k-1}(P)\xrightarrow{\boldsymbol{A}_{k-1}}\cdots$$
（C）

$$\boldsymbol{D}_{k+1}\downarrow\qquad\boldsymbol{D}_k\downarrow\qquad\boldsymbol{D}_{k-1}\downarrow$$

$$C(Q):\cdots\to C_{k+1}(Q)\xrightarrow{\boldsymbol{B}_{k+1}}C_k(Q)\xrightarrow{\boldsymbol{B}_k}C_{k-1}(Q)\xrightarrow{\boldsymbol{B}_{k-1}}\cdots$$
（D）

其中$\boldsymbol{A}_k,\boldsymbol{B}_k$和$\boldsymbol{D}_k$分别为$\alpha_k,\beta_k$和$\gamma_k$的表示矩阵.

证明 对任意的 $\delta \in C_{k+1}(P), \delta = \sum\limits_{i \in I} \lambda_i \delta_i, \delta_i$ 是 $C_{k+1}(P)$ 的基本单形. 不妨设 $\delta_i = (a_0(i), a_1(i), \cdots, a_{k+1}(i)), a_j(i) \in P(0 \leqslant j \leqslant k+1)$ 且 $a_0(i) \leqslant a_1(i) \leqslant \cdots \leqslant a_{k+1}(i)$. 由边缘算子的定义知

$$\alpha_{k+1}(\delta) = \alpha_{k+1}\Big(\sum_{i \in I} \lambda_i \delta_i\Big) = \sum_{i \in I} \lambda_i \alpha_{k+1}(\delta_i)$$

而

$$\alpha_{k+1}(\delta_i) =$$

$$\sum_{j=0}^{k+1} (-1)^j (a_0(i), a_1(i), \cdots, \widehat{a_j(i)}, \cdots, a_{k+1}(i))$$

其中 $\widehat{a_j(i)}$ 表示去掉 $a_j(i)$ 分量的运算. 再由算子 $\gamma_k = \Phi \mid_{C_k(P)}$ 的定义, 可直接计算得

$$\gamma_k \alpha_{k+1}(\delta) = \gamma_k \alpha_{k+1}\Big(\sum_{i \in I} \lambda_i \delta_i\Big) = \sum_{i \in I} \lambda_i \gamma_k \alpha_{k+1}(\delta_i) =$$

$$\sum_{i \in I} \lambda_i \sum_{j=0}^{k+1} (-1)^j (\Phi(a_0(i)), \Phi(a_1(i)), \cdots,$$

$$\Phi(\widehat{a_j(i)}), \cdots, \Phi(a_{k+1}(i))) =$$

$$\sum_{j=0}^{k+1} (-1)^j \sum_{i \in I} \lambda_i (\Phi(a_0(i)), \Phi(a_1(i)), \cdots,$$

$$\Phi(\widehat{a_j(i)}), \cdots, \Phi(a_{k+1}(i))) =$$

$$\sum_{j=0}^{k+1} (-1)^j \sum_{i \in I} \lambda_i \Phi(\delta_i) =$$

$$\beta_{k+1} \gamma_{k+1}\Big(\sum_{i \in I} \lambda_i \delta_i\Big) = \beta_{k+1} \gamma_{k+1}(\delta)$$

故 (A) — (B) 构成交换图. 另外, 不妨设 $\alpha_{k+1}\Big(\sum\limits_{i \in I} \lambda_i \delta_i\Big) = \sum\limits_{i \in I'} y_i \delta'_i$, 其中 δ'_i 是 $C_k(P)$ 的基本单形, 由引理 4 知, 必存在唯一的矩阵 $\boldsymbol{A}_{k+1}$, 使得 $\boldsymbol{Y}^{\mathrm{T}} = \boldsymbol{A}_{k+1} \boldsymbol{\lambda}^{\mathrm{T}}$, 其中 $\boldsymbol{Y} = (y_1, y_2, \cdots, y_i, \cdots)$ 为 $\alpha_{k+1}(\delta)$ 的坐标, 故由 (A) — (B)

的交换性及上面表示矩阵的唯一性,得知(C)-(D)也是交换的.

引理 6 已知 $D_{k-1}A_k = B_kD_k$, D_{k-1}, D_k 是行满秩的,则 A_k 是行满秩的当且仅当 B_k 是行满秩的.

证明 只需证明在已知条件下,线性方程组 $B_k^T X^T = 0$ 有唯一零解当且仅当线性方程组 $A_k^T X^T = 0$ 有唯一零解.

引理 7 给定有限分层偏序集 P, Q 和从 P 到 Q 的等价分类映射 Φ,则 Φ 是保独立单形集的.

定理 2 **的证明** 由已知条件和引理 1, 2,链复形 (C) 是正合列,只需证明(D) 也是正合列,即对所有的 $k < \dim \Delta(Q)$, $\ker \beta_k = \operatorname{Im} \beta_{k+1}$.

(1) 显然, $\ker \beta_k \supseteq \operatorname{Im} \beta_{k+1}$;

(2) 欲证 $\ker \beta_k \subseteq \operatorname{Im} \beta_{k+1}$,今不妨假设 $\delta_0 \in \ker \beta_k$,则 $\beta_k(\delta_0) = 0$,即 $B_k X_0^T = 0$, X_0 是 δ_0 在 $C_k(Q)$ 中的坐标.考虑线性方程组

$$\binom{A_k}{D_k} X^T = \begin{pmatrix} 0 \\ X_0^T \end{pmatrix} \tag{6}$$

解的存在性.只需证明 $r\binom{A_k}{D_k} = r\begin{pmatrix} A_k & 0 \\ D_k & X_0^T \end{pmatrix}$. 由引理 $3 \sim 7$,不妨假设 B_k 是行满秩的(否则可在最大独立单形集上进行考虑).根据线性代数的基扩充定理知存在可逆矩阵 $\begin{pmatrix} P_1 & P_2 \\ E & 0 \\ D_{k-1} & -B_k \end{pmatrix}$,使得

$$\begin{pmatrix} P_1 & P_2 \\ E & 0 \\ D_{k-1} & -B_k \end{pmatrix} \times \begin{pmatrix} A_k & 0 \\ D_k & X_0^T \end{pmatrix} = \begin{pmatrix} P_1 A_k + P_2 D_k & P_2 X_0^T \\ A_k & 0 \\ 0 & 0 \end{pmatrix} \tag{7}$$

166

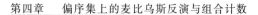

P_2 也是行满秩的.因此有

$$r\begin{pmatrix} A_k & 0 \\ D_k & X_0^{\mathrm{T}} \end{pmatrix} = r\begin{pmatrix} P_1 A_k + P_2 D_k & P_2 X_0^{\mathrm{T}} \\ A_k & 0 \\ 0 & 0 \end{pmatrix} \qquad (8)$$

将后一矩阵利用行初等变换变换成行阶梯矩阵

$$\begin{pmatrix} P_{11} & P_{12} \\ P_{21} & P_{22} \end{pmatrix} \times \begin{pmatrix} P_2 D_k & P_2 X_0^{\mathrm{T}} \\ A_k & 0 \end{pmatrix} =$$

$$\begin{pmatrix} P_{11} P_2 D_k + P_{12} A_k & P_{11} P_2 X_0^{\mathrm{T}} \\ P_{21} P_2 D_k + P_{22} A_k & P_{21} P_2 X_0^{\mathrm{T}} \end{pmatrix} \qquad (9)$$

若存在某一行,使得

$$\lambda D_k + \gamma A_k = 0, \lambda X_0^{\mathrm{T}} \neq 0 \qquad (10)$$

另外,由已知条件 $D_{k-1} A_k = B_k D_k$,得

$$(A_k^{\mathrm{T}}, - D_k^{\mathrm{T}})\begin{pmatrix} X^{\mathrm{T}} \\ Y^{\mathrm{T}} \end{pmatrix} = 0 \qquad (11)$$

有一组解 $Y_1, Y_2, \cdots, Y_m$,其中 Y_i 是矩阵$(D_{k-1}, B_k)^{\mathrm{T}}$ 的第 i 个列向量,且由 D_{k-1}^{T} 是列满秩的,$Y_1, Y_2, \cdots, Y_m$ 是线性无关的向量组.而由上面的假设条件(10),$(\gamma,\lambda)^{\mathrm{T}}$ 是该方程组的解,则它必可以表示成 $Y_1, Y_2, \cdots, Y_m$ 的线性组合,即 $\lambda = C_0 B_k$.否则,由基扩充定理,可在 $C_k(Q)$ 中添加某一独立单形而保持交换图(A)—(B)不变,这与 B_k 是算子 β_{k+1} 在最大单形独立集上的表示矩阵相矛盾.而由 $\lambda = C_0 B_k$ 将使得$\lambda X_0^{\mathrm{T}} = 0$,这与假设条件(10)相矛盾.因此,(9)右端矩阵的秩与 X_0 无关,即

$$r\begin{pmatrix} A_k \\ D_k \end{pmatrix} = r\begin{pmatrix} A_k & 0 \\ D_k & X_0^{\mathrm{T}} \end{pmatrix}$$

故线性方程组(6)至少有一非零解,不妨设为 Y_0:$A_k Y_0^{\mathrm{T}} = 0, D_k Y_0^{\mathrm{T}} = X_0^{\mathrm{T}}$,即存在一单形 $\tau_0 \in \ker \alpha_k$,满足

$\gamma_k(\tau_0) = \delta_0$，而由（A）的正合列性质 ker $\alpha_k =$ Im α_{k+1}，故存在一个 $\xi_0 \in C_{k+1}(P)$，满足 $\alpha_{k+1}(\xi_0) = \tau_0$. 取 $\eta = \gamma_{k+1}(\xi_0)$，则必有

$$\beta_{k+1}(\eta) = \beta_{k+1}\gamma_{k+1}(\xi_0) = \gamma_k\alpha_{k+1}(\xi_0) = \gamma_k(\tau_0) = \delta_0 \tag{12}$$

由 $\delta_0 \in$ ker β_k 的任意性，可得 ker $\beta_k \subseteq$ Im β_{k+1}.

综合上述结论，由同调代数基本定理，得

$$H_i(\Delta(Q), Q) = 0, i < \dim \Delta(Q)$$

其中 Q 为有理数域，即（D）是正合列.

推论 1　词偏序集是 CM 的，因而它的麦比乌斯函数是符号交错的.

证明　因为自然数集的幂集 $\mathcal{B}(N)$ 是 CM 的.

推论 2　布尔代数格的任意等价分类 $F(P)$ 若依（3）构成偏序集，则其必是 CM 的，因而它的麦比乌斯函数满足符号交错性.

参 考 文 献

[1] STECHIN B. Notes and Problems, Combinatorics Vol. I, Colloquia Mathematica Societatis Janos Bolyai 18[M]. New York：North-Holland Publishing Company,1978：1216.

[2] STANLEY R P. Enumerative Combinatorics, Vol. I[M]. California：Wadsworth INC,1986：96-148.

[3] LOTHAIRE M. Combinatorics on Words, Encyclopedia of Mathematics and Applications, Vol. 17[M]. Massachusetts：Addison-Wesley Publishing Company, INC,1983.

［4］ROTA G C. On the Foundations of Combinatorial Theory Ⅰ：Theory of Möbius Functions［J］. Z. Wahrscheinlichkeitstheorie und Verw. Gebiete, 1964, 2：340-368.

［5］BJÖRNER A. The Möbius Function of Subword Order, Invariant Theory and Tableaux［J］. IMA Volume in Mathematics and Applications, 1989, 19：118-123.

［6］BACLAWSKI K, Cohen-Macaulay Ordered Sets ［J］. Journal of Algebra, 1980, 63：226-258.

［7］STANLEY R P. Cohen-Macaulay Complexes ［J］. Trans. Amer. Math. Soc. , 1979, 249：139-157.

§11　麦比乌斯函数在偏序集上史密斯行列式的显式表达式研究中的应用①

　　北京师范大学数学系的王伯英教授 2003 年在偏序集的子集上引进交－函数和并－函数,并利用它们给出了史密斯(Smith) 行列式的多种显式表达式.

　　设 $(P, \leqslant)$ 是一个偏序集. 如果对任意 $x, y \in P$ 存在唯一的 $z \in P$,使得 $z \leqslant x$ 和 $z \leqslant y$,且当某 $w \in P$ 满足 $w \leqslant x$ 和 $w \leqslant y$ 时,必有 $w \leqslant z$,则称 z 为 x 与 y 的交,记作 $z = x \wedge y$,而 P 被称作交－半格(参见文献 ［1］,第103页). 类似地,若上述条件换为 $x \leqslant z$ 和 $y \leqslant$

---

　　①　本节摘编自《数学学报》,2003 年,第 46 卷第 1 期.

z,且当某 $w \in P$ 满足 $x \leqslant w$ 和 $y \leqslant w$ 时,必有 $z \leqslant w$,则称 $z = x \vee y$ 为 x 与 y 的并,称 P 为并-半格.

设 S 是交-半格(并-半格)P 的一个子集,如果对任何 $x, y \in S$,有 $x \wedge y \in S$($x \vee y \in S$),那么称 S 为交-闭集(并-闭集),而此时 S 本身也是一个交-半格(并-半格).

设 $S = \{x_1, x_2, \cdots, x_n\}$ 是交-半格 P 上取不同元素的子集,f 为 P 上取值复数的函数,n 阶矩阵 $[f(x_i \wedge x_j)]_S$ 被称作 S 上关于 f 的交-矩阵. 对应于并-半格 P 的不同元素 $S = \{x_1, x_2, \cdots, x_n\}$ 及函数 f,则称矩阵 $[f(x_i \vee x_j)]_S$ 为 S 上关于 f 的并-矩阵. 以上这些矩阵通常称作史密斯矩阵.

若偏序集 P 上的子集 $S = \{x_1, x_2, \cdots, x_n\}$ 排列成使得当 $x_i < x_j$ 必有 $i < j$,则称 S 具有拟线性序(这里 $x_i < x_j$ 意味着 $x_i \leqslant x_j$ 且 $x_i \neq x_j$). 它是容易看出偏序集 P 上任何有限子集 S 都可重新排列使之具有拟线性序.

关于史密斯矩阵的行列式已经有一百多年的发展历史,下面是比较典型的结果:

定理 $1^{[2-4]}$　设 $S = \{x_1, \cdots, x_n\}$ 是一个交-闭集,f 是 S 上取复值的任意函数,则

$$\det[f(x_i \wedge x_j)]_S = \prod_{m=1}^{n} \Psi_{S,f}(x_m)$$

上式函数 $\Psi_{S,f}(x_m)$ 可有多种计算方法,例如可用归纳推导[2]

$$\Psi_{S,f}(x_m) = f(x_m) - \sum_{\substack{x_k < x_m \\ x_k \in S}} \Psi_{S,f}(x_k)$$

或

170

$$\Psi_{S,f}(x_m) = \sum_{\substack{x_k \leqslant x_m \\ x_k \in S}} f(x_k) \mu_S(x_k, x_m)$$

其中 μ_S 是 S 的麦比乌斯函数[5]；也有当偏序集 P 上的交－闭集 S 具有拟线性序，且 μ_P 是 P 的麦比乌斯函数时，则可表示为[6]

$$\Psi_{S,f}(x_m) = \sum_{\substack{z \leqslant x_m \\ z \not\leqslant x_t \\ t < m}} \sum_{w \leqslant z} f(w) \mu_P(w, z)$$

而此式的一些特殊情形也先后出现在例如文献[7 － 9]上.

　　一般说来，上述定理中要找到 μ_S 或 μ_P 的简单表达式是不太容易的. 本节的目的是引进简单计算式交－函数和并－函数以给出有关史密斯行列式的直接的显式表达式，而它们不包含麦比乌斯函数(μ_S 或 μ_P).

　　设 P 是交－半格，f 是 P 上任意复函数，我们定义 P 上多变量对称函数 $f_\wedge = f_\wedge(y_1, \cdots, y_k)$ 为

$$f_\wedge(\varnothing) = 0$$
$$f_\wedge(y_1) = f(y_1)$$
$$f_\wedge(y_1, y_2) = f(y_1) + f(y_2) - f(y_1 \wedge y_2)$$
$$\vdots$$

$$f_\wedge(y_1, \cdots, y_k) = \sum_{t=1}^{k} (-1)^{t-1} \sum_{1 \leqslant i_1 < \cdots < i_t \leqslant k} f(y_{i_1} \wedge \cdots \wedge y_{i_t})$$

　　在计算和证明中要用到对称函数 $f_\wedge$ 的如下有用性质：

　　引理 1　(1) $f_\wedge(y_1, \cdots, y_k) = f_\wedge(y_1, \cdots, f_{k-1}) + f(y_k) - f_\wedge(y_1 \wedge y_k, \cdots, y_{k-1} \wedge y_k)$；

　　(2) 如果 $i < k$ 且 $y_k \leqslant y_i$，那么 $f_\wedge(y_1, \cdots, y_k) =$

171

$f_\wedge(y_1,\cdots,y_{k-1})$；

（3）如果 $\{y_1,\cdots,y_k\}=\{z_1,\cdots,z_m\}$，那么 $f_\wedge(y_1,\cdots,y_k)=f_\wedge(z_1,\cdots,z_m)$.

证明 （1）注意到 $y_{j_1}\wedge\cdots\wedge y_{j_s}\wedge y_k=(y_{j_1}\wedge y_k)\wedge\cdots\wedge(y_{j_s}\wedge y_k)$，我们有

$f_\wedge(y_1,\cdots,y_k)=$

$$\sum_{t=1}^{k}(-1)^{t-1}\sum_{1\leqslant i_1<\cdots<i_t\leqslant k}f(y_{i_1}\wedge\cdots\wedge y_{i_t})=$$

$$\sum_{t=1}^{k-1}(-1)^{t-1}\sum_{1\leqslant i_1<\cdots<i_t\leqslant k-1}f(y_{i_1}\wedge\cdots\wedge y_{i_t})+$$

$$\sum_{t=1}^{k}(-1)^{t-1}\sum_{1\leqslant i_1<\cdots<i_{t-1}<i_t=k}f(y_{i_1}\wedge\cdots\wedge y_{i_t})=$$

$$\sum_{t=1}^{k-1}(-1)^{t-1}\sum_{1\leqslant i_1<\cdots<i_t\leqslant k-1}f(y_{i_1}\wedge\cdots\wedge y_{i_t})+f(y_k)-$$

$$\sum_{s=1}^{k-1}(-1)^{s-1}\sum_{1\leqslant j_1<\cdots<j_s\leqslant k-1}f(y_{j_1}\wedge\cdots\wedge y_{j_s}\wedge y_k)=$$

$f_\wedge(y_1,\cdots,y_{k-1})+f(y_k)-f_\wedge(y_1\wedge y_k,\cdots,y_{k-1}\wedge y_k)$

（2）因为 $(y_i\wedge y_k)=y_k$ 和 $y_j\wedge y_k\leqslant y_k,j=1,\cdots,$ $k-1$，使用简单的归纳法可得

$f_\wedge(y_1,\cdots,y_k)=f_\wedge(y_1,\cdots,y_{k-1})+f(y_k)-$
$f_\wedge(y_1\wedge y_k,\cdots,y_{i-1}\wedge y_k,$
$y_k,y_{i+1}\wedge y_k,\cdots,y_{k-1}\wedge y_k)=$
$f_\wedge(y_1,\cdots,y_{k-1})+f(y_k)-f(y_k)=$
$f_\wedge(y_1,\cdots,y_{k-1})$

（3）用结论（2）即得，例如

$$f_\wedge(a,b,a,c,c)=f_\wedge(a,b,c)$$

现在设 $S=\{x_1,x_2,\cdots,x_n\}$ 是交－半格 P 的子集，我们在 S 上定义交－函数为 $f_\wedge^S(x_i)=f(x_i)-f_\wedge(x_1\wedge$

172

$x_i, \cdots, x_{i-1} \bigwedge x_i), i = 1, \cdots, n.$

用性质 1 也可写为 $f_\wedge^S(x_i) = f_\wedge(x_1, \cdots, x_i) - f_\wedge(x_1, \cdots, x_{i-1}).$

不难看出交－函数 $f_\wedge^S(x_i)$ 线性依赖于函数 f,并具有显式表达式,而且用性质 1 可使计算简化. 这个可从文献 [10] 中看出,本节的交－函数就是从那里起关键作用的初始形式扩展而来的.

类似地,设 P 是并－半格,$S = \{x_1, x_2, \cdots, x_n\}$ 是 P 的子集,定义 S 上的并－函数为 $f_\vee^S(x_i) = f(x_i) - f_\vee(x_i \bigvee x_{i+1}, \cdots, x_i \bigvee x_n), i = 1, \cdots, n$,其中 P 上的对称函数 $f_\vee$ 定义为

$$f_\vee(y_1, \cdots, y_k) =$$

$$\sum_{t=1}^{k} (-1)^{t-1} \sum_{1 \leqslant i_1 < \cdots < i_t \leqslant k} f(y_{i_1} \bigvee \cdots \bigvee y_{i_t})$$

对称函数 $f_\vee$ 也有类似的有用性质(证明与引理 1 类似,略去).

引理 2　$(1) f_\vee(y_1, \cdots, y_k) = f_\vee(y_1, \cdots, y_{k-1}) + f(y_k) - f_\vee(y_1 \bigvee y_k, \cdots, y_{k-1} \bigvee y_k);$

(2) 如果 $i < k$ 且 $y_i \leqslant y_k$,那么 $f_\vee(y_1, \cdots, y_k) = f_\vee(y_1, \cdots, y_{k-1});$

(3) 如果 $\{y_1, \cdots, y_k\} = \{z_1, \cdots, z_m\}$,那么 $f_\vee(y_1, \cdots, y_k) = f_\vee(z_1, \cdots, z_m).$

有了交－函数和并－函数,现在可以用它们来给出和证明史密斯行列式的显式表达式.

定理 2　设 $S = \{x_1, x_2, \cdots, x_n\}$ 是具有拟线性序的交－闭集,f 是 S 上的任意复值函数,则 $\det[f(x_i \wedge x_j)]_S = \prod_{m=1}^{n} f_\wedge^S(x_m).$

证明 我们首先证明如下构造公式：$[f(x_i \wedge x_j)]_S = \boldsymbol{E}\boldsymbol{D}\boldsymbol{E}^{\mathrm{T}}$. 这里 $\boldsymbol{E} = (e_{ij})$，如果 $x_j \leqslant x_i$，那么 $e_{ij} = 1$，不然 $e_{ij} = 0$，而 $\boldsymbol{D} = \mathrm{diag}(f_{\wedge}^S(x_1), \cdots, f_{\wedge}^S(x_n))$.

注意到 S 是具有拟线性序的交－闭集，故对 x_i，$x_j \in S$，就存在 $x_q \in S$，使得 $x_i \wedge x_j = x_q$.

我们排列 $\{x_k : x_k \leqslant x_q, x_k \in S\} = \{y_1, \cdots, y_t, \cdots, y_p\}$，使得后者具有拟线性序，那么 $y_t \leqslant y_p = x_q$ 和 $\{y_1, \cdots, y_t, \cdots, y_p\} = \{x_1 \wedge x_q, x_2 \wedge x_q, \cdots, x_q \wedge x_q\}$

现在固定 y_t，那么存在 $x_s \in S$，使得 $y_t = x_s$，而从上式容易看出 $\{y_1 \wedge y_t, \cdots, y_{t-1} \wedge y_t\} = \{x_1 \wedge x_s, \cdots, x_{s-1} \wedge x_s\}$. 故应用引理 1 就有

$$f_{\wedge}^S(y_t) = f_{\wedge}^S(x_s) =$$
$$f(x_s) - f_{\wedge}(x_1 \wedge x_s, \cdots, x_{s-1} \wedge x_s) =$$
$$f(y_t) - f_{\wedge}(y_1 \wedge y_t, \cdots, y_{t-1} \wedge y_t) =$$
$$f_{\wedge}(y_1, \cdots, y_t) - f_{\wedge}(y_1, \cdots, y_{t-1})$$

因此

$$(\boldsymbol{E}\boldsymbol{D}\boldsymbol{E}^{\mathrm{T}})_{i,j} = \sum_{k=1}^{n} e_{i,k} f_{\wedge}^S(x_k) e_{j,k} =$$
$$\sum_{x_k \leqslant x_i \wedge x_j} f_{\wedge}^S(x_k) = \sum_{x_k \leqslant x_q} f_{\wedge}^S(x_k) =$$
$$\sum_{t=1}^{p} f_{\wedge}^S(y_t) = \sum_{t=1}^{p} (f_{\wedge}(y_1, \cdots, y_t) - f_{\wedge}(y_1, \cdots, y_{t-1})) =$$
$$f_{\wedge}(y_1, \cdots, y_p) = f_{\wedge}(y_p) =$$
$$f(x_q) = f(x_i \wedge x_j)$$

这证明了上述构造公式. 再注意到 $\boldsymbol{E}$ 是对角元素为 1 的三角矩阵，定理 2 即被证明.

关于并－闭集用并－函数表达也有相应的结论（证明与定理 2 类似，略去）.

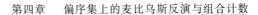

定理 3　设 $S = \{x_1, x_2, \cdots, x_n\}$ 是具有拟线性序的并－闭集，f 是 S 上的任意复值函数，则

$$\det[f(x_i \vee x_j)]_S = \prod_{m=1}^{n} f_{\vee}^{S}(x_m)$$

在史密斯矩阵的多种发展形式中（例如文献[3]，[4]，[6]，[11]），我们也可以用交－函数（并－函数）显式表达出来，下面列举两个，但略去证明.

定理 4　设 $T = \{y_1, y_2, \cdots, y_m\}$ 是偏序集 P 的子集，并具有拟线性序的交－闭集且包含子集 $S = \{x_1, x_2, \cdots, x_n\}$. 又 f 是 P 上任意复值函数，则

$$[f(x_i \wedge x_j)]_S = \boldsymbol{F} \mathrm{diag}(f_{\wedge}^{\mathrm{T}}(y_1), \cdots, f_{\wedge}^{\mathrm{T}}(y_m)) \boldsymbol{F}^{\mathrm{T}}$$

$$\det[f(x_i \wedge x_j)]_S =$$

$$\sum_{1 \leqslant k_1 < \cdots < k_n \leqslant m} \det(\boldsymbol{F}_{(k_1, \cdots, k_n)})^2 \prod_{t=1}^{n} f_{\wedge}^{\mathrm{T}}(y_{k_t})$$

其中 $\boldsymbol{F}$ 是 $n \times m$ 矩阵，它的 i, j 元素当 $y_j \leqslant x_i$ 时是 1，不然是 0；$\boldsymbol{F}_{(k_1, \cdots, k_n)}$ 是 $\boldsymbol{F}$ 中包含列 $k_1 < \cdots < k_n$ 的子矩阵.

定理 5　设 $S = \{x_1, x_2, \cdots, x_n\}$ 是拟线性序的交－闭集，$f^1, \cdots, f^n$ 是 S 上的任意复值函数，则

$$[f^i(x_i \wedge x_j)]_S = \boldsymbol{G} \boldsymbol{E}^{\mathrm{T}}$$

$$\det[f^i(x_i \wedge x_j)]_S = \prod_{m=1}^{n} f_{\wedge}^{m,S}(x_m)$$

其中 $\boldsymbol{E}$ 与定理 2 证明中的矩阵相同，矩阵 $\boldsymbol{G} = (g_{ij})$，当 $x_j \leqslant x_i$ 时 $g_{ij} = f_{\wedge}^{i,S}(x_j)$，不然为 0，而

$$f_{\wedge}^{i,S}(x_j) = f^i(x_j) - f_{\wedge}^i(x_1 \wedge x_j, \cdots, x_{j-1} \wedge x_j)$$

关于史密斯矩阵的常见形式，例如最大公约数（GCD）矩阵，最小公倍数（LCM）矩阵以及相应的函数形式，自然也可以用相应的交－函数或并－函数以

显式表达出来. 这里从略.

参 考 文 献

[1] STANLEY R P. Enumerative combinatorics, Vol. I[M]. Kamblidge: Cambridge University Press,1986.

[2] BHAT B V R. On greatest common divisor matrices and their applications[J]. Linear Algebra Appl. , 1991,158:77-97.

[3] LINDSTRÖM B. Determinants on semilattices [J]. Proc. Amer. Math. Soc. , 1969,20:207-208.

[4] WILF H S. Hadamard determinants Möbius functions, and the chromatic number of a graph [J]. Bull. Amer. Math. Soc. , 1968,74:960-964.

[5] AIGNER M. Combinatorial theory[M]. New York: Springer-Verlag,1979.

[6] HAUKKANEN P. On meet matrices on posets [J]. Linear Algebra Appl. , 1996,249:111-123.

[7] SMITH H J S. On the value of a certain arithmetical determinant[J]. Proc. London Math. Soc. , 1875,7:208-212.

[8] BESLIN S, LIGH S. Another generalization of Smith's determinant[J]. Bull. Austral. Math. Soc. , 1989,40(3):413-415.

[9] BOURQUE K, LIGH S. On GCD and LCM matrices[J]. Linear Algebra Appl. , 1992,174:65-

74.

[10] WANG B Y. On the singularity of LCM matrices[J]. SIAM J. Matrix Anal. Appl. ,1998, 19:1040-1044.

[11] HAUKKANEN P, SILLANPÄÄ J. Some analogues of Smith's detrminant[J]. Linear and Multilinear Algebra,1996,41:233-244.

§12　偏序半群的 C — 左理想[①]

五邑大学数理系的谢祥云教授与兰州大学数学系的郭小江教授在 1995 年引入了偏序半群中 C — 左理想的概念,讨论了 C — 左理想的一些基本性质,定义了左基的概念并利用它给出了最大 C — 左理想存在的必要和充分条件.作为应用,本节还讨论了每个真左理想均为 C — 左理想和无 C — 左理想这两类半群的结构特征.本节的结果在一般半群中也成立.

12.1　引言及准备

在本节中,我们一般设 $(S,\cdot,\leqslant)$ 为偏序半群,记为 S. 即 $(S,\cdot)$ 为半群,$(S,\leqslant)$ 为偏序集且满足

$$a \leqslant b \Rightarrow ax \leqslant bx , xa \leqslant xb , \forall a,b,x \in S([9])$$

在文献[1] 和[2] 中,N. Kehayopulu 引入了偏序半群的理想、弱素理想和素理想的概念,得出了和环论中的素理想、完全素理想类似的结论. 在文献[5] 和[6] 中,

---

① 本节摘编自《数学学报》,1997 年,第 40 卷第 6 期.

我们引入 $C-$ 理想的概念并通过它刻画了不含极大理想的偏序半群和每个真理想都为 $C-$ 理想的偏序半群,在本节中,我们引入了偏序半群 $C-$ 左理想的概念,给出了 $C-$ 左理想的一些基本性质.进而我们定义了左基的概念并利用它给出了偏序半群 S 存在最大 $C-$ 左理想的一个必要条件和一个充分条件.最后我们利用 $C-$ 左理想刻画了 $C-$ 左单偏序半群和每个真左理想都为 $C-$ 左理想的偏序半群.在一个偏序半群中,如果"$\leqslant$"为平凡序,这时 S 就是一般的半群,显然本节的所有结果在一般半群中均成立.

设 L 为 S 的非空子集,L 称为偏序半群 S 的左理想,如果 L 满足:(1)$SL \subseteq L$;(2)$\forall a \in S, a \leqslant b \in L \Rightarrow a \in L$.对偶地可定义 S 的右理想.若 I 既为 S 的左理想又为 S 的右理想,则称之为 S 的理想[3].设 H 为 S 的非空子集,我们记

$$(H] := \{x \in S \mid \exists h \in H, x \leqslant h\}^{[3]}$$

$$[H) := \{x \in S \mid \exists h \in H, h \leqslant x\}$$

设 $x \in S, x$ 生成的左理想,记为 $L(x)$,则我们有

$$L(x) = (x \cup Sx]^{[1,2]}$$

引理 $1^{[1,2]}$ 设 S 为偏序半群,则我们有:

(1) 设 A, B 为 S 的左理想,则 $(AB], A \cap B, A \cup B$ 也为 S 的左理想.

(2) $\forall a \in S, (Sa]$ 是 S 的左理想.

在文献 [4] 中,N. Kehayopulu 引入了格林(Green) 关系 $\mathcal{L} := \{(x,y) \in S \times S \mid L(x) = L(y)\}$.$\mathcal{L}$ 是 S 上一等价关系.$x \in S$,包含 x 的 $\mathcal{L}-$ 类记为 L^x.在 S 的所有 $\mathcal{L}-$ 类之集中,我们引入关系"$\leqslant$",即 $L^x \leqslant L^y \Leftrightarrow L(x) \subseteq L(y)$,则"$\leqslant$"为偏序关系.

本节中使用到的另一些术语和定义请参见文献 [1],[7],[9].

12.2　C－左理想

定义 1　设 L 为偏序半群 S 的左理想,L 称为 C－左理想,如果 L 满足:$L \subseteq (S(S-L))$.

注　(1) 如果 S 为 poe－半群[2] 且 $e^2 = e$,则 S 的每个真左理想都为 C－左理想.

(2) 由定义易知,S 本身不是 S 的 C－左理想.下例说明一般偏序半群 S 中既可能有 C－左理想,又可能有非 C－左理想.

例　设 $S = \{a,b,c,d,e\}$,在 S 上的乘法表及偏序关系"$\leqslant$"如图 1 所示.

图 1

·	a	b	c	d	e
a	b	b	d	d	d
b	b	b	d	d	d
c	d	d	c	d	c
d	d	d	d	d	d
e	d	d	c	d	c

易验 $(S, \cdot, \leqslant)$ 是一个偏序半群且 $L_1 = \{a,b,d\}$

为 S 的左理想但不是 C－左理想. 另外, 因 d 是 S 的零元, 易知 $L_2 = \{d\}$ 是 S 的 C－左理想.

偏序半群 S 称为 C－左单的, 如果 S 不含非 S 的 C－左理想.

性质 1 如果 S 可换且非左单, 那么 S 中一定含有 C－左理想 (即 C－理想[5]).

证明 设 T 为 S 的真左理想, 那么 $T \bigcap (S(S-T)] \neq \varnothing$, 因为 $M = (TS(S-T)] = \varnothing$ 且 $M \subseteq (T] = T, M \subseteq (S(S-T)]$. 显然, M 为 C－左理想, 因为 $M \subseteq (S(S-T)] \subseteq (S(S-M)]$.

定理 1 如果偏序半群 S 包含真左理想 M_1, M_2 且 $S = M_1 \bigcup M_2$, 那么 M_1, M_2 都不是 S 的 C－左理想.

由定理 1, 可得:

推论 1 如果 S 包含多于一个极大左理想, 那么 S 的所有极大左理想都不是 C－左理想.

推论 2 如果 S 包含一个极大左理想 L 且 L 为 C－左理想, 那么 L 一定为 S 的最大真左理想.

性质 2 设 S 为偏序半群, S 中包含最大真左理想 L^*, 则存在 $a \in S-(S^2]$ 使得 $L^* \supseteq S-[a)$ 或者 L^* 为 C－左理想.

证明 设 L^* 为 S 的最大真左理想, 那么 $(S(S-L^*)] \subseteq L^*$ 或 $S = (S(S-L^*)]$. 如果 L^* 不是 C－左理想, 则必有 $(S(S-L^*)] \subseteq L^*$, 从而

$$(S^2] = (S(S-L^*) \bigcup SL^*] \subseteq ((S(S-L^*)] \bigcup$$
$$(SL^*]] \subseteq (L^* \bigcup L^*] = L^*$$

因此, $S \neq (S^2]$. 取 $a \in S-(S^2]$. 下面我们证明 $S-[a)$ 为 S 的左理想. 事实上, $\forall b \in S-[a)$ 且 $x \in S$, 则 $xb \in S-[a)$. 因为若 $xb \notin S-[a)$, 则 $xb \in [a)$, 即

$a \leqslant xb \in (S^2]$，由此推出 $a \in (S^2]$，矛盾. 又设任意 $c \in S, c \leqslant b \in S - [a)$. 由 $a \nleqslant b$ 必有 $a \nleqslant c$，即 $c \in S - [a)$. 故 $S - [a)$ 为 S 的左理想，由于 L^* 为最大的左理想，因此 $S - [a) \subseteq L^*$.

结合推论 2 和性质 2，我们有下面的定理.

定理 2 设 S 为半群，L 为 S 的极大左理想，L 为 $C -$ 左理想当且仅当 L 是 S 的最大真左理想.

证明 $(\Rightarrow)$ 由推论 2 的证明可得.

$(\Leftarrow)$ 由性质 2，$L \supseteq S - [a)$ 或 L 为 $C -$ 左理想. 由于 S 为半群，因此 $[a) = \{a\}$. 由于 $S - [a)$ 为 S 的左理想，显然 $S - [a) = S - \{a\}$ 为 S 的极大理想，故 $L = S - \{a\}$. 下面我们证明 L 为 S 的 $C -$ 左理想. 因为 $L(a) = (a \cup Sa] = \{a\} \cup Sa$ 为 S 的左理想且 $L(a) \nsubseteq L$. 否则 $a \in L$，矛盾. 由假设只有 $L(a) = S = \{a\} \cup Sa = \{a\} \cup L$. 又 $a \notin L$ 且 $a \notin Sa$（因 $a \in S - (S^2] = S - S^2$）. 因此 $L = Sa$. 由此推出 $L = Sa \subseteq (S(S-L)]$，即 L 为 $C -$ 左理想.

定理 3 偏序半群 S 的所有 $C -$ 左理想关于集合的并、交运算构成 S 的左理想格的子格.

证明 设 L_1, L_2 为 S 的两个 $C -$ 左理想，则 $L_1 \subseteq (S(S-L_1)], L_2 \subseteq (S(S-L_2)]$，那么 $L_1 \cap L_2 \subseteq L_1 \subseteq (S(S-L_1)] \subseteq (S(S-L_1 \cap L_2)]$. 因此 $L_1 \cap L_2$ 为 $C -$ 左理想.

对 L_1, L_2，由定理 1，$S - (L_1 \cup L_2) \neq \varnothing$. 对任意 $x \in L_1$，存在 $y \in S - L_1, a \in S$ 使得 $x \leqslant ay$.

（1）如果 $y \in S - (L_1 \cup L_2)$，那么 $x \in (S(S - L_1 \cup L_2)]$.

（2）如果 $y \in S - L_1$ 且 $y \in L_2$，即 $y \in (S -$

$L_1) \bigcap L_2$，那么存在 $z \in S - L_2, b \in S$ 使得 $y \leqslant bz$.
这时一定有 $z \notin L_1$. 否则，$z \in L_1$，则 $bz \in L_1$，从而
$y \in L_1$，矛盾. 由上述证明有 $x \leqslant ay \leqslant abz$ 且 $z \in S -$
$(L_1 \bigcup L_2)$，故 $x \in (S^2(S - (L_1 \bigcup L_2))] \subseteq (S(S -$
$(L_1 \bigcup L_2))]$. 由 x 的任意性得 $L_1 \subseteq (S(S - (L_1 \bigcup$
$L_2))]$. 同理可证，$L_2 \subseteq (S(S - (L_1 \bigcup L_2))]$. 从而
$L_1 \bigcup L_2 \subseteq (S(S - (L_1 \bigcup L_2))]$，即 $L_1 \bigcup L_2$ 为 $C -$ 左
理想.

12.3 左基与最大 $C -$ 左理想

下面我们将刻画偏序半群 S 在什么情况下，包含
最大的 $C -$ 左理想. 我们对此首先引入偏序半群左基
的概念及其他的刻画定理.

定义 2 设 A 为偏序半群 S 的非空子集，称 A 为
S 的左基如果 A 满足：

(1) $(A \bigcup SA] = S$；

(2) 不存在 A 的真子集 B 使得 $(B \bigcup SB] = S$.

定理 4 设 A 为偏序半群 S 的非空子集. A 为 S 的
左基当且仅当 A 满足：

(1) $\forall x \in S, \exists a \in A$ 使得 $L(x) \subseteq L(a)$；

(2) $\forall a_1, a_2 \in A, L^{a_1} \leqslant L^{a_2} \Rightarrow a_1 = a_2$.

证明 $(\Rightarrow)$(1) 显然.

(2) 如果 $L^{a_1} \leqslant L^{a_2}$，即 $L(a_1) \subseteq L(a_2)$. 若 $a_1 \neq$
a_2，令 $B = A - \{a_1\}$，易验 $(A \bigcup SA] \subseteq (B \bigcup SB]$，即
$(B \bigcup SB] = S$，矛盾.

$(\Leftarrow)$ 由假设 $S = \bigcup\limits_{x \in S} L(x) \subseteq \bigcup\limits_{a \in A} L(a) = (A \bigcup$
$SA] = S$. 故 $(A \bigcup SA] = S$. 如果存在 $B \subset A$ 使得 $(B \bigcup$
$SB] = S$. 取 $a_1 \in A - B$，则存在 $b_1 \in B$ 或 $b_2 \in B, s \in$

S 使得 $a_1 \leqslant b_1$ 或 $a_1 \leqslant sb_2$，故 $L(a_1) \subseteq L(b_1)$ 或 $L(a_1) \subseteq L(b_2)$，即 $L^{a_1} \leqslant L^{b_1}$ 或 $L^{a_1} \leqslant L^{b_2}$ 和 A 的假设 (2) 矛盾.

从定理 4 中我们看出，假如 A 为偏序半群 S 的左基，那么 A 中的任一个元素都来自一个极大的 $\mathcal{L}$-类，而且每个极大 $\mathcal{L}$-类中仅有一个元素在 A 中.

引理 2　设 S 为偏序半群，L 为 S 的非空集，则 L 为极大左理想当且仅当 $S-L$ 非空且关于"$\leqslant$"它是 S 的一个极大 $\mathcal{L}$-类.

证明　$(\Rightarrow)$ 设 L 为 S 的极大左理想，则 $S-L$ 非空且 $S-L$ 为 S 的一个 $\mathcal{L}$-类. 因为如果 $\forall a, b \in S-L$，有 $a \in L(b)$，即 $L(a) \subseteq L(b)$. 否则，$a \notin L(b)$，这时 $a \notin L(b) \bigcup L$. 故 $L(b) \bigcup L$ 为 S 的真包含 L 的真左理想，与 L 的假设矛盾. 因 $b \in S-L$，故 $\mathcal{L}$-类 $S-L$ 为 L^b，设另有 $\mathcal{L}$-类 L^c 满足 $L^b < L^c$，那么 $L(b) \subset L(c)$，显然 $c \notin L(b)$. 因此 $c \notin S-L = L^b$. 只有 $c \in L$，这时我们有 $b \in L(b) \subset L(c) \subseteq L$ 和 $b \notin L$ 矛盾.

$(\Leftarrow)$ 假设 $S-L$ 非空且为极大 $\mathcal{L}$-类，取 $b \in S-L$，则 $S-L = L^b$. 下面首先证 L 为 S 的左理想. $\forall a \in L, x \in S$，显然 $L(xa) \subseteq L(a)$，则 $xa \in L$. 否则 $xa \in S-L$，那么 $L(xa) = L(b) \subseteq L(a)$，由 L^b 的极大性，只有 $L(a) = L(b)$，这时 $a \in L^b$ 和 $a \in L$ 矛盾. 又设 $a \in L, c \in S$ 且 $c \leqslant a$，显然 $L(c) \subseteq L(a)$，这时 $c \in L$. 否则 $c \in S-L$，有 $L(c) = L(b) \subseteq L(a)$，同上证明可得出 $a \in S-L$，矛盾.

其次，L 为 S 的极大左理想. 如果存在 S 的左理想 $L_1 \supset L$，那么存在 $d \in L_1 - L \subseteq S-L$. $\forall x \in S-L$，有 $x \in L(x) = L(d) \subseteq L_1$，即 $S-L \subseteq L_1$. 故 $S = L \bigcup$

$(S-L)\subseteq L_1$，即 $S=L_1$.

定理 5　设 S 为偏序半群且非 C—左单的．如果 S 有左基 A 存在，那么 S 包含最大 C—左理想 $\hat{L}$ 且此时 $\hat{L}=(S^2]\cap\overline{L}$，其中 $\overline{L}$ 为 S 的所有极大左理想的交．

证明　由引理 2 及假设，S 中一定包含极大左理想，且 $\{S-L^a\mid a\in A\}$ 为 S 的所有极大左理想集．由定理 1，S 的所有 C—左理想包含于每个极大左理想中，因为 S 非 C—左单，故 $\overline{L}\neq\varnothing$. 由引理 2，$\overline{L}=\bigcap\limits_{a\in A}(S-L^a)=S-\bigcup\limits_{a\in A}L^a$. 记 $\hat{L}=(S^2]\cap\overline{L}$. 我们先证 $\hat{L}$ 是 S 的 C—左理想．$\forall x\in\hat{L}$，存在 $c\in S$ 使得 $x\in(Sc]$. 由于 $S=(A\cup SA]$，或有 $a\in A$ 使 $c\leqslant a$ 或 $c\in(SA]$，无论何种情形都可得：$x\in(Sc]\subseteq(SA]\subseteq(S(\bigcup\limits_{a\in A}L^a)]=(S(S-\overline{L})]\subseteq(S(S-\hat{L})]$. 由 x 的任意性得 $\hat{L}$ 为 C—左理想．

$\hat{L}$ 一定是 S 的最大 C—左理想，因为假设 T 为 C—左理想，则 $T\subseteq(S(S-T)]\subseteq(S^2]$. 由定理 1，$T$ 包含在任一极大左理想中，故 $T\subseteq\overline{L}$. 因此，$T\subseteq(S^2]\cap\overline{L}=\hat{L}$.

定理 6　设偏序半群 S 包含最大 C—左理想 $\hat{L}$ 且如果 $S\neq(S^2]$，$S-(S^2]$ 中的元素两两不可比较，那么 S 一定包含左基．

证明　因 S 的任一左理想为 S 的一些 $\mathscr{L}$—类的并，所以，如果 $(S^2]-\hat{L}\neq\varnothing$，那么它为一些 $\mathscr{L}$—类的并．我们现在构造 A 如下

$A=\{a\in S\mid a$ 为 $(S^2]-\hat{L}$ 中 $\mathscr{L}$—类的代表元$\}\cup(S-(S^2])$

因为 $S-(S^2]$ 和 $(S^2]-\hat{L}$ 不可能同时为空，因此 $A\neq\varnothing$. 下面我们证明 A 满足定理 4 的条件(1)与(2).

(1) $\forall x \in S$, 若 $x \notin \hat{L}$, 由 A 的构成易知存在 $a \in A$ 使得 $L(x) = L(a)$. 若 $x \in \hat{L}$, 则 $x \in \hat{L} \subseteq (S(S - \hat{L})] = (S(S - (S^2))] \bigcup (S((S^2] - \hat{L}))$. 若 $x \in (S(S - (S^2))]$, 则存在 $b \in S - (S^2]$ 使得 $x \in (Sb]$, $b \in A$, 显然 $L(x) \subseteq (Sb] \subseteq L(b)$. 若 $x \in (S((S^2] - \hat{L}))$, 则存在 $c \in (S^2] - \hat{L}$ 使得 $x \in (Sc]$, 由前述存在 $a \in A$ 使得 $L(c) = L(a)$, 因此 $L(x) \subseteq (Sc] \subseteq L(c) = L(a)$.

(2) 只需证明 A 中每个元素 a 所在的 $\mathscr{L}$ - 类 L^a 是极大 $\mathscr{L}$ - 类且 $S - (S^2]$ 中每个 $\mathscr{L}$ - 类只含一个元素即可. 分以下两种情形证明如下:

①$a \in (S^2] - \hat{L}$. 首先由 $a \in (S^2]$, 有 $b \in S$ 使 $a \in (Sb]$. 若 $b \notin L(a)$, 则有 $L(a) \subseteq (Sb] \subseteq (S(S - L(a))]$, 即 $L(a)$ 为 C - 左理想. 从而 $a \in L(a) \subseteq \hat{L}$, 矛盾. 因此 $b \in L(a) = (\{a\} \bigcup Sa]$, 因而 $b \leqslant a$ 或 $b \in (Sa]$. 无论何种情形均有 $L(a) = (Sb] \subseteq (S(Sa]] \subseteq (Sa] \subseteq L(a)$, 即 $L(a) = (Sa]$.

其次, 若有 $e \in S$ 使 $L^a \leqslant L^e$, 则易得 $L(a) = (Sa] \subseteq (Se]$. 若 $e \notin L(a)$, 则 $L(a) \subseteq (Se] \subseteq (S(S - L(a))]$, 即 $L(a)$ 为 C - 左理想, 又有 $a \in L(a) \subseteq \hat{L}$, 矛盾. 故必 $e \in L(a)$, 即 $L^a = L^e$.

②$a \in S - (S^2]$. 如果存在 $e \in S$, 使 $L^a \leqslant L^e$, 则 $a \in (e \bigcup Se]$, 由于 $a \notin (S^2]$, 只有 $a \leqslant e$ 且 $e \in S - (S^2]$. 由假设 $S - (S^2]$ 元素两两不可比较, 故 $a = e$. 这就完成了证明.

在定理 6 中, 如果 "$\leqslant$" 为平凡序, 显然 $S - (S^2]$ 中元素两两不可比较, 结合定理 5, 有下面的推论.

推论 3 设 S 为半群且非 C - 左单, 则 S 中包含最

大 $C-$ 左理想当且仅当 S 含左基.

12.4　两类偏序半群的刻画

定理 7　设偏序半群 S 非左单,则 S 的每个真左理想为 $C-$ 左理想当且仅当 S 满足下述两个条件之一:

(1) S 中包含最大真左理想且为 $C-$ 左理想;

(2) $S=(S^2]$,而且对任意真左理想 L 与 $a\in L$,存在 $b\in S-L$ 使 $L(a)\subset L(b)$.

证明　$(\Rightarrow)$ 由定理 1 及假设,S 最多含一个极大左理想. 由引理 2,S 中最多含一个极大 $\mathcal{L}-$ 类.

(1) 如果 S 中含极大 $\mathcal{L}-$ 类 L^a,则 S 非左单,$S-L^a$ 非空且为唯一极大左理想,由推论 2,$S-L^a$ 为最大的真左理想,由假设它为 $C-$ 左理想.

(2) 如果 S 不含极大 $\mathcal{L}-$ 类,则 $S=(S^2]$. 因为如果 $S\neq(S^2]$,取 $x\in S-(S^2]$,那么 $L(x)\neq S$,否则 L^x 就是极大 $\mathcal{L}-$ 类,矛盾. 因而 $L(x)$ 为 S 的 $C-$ 左理想,但由此应有 $x\in L(x)\subseteq(S(S-L(x))]\subseteq(S^2]$,矛盾. 设 L 为 S 的任一真左理想,$\forall a\in L$,有 $a\in L(a)\subseteq L\subseteq(S(S-L)]$,所以存在 $b\in S-L$ 使得 $a\in(Sb]\subseteq L(b)$,即 $L(a)\subseteq L(b)$. 显然 $L(a)\neq L(b)$,否则 $b\in L(a)\subseteq L$,矛盾.

$(\Leftarrow)$ 如果(1)成立,设 L 为 S 的任一真左理想,则 $L\subseteq L^*\subseteq(S(S-L^*)]\subseteq(S(S-L)]$,所以 L 为 $C-$ 左理想.

如果(2)成立,设 L 为 S 的任一真左理想,$\forall a\in L$,存在 $b\in S-L$ 使 $L(a)\subset L(b)$. 由 $S=(S^2]$,存在 $d\in S$ 使得 $b\in(Sd]$,即 $L(a)\subset L(b)\subseteq(Sd]$. 此时

必有 $d \notin L$. 因为若 $d \in L$, 则 $b \in L(b) \subseteq (Sd] \subseteq L$, 矛盾. 从而 $L(a) \subseteq (Sd] \subseteq (S(S-L)]$. 由 a 的任意性得 $L \subseteq (S(S-L)]$, 即 L 为 $C-$左理想.

由定理 2, 我们知道, 如果 S 为半群, S 的最大真左理想一定为 $C-$左理想, 因此我们有下面的推论.

推论 4　设 S 为非左单半群, 则 S 的每个真左理想为 $C-$左理想当且仅当 S 满足下列两个条件之一.

(1) S 包含最大真左理想.

(2) $S = (S^2]$ 且对任意真左理想 L, 以及任意 $a \in L$, 存在 $b \in S-L$ 使得 $L(a) \subset L(b)$.

定理 8　设 S 为偏序半群, 则 S 为 $C-$左单的当且仅当 S 是它的极小左理想之无交并.

证明　($\Rightarrow$) 设 S 不含 $C-$左理想, 那么 $\forall a \in S$, 我们有 $L(a) = (Sa]$. 因为如果 $a \notin (Sa]$, 那么 $a \in S-(Sa]$, 则 $(Sa] \subseteq (S(S-(Sa])]$, 即 $(Sa]$ 为 S 的 $C-$左理想, 矛盾. 同时 $(Sa]$ 为 S 的极小左理想. 否则存在 S 的左理想 $L \subset (Sa]$, 显然 $a \notin L$. 这时 $L \subset (Sa] \subseteq (S(S-L)]$, 则 L 为 $C-$左理想, 矛盾. 又 $S = \bigcup\limits_{a \in S} L(a) = \bigcup\limits_{a \in S} (Sa]$, 所以 S 为它的极小左理想之并, 由 $(Sa]$ 的极小性, 该并显然是无交的.

($\Leftarrow$) 设 $S = \bigcup\limits_{i \in I} L_i$, L_i 为 S 的极小左理想. 易知每个 $L_i (i \in I)$ 恰为一个 $\mathscr{L}-$类. 若 $|I| = 1$, 则 S 左单, 显然 $C-$左单. 如果 $|I| > 1$, 设 L 为 S 的任一真左理想, 则 $L = \bigcup\limits_{j \in J} L_j$, 对某 $J \subset I$, 所以 $S = L \cup (\bigcup\limits_{i \in I \setminus J} L_i)$. 由定理 1, L 不是 $C-$左理想.

在文献 [8] 中, E. S. Ljapin 证明了: 若半群 S 是它的极小左理想之并, 则 S 一定是单的, 该结论可推广到偏序半群.

定理 9　如果偏序半群 $S = \bigcup_{i \in I} L_i$，其中每个 L_i 为 S 的极小左理想，那么 S 一定是单的.

推论 5　任何 C － 左单的偏序半群一定是单的.

参 考 文 献

[1] KEHAYOPULU N. On weakly prime ideals of ordered semigroups[J]. Math. Japonica, 1990, 35:1050-1056.

[2] KEHAYOPULU N. On prime, weakly prime ideals in ordered semigroups [J]. Semigroup Forum, 1992, 44:341-346.

[3] KEHAYOPULU N. Remark on ordered semig-roups[J]. Math. Japonica, 1990, 35:1061-1063.

[4] KEHAYOPULU N. Note on Green's relations in ordered semigroups [J]. Math. Japonica, 1991, 36:211-214.

[5] XIE X Y, WU M F. On po-semigroups contai-ning no maximal ideals [J]. Southeast Asian Bull. Math. ,1996,20:31-36.

[6] WU M F, XIE X Y. On C-ideals in ordered sem-igroups（in Chinese）[J]. J. of Wuyi Univ. , 1995,9:43-46.

[7] XIE X Y. Contributions to theory of congruences on ordered semigroups[D]. Lanzhou：Lanzhou Univ. ,1995.

[8] LJAPIN E S. Semigroups, Translations of Mathematical Monographs, Vol. 3[M]. Rhode Island：AMS Providence,1963.

[9] FUCHS L. Partially Ordered Algebraic Systems [M]. New York：Pergamon Press，1963.

§13　划分格中的麦比乌斯函数和秩生成函数[①]

设 $S=\{1,2,\cdots,n\}$，$\mathcal{P}(n)$ 是由 S 的所有划分组成的集合. 对于 $\pi,\sigma\in\mathcal{P}(n)$，如果 π 中的每个块包含在 σ 的一个块里，就定义 $\pi\leqslant\sigma$，那么 $\mathcal{P}(n)$ 作成一个格. 如果 $\mathcal{M}(n,k)$ 是由 S 的所有 k 部划分组成的集合，而 $\mathcal{L}(n,k)$ 是由 $\mathcal{M}(n,k)$ 生成的格. 海南软件职业技术学院的刘明鹏、陈修焕、钟裕林、霍元极等四位教授 2015 年在 $\mathcal{P}(n)$ 和 $\mathcal{L}(n,k)$ 中，给出麦比乌斯函数，并且确定了特征多项式和秩生成函数的表示式.

13.1　引言

秩函数和麦比乌斯函数是偏序集和格论中的重要内容，由它们引出的特征多项式和秩生成函数[3]. 在文献[2]中讨论了麦比乌斯函数和特征多项式的一些性质，而在文献[2]和[4]中给出了一些格的麦比乌斯函数和特征多项式. 本节要给出划分格及其子格的特征多项式的秩生成函数，并且由其特征多项式给出它的麦比乌斯函数.

本节沿用文献[2－5]中的名词和符号，并且引用文献[2]和[6－7]中的一些结果. 设 P 是一个偏序集，$a,b\in P,a<b$，如果不存在 $c\in P$，使得 $a<c<b$，那

---

① 本节摘编自《数学的实践与认识》，2015 年，第 45 卷第 14 期.

么称 b 是 a 的覆盖. 如果 $0(1)$ 是 P 的最小元(最大元),那么覆盖 0 的元称为 P 的原子或点. 设 $x,y \in P$,定义 $[x,y]=\{z \in P \mid x \leqslant z \leqslant y\}$,把 $[x,y]$ 称为以 x 和 y 为端点的区间,简称区间. 如果 P 中任意区间都含有限个元素,那么就把 P 称为局部有限偏序集. 显然,有限集是局部有限偏序集.

在局部有限偏序集 P 中,链 $a=x_1 < x_2 < \cdots < x_n$ 称为极大的,当且仅当对于 $1 \leqslant i \leqslant n$ 有 $x_i <\cdot x_{i+1}$. 设 C 是 P 中的一个链. C 的长是比它的元素个数少 1. C 中的链 P 称为极大的(或不可加细的),如果不存在 $z \in P-C$ 使得对 C 中某两个元素 x,y,有 $x<z<y$,并且 $C \cup \{z\}$ 仍构成链. 如果偏序集 P 有最小元 0,$a \in P$,而 $0,a$ 链都可加细成极大链,并且所有这样的极大链有相同的长,就把这相同的长记作 $l(a)$. 有限偏序集中 P 的长度定义为 $l(P):=\max\{l(C):C$ 为 P 的链$\}$.

定义 1 设 P 是有 0 的偏序集,$\mathbf{N}_0$ 是非负整数所构成的集合. 函数
$$r:P \to \mathbf{N}_0$$
$$a \mapsto r(a)$$
称为 P 上的秩函数. 如果下面的(1) 和(2) 成立.

(1) $r(0)=0$;

(2) 对于 $a,b \in P$,而 $a <\cdot b$,那么 $r(b)=r(a)+1$.

若含有 0 的偏序集 P 中,$l(P)=n$,则称 P 的秩为 n,记为 $r(P)=n$,这时称 P 为秩 n 的分次偏序集.

定义 2 若 P 是秩 n 的分次偏序集,并且其中有 p_i 个元素的秩为 i,则称多项式

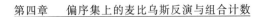

$$F(P,q) = \sum_{i=0}^{n} p_i q^i \qquad (1)$$

为 P 的秩生成函数. 当 P 是一个格 L 时,(1) 称为格 L 秩生成函数.

定义 3　设 P 是局部有限偏序集,K 是特征数为 0 的域,并且 $\mu(x,y)$ 是定义在 P 上而在 K 中取值的二元函数. 假定 $\mu(x,y)$ 满足以下三个条件:

(1) 对任意 $x \in P$,总有 $\mu(x,x)=1$;

(2) 对于 $x,y \in P$,若 $x \nleq y$,则 $\mu(x,y)=0$;

(3) 对于 $x,y \in P$,若 $x < y$,则 $\sum_{x \leqslant z \leqslant y} \mu(x,z)=0$,

就把 $\mu(x,y)$ 称为 P 上而在 K 中取值的麦比乌斯函数,有时称为 P 上的麦比乌斯函数.

P 上的麦比乌斯函数是唯一确定的.

设 P 是有 0 和 1 的有限偏序集,并且 P 上有秩函数 r 和麦比乌斯函数 μ,那么多项式 $\chi(P,x) = \sum_{a \in P} \mu(0,a) x^{r(1)-r(P)}$ 称为 P 上的特征多项式.

设 L 是一个格,对于所有 $a,b,c \in L$,如果 $c \leqslant a \Rightarrow a \wedge (b \vee c) = (a \wedge b) \vee c$,那么 L 是一个模格. 由文献[3]中命题 3.3.2 知,一个有限格 L 是模格当且仅当它是分次的并且它的秩函数 r 满足模等式

$$r(a) + r(b) = r(a \vee b) + r(a \wedge b) \qquad (2)$$

定义 4　设 L 是一个几何格. 一对 $a,b \in L$ 称为模对,记作 $(a,b)M$,如果模等式(2)成立. a 称为模元素,记作 aM,如果对于所有 $x \in L$,有 $(a,x)M$.

当几何格是模格时,称为模几何格.

命题 1(Stanley)[2]　设 L 是具有秩函数 r 的有限格,而 $a \in L$ 是一个模元素,那么

191

$$\chi(L;x) = \chi([0,a];x) \cdot \sum_{z \in L, z \wedge a = 0} \mu(0,z) x^{r(1)-r(a)-r(z)}$$

13.2 主要结果

定理 1 设 L 是有限格, 并且存在极大链 $0 <\cdot a_1 <\cdot \cdots <\cdot a_n = 1$, 其中 a_{n-1} 在 $[0,a_n]$ 中是模元素. 如果在 a_n 之下而不在 a_{n-1} 之下点的个数是 a_n, 那么 L 的特征多项式是

$$\chi(L;x) = \chi([0,a_{n-1}];x)(x-\alpha_n)$$

证明 设 $z \in L$, $z \wedge a_{n-1} = 0$. 因为 a_{n-1} 是模元素, 所以 $r(z) + r(a_{n-1}) = r(z \vee a_{n-1})$. 因此 $r(z) = 0$ 或 1, 即 $z = 0$ 或 z 是一个点 (此点在 a_n 之下而不在 a_{n-1} 之下, 共有 α_n 个), 把此点记为 z^*. 由命题 1, 有

$$\chi(L;x) = \chi([0,a_{n-1}];x)(\mu(0,0) x^{r(1)-r(a_{n-1})-r(0)} +$$
$$\sum_{z^* \in L} \mu(0,z^*) x^{r(1)-r(a_{n-1})-r(z^*)} =$$
$$\chi([0,a_{n-1}],x)(x-\alpha_n)$$

推论 1 设 L 是有限模几何格, $0 <\cdot a_1 <\cdot \cdots <\cdot a_n = 1$ 是 L 的任一个极大链. 对于所有 i $(1 \leqslant i \leqslant n)$, 如果在 a_i 之下而不在 a_{i-1} 之下点的个数是 α_i, 那么 L 的特征多项式是

$$\chi(L,x) = (x-\alpha_1)(x-\alpha_2)\cdots(x-\alpha_n)$$

设 $S = \{1,2,\cdots,n\}$, S 的所有划分组成的集合记为 $\mathcal{P}(S)$ 或 $\mathcal{P}(n)$, 用 $\pi, \sigma, \rho, \tau, \cdots$ 表示它的元素, 对 $\pi \in \mathcal{P}(S)$, π 中划分的块数记为 $b(\pi)$, π 在 S 中所对应的等价类记为 (π).

定义 5 设 $\pi, \sigma \in \mathcal{P}(n)$. 如果 π 的每个块都包含在 σ 的一个块里 (或 σ 的每个块完全分解成 π 中块的并), 那么就记 $\pi \leqslant \sigma$ (或 $\sigma \geqslant \pi$).

易知,是 $\mathcal{P}(n)$ 对于"$\leqslant$"作成一个偏序集,并且单个块 S 是 S 唯一的最粗划分,它是 $\mathcal{P}(n)$ 的最大元,记为 1;每个块 S 的单个元素的划分是 S 的唯一的最细划分,它是 $\mathcal{P}(n)$ 的最小元,记为 0. 如果划分 σ 除了一个块是划分 π 中两个块的并外,其余的块和 π 中余下的块完全相同,那么 $\pi <\cdot \sigma$. $\forall \pi, \sigma \in \mathcal{P}(S), a, b \in S$, $a(\pi \wedge \sigma)b \Leftrightarrow a(\pi)b$ 和 $a(\sigma)b; a(\pi \vee \sigma)b \Leftrightarrow \exists a = u_0$, $u_1, \cdots, u_t = b$,使得对于所有的 $i(0 \leqslant i \leqslant t-1)$, $u_i(\pi)u_{i+1}$ 或 $u_i(\sigma)u_{i+1}$. 由文献[2]知,$\mathcal{P}(n)$ 是有限几何格,并且如下的命题成立.

命题 2 设 $\pi \in \mathcal{P}(n)$,那么 $[0, \pi] \simeq \prod\limits_{i=1}^{b(\pi)} \mathcal{P}(n_i)$,

$\pi = A_1 \mid A_1 \mid \cdots \mid A_{b(\pi)} \in \mathcal{P}(n)$,$|A_i| = n_i$,而 $\sum\limits_{i=1}^{b(\pi)} n_i = n$.

命题 3 设 $\pi \in \mathcal{P}(n)$,令
$$r: \mathcal{P}(n) \to \mathbf{N}$$
$$\pi \mapsto r(\pi) = n - b(\pi)$$
那么 r 是 $\mathcal{P}(n)$ 的秩函数.

命题 4 $\mathcal{P}(n)$ 不是模格,但存在模元素构成的极大链.

证明 由文献[2]可知,在 $n > 3$ 时,$\mathcal{P}(n)$ 不是模格. 令 $\tau_i = \{1, 2, \cdots, i\} \mid i+1 \mid \cdots \mid n-1 \mid n$. 我们断言
$$0 = \tau_1 <\cdot \cdots <\cdot \tau_{n-1} <\cdot \tau_n = 1 \qquad (3)$$
是 $\mathcal{P}(n)$ 的模元素构成的极大链.

显然,(3) 是 $\mathcal{P}(n)$ 的一个极大链. 设 $\sigma \in \mathcal{P}(n)$, $\sigma = A_1 \mid A_2 \mid \cdots A_k, 1 \leqslant k \leqslant n$.

下面分两种情形来计算模等式(2)成立.

（1）$\{1,2,\cdots,i\}=A_1\bigcup A_2\bigcup\cdots\bigcup A_l,1\leqslant l\leqslant k$，这时 $\{i+1,\cdots,n-1,n\}=A_{l+1}\bigcup\cdots\bigcup A_k$. 因为 $b(\sigma)=k,b(\tau_i)=n-i+1,b(\tau_i\bigwedge\sigma)=n-i+l$，$b(\tau_i\bigvee\sigma)=k-l+1$，所以 $b(\sigma)+b(\tau_i)=n+k-i+1,b(\sigma\bigwedge\tau_i)+b(\sigma\bigvee\tau_i)=n+k-i+1$. 因此模等式（2）成立.

（2）$A_1\bigcup A_2\bigcup\cdots\bigcup A_{l-1}\nsubseteq\{1,2,\cdots,i\}\nsubseteq A_1\bigcup A_2\bigcup\cdots\bigcup A_l$，$1\leqslant l\leqslant k$.

令 $A_1\bigcup A_2\bigcup\cdots\bigcup A_l\setminus\{1,2,\cdots,i\}=C_l,\{1,2,\cdots,i\}\setminus A_1\bigcup A_2\bigcup\cdots\bigcup A_{l-1}=B_l$. 因为 $b(\tau_i)=n-i+1,b(\sigma)=k$，所以 $b(\tau_i)+b(\sigma)=n+k-i+1$. 因为 $\tau_i\bigwedge\sigma=A_1\mid A_2\mid\cdots\mid A_{l-1}\mid B_l\mid i+1\mid\cdots\mid n-1\mid n,\tau_i\bigvee\sigma=\{1,2,\cdots,i\}\bigcup C_l\mid A_{l+1}\mid\cdots\mid A_k$，所以 $b(\tau_i\bigwedge\sigma)=n-i+l,b(\tau_i\bigvee\sigma)=k-l+1$. 因而 $b(\tau_i\bigwedge\sigma)+b(\tau_i\bigvee\sigma)=n+k-i+1$ 成立. 于是模等式（2）成立. 因此上述的断言成立.

定理 2　$\mathscr{P}(n)$ 的秩生成函数

$$F(\mathscr{P}(n),q)=\sum_{k=1}^{n}S_{n,k}q^{n-k}\qquad(4)$$

其中 $S_{n,i}=\dfrac{1}{i}\sum_{j=0}^{n}(-1)^{i-j}\dbinom{i}{j}j^n$（参见文献[2]第 97 页）.

证明　对于 $\sigma\in\mathscr{P}(n)$，令 $b(\sigma)=k$，由命题 6 知，$r(\sigma)=n-b(\sigma)$. 在 $\mathscr{P}(n)$ 中，秩为 $i=n-b(\sigma)$ 的划分 σ 的个数是满足 $i=n-b(\sigma)$ 的划分 σ 的个数（参见文献[2]），记为 $i=n-k$，所以（4）成立.

命题 5　设 P_1 和 P_2 是具有 0 的局部有限偏序集，$P=P_1\times P_2$. 令 μ,μ_1 和 μ_2 分别是 P,P_1 和 P_2 的麦比

乌斯函数,那么

$$\mu((x_1,x_2),(y_1,y_2))=\mu_1(x_1,y_1)\mu_2(x_2,y_2)$$

$$\forall x_1,y_1\in P_1,x_2,y_2\in P_2$$

命题 6 设 $P=P_1\times P_2$,其中 $P_i(i=1,2)$ 是具有秩函数 r_i 和麦比乌斯函数的有限偏序集,那么

$$\chi(P,x)=\chi(P_1,x)\chi(P_2,x)$$

命题 7 $\mathscr{P}(x)$ 的特征多项式为

$$\chi(\mathscr{P}(n),x)=\prod_{i=1}^{n-1}(x-i)\tag{5}$$

并且在 $\mathscr{P}(n)$ 中,有

$$\mu_k=s_{n,n-k},\mu(\mathscr{P}(n))=(-1)^{n-1}(n-1)!\tag{6}$$

其中 $s_{n,n-k}$ 是第一类斯特林数(参见文献[2]).

证明 令 $\pi_i=\{1,\cdots,i\}\mid i+1\mid\cdots\mid n,1\leqslant i\leqslant n$,由命题 4,$0=\pi_1<\cdot\ \pi_2<\cdot\cdots<\cdot\ \pi_n=1$ 是 $\mathscr{P}(n)$ 的一个极大链,并且 π_i 是 $\mathscr{P}(n)$ 中的一个模元素. 显然,π_{j-1} 是 $[0,\pi_j](2\leqslant j\leqslant n)$ 中的一个模元素. 因为在 π_j 之下而不在 π_{j-1} 之下点的个数是 $\binom{j}{2}-\binom{j-1}{2}=j-1$. 由定理 1,有 $\chi(\mathscr{P}(n);x)=\chi([0,\pi_{n-1}];x)(x-(n-1))$,而 $\chi([0,\pi_{n-1}];x)=\chi([0,\pi_{n-2}];x)(x-(n-2))$,如此连续地进行,可知式(5)成立. 由 $\prod_{i=1}^{n-1}(x-i)$ 关于第一类斯特林数的表示式,得

$$\prod_{k=1}^{n-1}(x-k)=\sum_{k=0}^{n-1}s_{n,n-k}x^{n-k-1}$$

因此式(6)成立.

推论 2 $s_{n,1}=(n-1)!.$

定理 3 设 $n<\infty,\pi=A_1\mid A_2\mid\cdots\mid A_{b(\pi)}\in$

$\mathscr{P}(n)$，而 $|A_i|=n_i,\sum\limits_{i=1}^{b(\pi)}n_i=n$，那么

$$\mu(0,\pi)=\prod_{i=1}^{b(\pi)}\mu(P(n_i))=$$

$$(-1)^{n-b(\pi)}\prod_{i=1}^{b(\pi)}(n_i-1)! \qquad (7)$$

证明　因为

$$[0,\pi]\simeq\prod_{i=1}^{b(\pi)}\mathscr{P}(n_i)$$

并且

$$\mu(\mathscr{P}(\pi_n))=(-1)^{n_i-1}(n_i-1)!$$

由命题 5，有

$$\mu(\prod_{i=1}^{b(\pi)}\mathscr{P}(n_i))=\prod_{i=1}^{b(\pi)}\mu(\mathscr{P}(n_i))$$

所以式（7）成立.

设 $\mathscr{P}(n)$ 中所有 $k(1\leqslant k\leqslant n)$ 部划分所构成的集合记为 $\mathscr{M}(\mathscr{P}(n,k))$，并且由 $\mathscr{M}(\mathscr{P}(n,k))$ 中元素的交所构成的集合记为 $\mathscr{L}(\mathscr{P}(n,k))$，约定 1 是 $\mathscr{M}(\mathscr{P}(n,k))$ 的零个子集的交，即 $1\in\mathscr{L}(\mathscr{P}(n,k))$. 我们按 $\mathscr{P}(n)$ 中的偏序关系"$\leqslant$"来规定 $\mathscr{L}(\mathscr{P}(n,k))$ 的偏序关系"$\leqslant$". 显然，$\mathscr{L}(\mathscr{P}(n,k))$ 是有限偏序集，而 $\bigcap\limits_{X\in\mathscr{M}(\mathscr{P}(n,k))}X$ 和 1 分别是它的最小元和最大元. 对于 π，$\sigma\in\mathscr{L}(\mathscr{P}(n,k))$，则 $\pi,\sigma\in\mathscr{L}(\mathscr{P}(n))$. 记 $\mathscr{L}(\mathscr{P}(n))$ 中交与并分别是 $\wedge$ 和 $\vee$. 在 $\mathscr{L}(\mathscr{P}(n,k))$ 中定义 $\pi\wedge_1\sigma:=\pi\wedge\sigma,\pi\vee_1\sigma:=\bigcap\{\rho\in\mathscr{L}(\mathscr{P}(n))\mid\rho\geqslant\pi\vee\sigma\}$. 因为 $\wedge$ 在 $\mathscr{L}(\mathscr{P}(n))$ 中封闭，所以 $\wedge_1$ 在 $\mathscr{L}(\mathscr{P}(n,k))$ 中封闭. 又因为 $\pi\vee\sigma\in\mathscr{L}(\mathscr{P}(n)),1\geqslant\pi\vee\sigma$，而 $1\in\mathscr{L}(\mathscr{P}(n))$，所以 $\{\rho\in\mathscr{L}(\mathscr{P}(n,k))\mid\rho\geqslant\pi\vee\sigma\}$ 非空，并且它的交是 $\mathscr{L}(\mathscr{P}(n,k))$ 中包含 π,σ 的最小者，即对

于 $\pi,\sigma \in \mathcal{L}(\mathcal{P}(n,k)),a,b \in S,\exists a=u_0,u_1,\cdots,u_t=b$，使得 $u_i(\pi)u_{i+1}$ 或 $u_i(\sigma)u_{i+1}(i=0,1,\cdots,t-1)$ 成立．因而 $a(\pi \vee_1 \sigma)b$ 在 $\mathcal{L}(\mathcal{P}(n,k))$ 中的一个划分的块里．因此 $\vee_1$ 在 $\mathcal{L}(\mathcal{P}(n,k))$ 中封闭，并且满足格的公理．于是 $\mathcal{L}(\mathcal{P}(n,k))$ 是一个有限格．在下面的讨论中，仍把 $\wedge_1$ 和 $\vee_1$ 记成 $\wedge$ 和 $\vee$．把文献[8]中的命题 13,16，以及推论 14,15，改写为如下：

命题 8　设 $n \geqslant m \geqslant 2$，那么 $\mathcal{L}(\mathcal{P}(n,m))$ 由 1 和 S 的 k 部划分组成，其中 $n \geqslant k \geqslant m$．

推论 3　设 $n \geqslant m \geqslant 2$，那么 $0 \in \mathcal{L}(\mathcal{P}(n,m))$．因而 $\mathcal{L}(S(n,m))$ 的最小元是 $\bigcap_{x \in \mathcal{M}(S_1(m,n))} X=0$．

推论 4　设 $n \geqslant 2$，则 $\mathcal{L}(\mathcal{P}(n,2))=\mathcal{L}(n)$．

命题 9　设 $n \geqslant m \geqslant 2$．对于 $\pi \in \mathcal{L}(\mathcal{P}(n,m))$，定义

$$r(\pi)=\begin{cases} n-b(\pi),\text{如果 } \pi \neq 1 \\ n-m+1,\text{如果 } \pi=1 \end{cases}$$

那么 $r:\mathcal{L}(\mathcal{P}(n,m)) \to \mathbf{N}_0$ 是格 $\mathcal{L}(\mathcal{P}(n,m))$ 的秩函数．

定理 4　设 $S=\{1,2,\cdots,n\}$，π 是 S 的 $m-1$ 部划分，即 $\pi=S_1 \mid S_2 \mid \cdots \mid S_{m-1}$，而 $\mid S_i \mid=n_i$．令 $\sigma \in [0,\pi]$ 是 S 的 k 部划分，而 σ_i 是 S_i 中对应于 σ 的 k_i 部划分，那么在 $[0,\pi]$ 中 S 的 k 部划分的个数是 $\prod_{i=1}^{m-1} S(n_i,k_i)$，其中 $S(n_i,k_i)$ 是第二类斯特林数．

证明　因为 $\pi \in \mathcal{L}(\mathcal{P}(n)),\pi=S_1 \mid S_2 \mid \cdots \mid S_{m-1},\mid S_i \mid=n_i,i=1,2,\cdots,m-1$．对于 $\sigma \in [0,\pi]$，它在 S_i 中所对应的划分 σ_i 是 k_i 部划分，在 S_i 中 k_i 部划分的个数是 $S(n_i,k_i)$，所以在 $[0,\pi]$ 中 S 的 k 部划分的

个数是 $\prod\limits_{i=1}^{m-1}S(n_i,k_i)$，$S(n_i,k_i)$ 的表示式已由文献[2] 给出.

设 π_i 是 S 的 $m-1$ 部划分，$i=1,2,\cdots$，$\mathscr{A}_i$ 是包含在 π_i 中的所有 S 的 m 部划分所构成的集合. 令 $\mathscr{L}(\mathscr{A}_i)$ 是由 $\mathscr{A}_i$ 中划分的交组成的集合，并约定 $\pi_i \in \mathscr{L}(\mathscr{A}_i)$. 对于 $\pi,\sigma \in \mathscr{L}(\mathscr{A}_i)$，定义 $\pi \leqslant \sigma \Leftrightarrow \pi \subseteq \sigma$，易知 "$\leqslant$" 是 $\mathscr{L}(\mathscr{A}_i)$ 的偏序关系，并且它作成格，记为 $\mathscr{L}(\mathscr{A}_i)$. 为了书写简单，记 $\mathscr{L}_0 = \mathscr{L}(\mathscr{P}(n,m))$，$\mathscr{L}_i = \mathscr{L}(\mathscr{A}_i)$. 对于 $\pi \in \mathscr{L}_0$ 和 $\pi \in \mathscr{L}_i$，我们分别规定 $\mathscr{L}_0^\pi = \{\sigma \in \mathscr{L}_0 \mid \sigma \leqslant \pi\}$ 和 $\mathscr{L}_i^\pi = \{\sigma \in \mathscr{L}_i \mid \sigma \leqslant \pi\}$. 显然，$\mathscr{L}_0^1 = \mathscr{L}_0$，$\mathscr{L}_i^{\pi_i} = \mathscr{L}_i$. 对于 $\pi \in \mathscr{L}_0 \setminus \{1\}$，有 $\pi \in \mathscr{L}_j$，$j=1,2,\cdots$. 不妨设 $j=1$，所以 $\mathscr{L}_0^\pi = \mathscr{L}_1^\pi$. 假设 $\pi_l^{(i)}$ 是 S 的一个 l 划分，即 $\pi_l^{(i)} = S_{l1}^{(i)} \mid S_{l2}^{(i)} \mid \cdots \mid S_{lb(\pi_l^{(i)})}^{(i)}$，其中 $\mid S_{lj}^{(i)} \mid = n_{lj}^{(i)}$，$i=1,2,\cdots,S(n,l)$，$j=1,2,\cdots,b(\pi_l^{(i)})$，$\sum\limits_{j=1}^{b(\pi_l^{(i)})} n_{lj}^{(i)} = n$. 由命题 3，有 $[0,\pi_l^{(i)}] \simeq \prod\limits_{i=1}^{b(\pi_l^{(i)})} \mathscr{P}(n_{lj}^{(i)})$. 因为 $\mathscr{L}_0^{\pi_l^{(i)}} = [0,\pi_l^{(i)}]$，所以 $\mathscr{L}_0^{\pi_l^{(i)}} \simeq \prod\limits_{i=1}^{b(\pi_l^{(i)})} \mathscr{P}(n_{lj}^{(i)})$，由命题 7，有 $\chi(\mathscr{P}(n_{lj}^{(i)};x) = (x-1)(x-2)\cdots(x-n_{lj}^{(i)}+1)$. 再由命题 6，可得

$$\chi(\mathscr{L}_0^{\pi_l^{(i)}},x) = \prod_{j=1}^{b(\pi_l^{(i)})} (x-1)(x-2)\cdots(x-n_{lj}^{(i)}+1)$$

$$(8)$$

设 π_{m-1} 是 S 的 $m-1$ 划分，$\sigma_k^{(h)}$ 是 S 在 $[0,\pi_{m-1}]$ 的一个 k 划分，$\pi_{m-1} = S_1 \mid S_2 \mid\mid \cdots \mid S_{m-1}$，$\mid S_j \mid = n_{kj}^{(h)}$

198

$(j=1,2,\cdots,m-1)$,而 $\sigma_{kj}^{(h)}$ 是对应于 S_j 中 $\sigma_k^{(h)}$ 的 k_j 部划分,由定理 4,$\sigma_k^{(h)}$ 在 $[0,\pi_{m-1}]$ 中的数是 $\prod\limits_{j=1}^{m-1}S(n_{kj}^{(h)},k_j)$,那么

$$\chi(\mathcal{L}_1^{\sigma_k^{(h)}},t)=\prod_{j=1}^{b(\sigma_k^{(h)})}(t-1)(t-2)\cdots(t-n_{kj}^{(h)}+1)$$

(9)

由命题 9 中的定义,$r:\mathcal{L}_0\to\mathbf{N}_0$ 是格 $\mathcal{L}_0=\mathcal{L}(\mathcal{P}(n,m))$ 的秩函数,并且 1 和 0 分别是它的最大元和最小元,那么

$$\chi(\mathcal{L}_0^1,t)=\sum_{\sigma\in\mathcal{L}_0^1}\mu(0,\sigma)t^{r(1)-r(\sigma)}$$

根据麦比乌斯反演,有

$$t^{n-m+1}=\sum_{\sigma\in\mathcal{L}_0^1}\chi(\mathcal{L}^\sigma,t)=\sum_{\sigma\in\mathcal{L}_0}\chi(\mathcal{L}^\sigma,t) \quad (10)$$

对于 $\pi\in\mathcal{L}_1$,定义

$$r(\pi)=\begin{cases}n-b(\pi),若\ \pi\neq\pi_1\\n-m+1,若\ \pi=\pi_1\end{cases}$$

那么 $r:\mathcal{L}_1\to\mathbf{N}_0$ 是格 $\mathcal{L}_1$ 的秩函数,并且在 $\mathcal{L}_0$ 中所对应的函数值相同.因为 π_1 和 0 分别是它的最大元和最小元,所以

$$\chi(\mathcal{L}_1^{\pi_1},t)=\sum_{\sigma\in\mathcal{L}_1^{\pi_1}}\mu(0,\sigma)t^{r(1)-r(\sigma)}$$

根据麦比乌斯反演,有

$$t^{n-m+1}=\sum_{\sigma\in\mathcal{L}_1^{\pi_1}}\chi(\mathcal{L}_1^\sigma,t)=\sum_{\sigma\in\mathcal{L}_1}\chi(\mathcal{L}_1^\sigma,t) \quad (11)$$

由式(10) 和(11),有

$$\chi(\mathcal{L}_0,t)=\sum_{\sigma\in\mathcal{L}_1}\chi(\mathcal{L}_1^\sigma,t)-\sum_{\sigma\in\mathcal{L}_0\setminus\{1\}}\chi(\mathcal{L}^\sigma,t) \quad (12)$$

199

注意到在 $\mathcal{L}_0$ 中 l 划分数是 $S(n,l)$，$l=n,n-1,\cdots,m$，而 $\chi(\mathcal{L}_{0l}^{\pi_l^{(i)}},t)$ 由式(8)给定. 在 $[0,\pi_{m-1}]$ 中 k 部划分数是 $\prod\limits_{i=1}^{m-1}S(n_{kj}^{(h)},k_j)$，记为 $u(m-1,k)$，并且 $\chi(\mathcal{L}_{0k}^{\pi_k^{(h)}},t)$ 由式(9)给定. 根据式(8)(9)和(12)可以得到下面的定理.

定理 5　设 $n>m\leqslant 2$，那么

$$\chi(\mathcal{L}_0(\mathscr{P}(n,m)),t)=\chi(\mathcal{L}_0,t)=$$

$$t^{n-m+1}+\sum_{k=m}^{n}\sum_{h=1}^{u(m-1,k)}\prod_{j=1}^{b(\sigma_k^{(h)})}(t-1)(t-2)\cdots(t-n_{kj}^{(h)}+1)-$$

$$\sum_{l=m}^{n}\sum_{i=1}^{S(n,l)}\prod_{j=1}^{b(\pi_l^{(i)})}(t-1)(t-2)\cdots(t-n_{lj}^{(i)}+1)$$

并且

$$\mu(\mathscr{P}(n,m))=\sum_{k=m}^{n}\left(\sum_{h=1}^{u(m-1,k)}\sum_{j=1}^{b(\sigma_k^{(h)})}(-1)^{n_{kj}^{(h)}-1}(n_{kj}^{(h)}-1)!\ -\right.$$

$$\left.\sum_{i=1}^{S(n,k)}\sum_{j=1}^{b(\pi_k^{(i)})}(-1)^{n_{kj}^{(i)}-1}(n_{kj}^{(i)}-1)!\ \right)$$

定理 6　设 $n\geqslant m\geqslant 2$，那么 $\mathcal{L}(\mathscr{P}(n,m))$ 的秩生成函数是

$$F(\mathcal{L}(\mathscr{P}(n,m)))=\sum_{i=m}^{n}S_{n,k}q^{n-k}+1$$

证明　注意到 $m\leqslant i\leqslant n$. 如同定理 2 的证明，即可得证.

参 考 文 献

[1] BIRKHOFF G. Lattice Theory[M]. 3rd ed. Providence：Amer. Math. Soc. Coll. Publ.，

1967,25.

[2] AIGNER M. Combinatorial Theory[M]. Berlin: Springer-Verlag,1979.

[3] STANLEY R P. Enumerative Combinatorics: Volume 1[M]. Kamblidge: Cambridge University Press,1997.

[4] 万哲先,霍元极.有限典型群子空间轨道生成的格:第二版[M].北京:科学出版社,2004.

[5] WAN Z X. Geometry of classical groups over finite fields[M]. Studentlitteratur, Lund: Sweden/Chartwell-Bratt, Bromley, United Kingdow,1963.

[6] HUO Y J, WAN Z X. On the geometricity of lattices generated by orbits of subspaces under finite classical groups[J]. Journal of Algebra, 2001,243:339-359.

[7] HUO Y J, LIU Y, WAN Z X. Lattices generated by transitive sets of subspaces under finite classcal groups I[J]. Comm. Algebra,20:1123-1144.

[8] HUO Y J, WAN Z X. On the geometricity of lattices generated by orbits of subspaces under finite classical groups[J]. J. of Algebra,243:339-359.

[9] WU Q Y, ZHAO Y B,HUO Y J. Lattice of all

subsets and partition lattice of n-set[J]. Ars Combinatoria,2012,104:3-11.

[10] ORLIK P, SOLOMON L. Arrangements in unitary and orthogonal geometry over finite fields[J]. J. Combin. Theory Ser. A,1985, 38:217-229.

麦比乌斯函数与非线性移位寄存器[①]

第

五

章

§1　麦比乌斯函数与非奇异移位寄存器

我们知道,有的移位寄存器的状态图仅由一些圈组成,而有的移位寄存器的状态图除了圈以外还有枝.我们现在来讨论"以什么样的布尔函数为反馈函数的移位寄存器的状态图仅由一些圈组成"这一问题.

首先,我们来证明一些相关定理.

定理 1　n 级移位寄存器的状态图中任意两个圈都没有公共顶点.

① 本章第 1,2 节摘编自万哲先,代宗铎,刘木兰,等编著的《非线性移位寄存器》(科学出版社,1978).本章第 3 ~ 6 节摘编自梅文华,杨义先编著的《跳频通信地址编码理论》(国防工业出版社,1996).

证明　设一个 n 级移位寄存器的状态图中的两个圈 σ_1 和 σ_2 有一个公共顶点 s_0. 将这个移位寄存器的状态转移变换记作 T_f. 因为任一顶点 s 在状态图中的后继 $T_f(s)$ 是唯一确定的, 所以 s_0 在状态图中的后继 $s_1 = T_f(s_0)$ 也是 σ_1 和 σ_2 的公共顶点, 而 s_1 在状态图中的后继 $s_2 = T_f(s_1)$ 也是 σ_1 和 σ_2 的公共顶点. 如此继续下去, 可得 $\sigma_1 = \sigma_2$.

定理 2　设 $f(x_1, x_2, \cdots, x_n)$ 是一个 n 元布尔函数, 用 T_f 表示以 $f(x_1, x_2, \cdots, x_n)$ 为反馈函数的 n 级移位寄存器的状态转移变换, 用 G_f 表示它的状态图. 那么, 下面这些条件是等价的:

(1) G_f 没有枝;

(2) G_f 由一些两两没有公共顶点的圈组成;

(3) T_f 是状态集 F_2^n 上的一个一一对应;

(4) $f(x_1, x_2, \cdots, x_n)$ 可以表示成

$$f(x_1, x_2, \cdots, x_n) = x_1 + f_0(x_2, x_3, \cdots, x_n) \quad (1)$$

其中, $f_0(x_2, x_3, \cdots, x_n)$ 是仅依赖于 $x_2, x_3, \cdots, x_n$ 这 $n-1$ 个变元的布尔函数.

证明　(1) → (2): 这是定理 1 的直接推论.

(2) → (3): 由条件(2)可知, 任一状态在状态图中有唯一一个先导, 即它所属的圈上的前一状态. 这就是说 T_f 是一一对应.

(3) → (4): 将 $f(x_1, x_2, \cdots, x_n)$ 表示为

$$f(x_1, x_2, \cdots, x_n) = x_1 f_1(x_2, x_3, \cdots, x_n) + \\ f_0(x_2, x_3, \cdots, x_n)$$

如果 $f_1(x_2, x_3, \cdots, x_n) \neq 1$, 那么有 $(a_2, a_3, \cdots, a_n) \in F_2^{n-1}$ 使

$$f_1(a_2, a_3, \cdots, a_n) = 0$$

于是

$$f(0, a_2, \cdots, a_n) = f_0(a_2, \cdots, a_n) = f(1, a_2, \cdots, a_n)$$

那么

$$T_f(0, a_2, \cdots, a_n) = T_f(1, a_2, \cdots, a_n) =$$
$$(a_2, \cdots, a_n, f_0(a_2, \cdots, a_n))$$

这就是说 T_f 不是 F_2^n 上的一一对应. 这与条件(3)相矛盾. 因此当条件(3)成立时,一定有 $f_1(x_2, x_3, \cdots, x_n) = 1$,即条件(4)成立.

(4) → (1):设 $(a_1, a_2, \cdots, a_n)$ 是任意一个状态.

当(4)成立时,一定有

$$f(\overline{a_1}, a_2, \cdots, a_n) = a_1 + 1 + f_0(a_2, \cdots, a_n) =$$
$$1 + f(a_1, a_2, \cdots, a_n)$$

这说明任意一对共轭顶点的后继都是不同的. 因此任一状态在 G_f 中有唯一的先导,所以 G_f 没有枝.

我们说 n 元布尔函数 $f(x_1, x_2, \cdots, x_n)$ 是非奇异的,如果它可以表示成形状(1). 以非奇异 n 元布尔函数为反馈函数的 n 级移位寄存器就叫作非奇异 n 级移位寄存器. 这样定理 2 可以改述如下:

定理 $2'$ 一个 n 级移位寄存器的状态图没有枝,即是 G_n 的一个因子,当且仅当这个移位寄存器是非奇异的.

从定理 $2'$ 可以推出下面的系理.

系理 对于非奇异 n 级移位寄存器来说,从任一初始状态出发,它所产生的移位寄存器序列都是周期序列,它的周期就等于初始状态所属的圈的圈长,因此它的周期一定不大于 2^n.

由于产生 M 序列的 n 级移位寄存器的状态图由一个圈长等于 2^n 的圈构成,因此这个移位寄存器一定是非奇异的.

　　显然(非退化的) 线性移位寄存器都是非奇异的. 对于线性移位寄存器,存在有效的代数工具对它进行分析,线性移位寄存器的分析的结果也比较完整.它的状态图中圈的个数以及每个圈的圈长,都可以从它的反馈函数

$$f(x_1, x_2, \cdots, x_n) = c_n x_1 + c_{n-1} x_2 + \cdots + c_2 x_{n-1} + c_1 x_n$$

(其中,$c_1, c_2, \cdots, c_n \in F_2$,而 $c_n = 1$)所确定的连接多项式

$$f(x) = 1 + c_1 x + c_2 x^2 + \cdots + c_n x^n$$

计算出来.对于以非奇异的 n 元非线性布尔函数

$$f(x_1, x_2, \cdots, x_n) = x_1 + f_0(x_2, \cdots, x_n)$$

为反馈函数的非奇异 n 级非线性移位寄存器来说,它的状态图中圈的个数以及每个圈的圈长应该由它的反馈函数 $f(x_1, x_2, \cdots, x_n)$ 完全确定. 但是目前还没有一般的分析方法,根据这个方法可以算出以任一给定的非奇异布尔函数为反馈函数的移位寄存器的状态图中圈的个数和每个圈的圈长. 目前只是对一些个别的非奇异移位寄存器,算出了它们的状态图中圈的个数和每个圈的圈长. 对于一般的非奇异移位寄存器,则只有一些比较初步的结果. 我们先着重讨论非奇异移位寄存器的分析.从非奇异 n 元布尔函数的表达式(1)可知,一共有 $2^{2^{n-1}}$ 个非奇异的 n 元布尔函数.因此,一共有 $2^{2^{n-1}}$ 个非奇异的 n 级移位寄存器,其中线性的只有 2^{n-1} 个,只是其中很小的一部分.

　　设 $f(x_1, x_2, \cdots, x_n)$ 是任一非奇异 n 元布尔函数, 而 $x_2^{a_2} x_3^{a_3} \cdots x_n^{a_n}$(其中 $a_i = 0$ 或 $1, i = 2, 3, \cdots, n$) 是 $n - 1$ 个变元 $x_2, x_3, \cdots, x_n$ 的任意一个小项. 令

$$f_1(x_1, x_2, \cdots, x_n) = f(x_1, x_2, \cdots, x_n) + x_2^{a_2} x_3^{a_3} \cdots x_n^{a_n}$$

我们先来研究分别以 $f(x_1, x_2, \cdots, x_n)$ 和 $f_1(x_1, x_2, \cdots, x_n)$ 为反馈函数的两个非奇异 n 级移位寄存器的状态图 G_f 和 G_{f_1} 的关系.

定理 3 设 $f(x_1, x_2, \cdots, x_n)$ 是任一非奇异 n 元布尔函数. 令 $s = (a_1, a_2, \cdots, a_n)$,其中 $a_i = 0$ 或 1, $i = 1, 2, \cdots, n$. 令

$$f_1(x_1, x_2, \cdots, x_n) = f(x_1, x_2, \cdots, x_n) + x_2^{a_2} x_3^{a_3} \cdots x_n^{a_n}$$

那么 $f_1(x_1, x_2, \cdots, x_n)$ 也非奇异. 如果 s 和 s^* 分别属于以 $f(x_1, x_2, \cdots, x_n)$ 为反馈函数的非奇异 n 级移位寄存器的状态图 G_f 中两个圈长分别是 l_1 和 l_2 的不同的圈

$$(s_0 = s, s_1, s_2, \cdots, s_{l_1-1}), (t_0 = s^*, t_1, t_2, \cdots, t_{l_2-1}) \tag{2}$$

那么将 (2) 这两个圈合并成下面这一个圈长等于 $l_1 + l_2$ 的圈

$$(s_0 = s, t_1, t_2, \cdots, t_{l_2-1}, t_0 = s^*, s_1, s_2, \cdots, s_{l_1-1})$$

(图 1) 并保持其余各圈不动,就得到以 $f_1(x_1, x_2, \cdots, x_n)$ 为反馈函数的非奇异 n 级移位寄存器的状态图 G_{f_1}. 如果 s 和 s^* 属于 G_f 的圈长等于 l 的同一个圈

$$(s_0, s_1, \cdots, s_{l-1}) \tag{3}$$

而

$$s = s_0, s^* = s_k, 0 < k < l$$

那么将 (3) 这个圈分成两个圈长分别等于 $l-k$ 和 l 的圈

$$s_0 = (s, s_{k+1}, s_{k+2}, \cdots, s_{l-1}), s_k = (s^*, s_1, s_2, \cdots, s_{k-1})$$

(图 2) 而将其余各圈保持不动,就得到 G_{f_1}.

证明 $f_1(x_1, x_2, \cdots, x_n)$ 非奇异是很显然的. 我

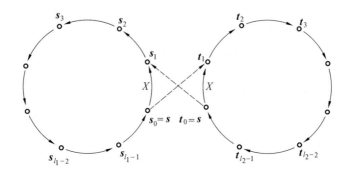

图 1

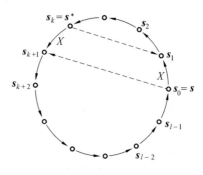

图 2

们知道小项 $x_2^{a_2} x_3^{a_3} \cdots x_n^{a_n}$ 只在 s 和 s^* 这两个状态上取值 1,而在其余各状态上都取值 0.因此

$$f_1(b_1, b_2, \cdots, b_n) = f(b_1, b_2, \cdots, b_n)$$

如果

$$(b_1, b_2, \cdots, b_n) \neq s, s^*$$

$$f_1(a_1, a_2, \cdots, a_n) = f(\overline{a}_1, a_2, \cdots, a_n)$$

$$f_1(\overline{a}_1, a_2, \cdots, a_n) = f(a_1, a_2, \cdots, a_n)$$

于是

$$T_{f_1}(t) = T_f(t),\text{对任一状态 } t \neq s, s^*$$

208

$$T_{f_1}(s) = T_f(s^*), T_{f_1}(s^*) = T_f(s)$$

所以在 G_f 中交换 G_n 的共轭顶点 s 和 s^* 的后继(它们是 G_n 的一对相伴顶点),就得到 G_{f_1}. 由此即可推出本定理中所说的 G_f 和 G_{f_1} 的关系.

仍设 $f(x_1, x_2, \cdots, x_n)$ 是任一非奇异 n 元布尔函数,那么以 $f(x_1, x_2, \cdots, x_n)$ 为反馈函数的 n 级移位寄存器的状态图 G_f 是 n 级德布鲁恩－古德图 G_n 的一个因子,G_f 在 G_n 的自同构 D 和反自同构 R,RD 的作用下,所得到的 $D(G_f), R(G_f), RD(G_f)$ 也都是 G_n 的因子.下面我们来研究以它们为状态图的非奇异 n 级移位寄存器的反馈函数与 $f(x_1, x_2, \cdots, x_n)$ 的关系.

定理 4　设 $f(x_1, x_2, \cdots, x_n) = x_1 + f_0(x_2, x_3, \cdots, x_n)$ 是任意非奇异 n 元布尔函数,G_f 是以 $f(x_1, x_2, \cdots, x_n)$ 为反馈函数的 n 级移位寄存器的状态图. 分别用 Df, Rf, RDf 表示以 $D(G_f), R(G_f), RD(G_f)$ 为状态图的 n 级移位寄存器的反馈函数,那么

$$Df(x_1, x_2, \cdots, x_n) = \overline{f(\overline{x_1}, \overline{x_2}, \cdots, \overline{x_n})} = x_1 + f_0(\overline{x_2}, \overline{x_3}, \cdots, \overline{x_n})$$

$$Rf(x_1, x_2, \cdots, x_n) = x_1 + f_0(x_n, x_{n-1}, \cdots, x_2)$$

$$RDf(x_1, x_2, \cdots, x_n) = x_1 + f_0(\overline{x_n}, \overline{x_{n-1}}, \cdots, \overline{x_2})$$

证明　设 $(a_1, a_2, \cdots, a_n)$ 是 Gf 的任一顶点,那么 G_f 中以 $(a_1, a_2, \cdots, a_n)$ 为起点的弧就是

$$((a_1, a_2, \cdots, a_n), (a_2, \cdots, a_n, f(a_1, a_2, \cdots, a_n)))$$

于是

$$((\overline{a_1}, \overline{a_2}, \cdots, \overline{a_n}), (\overline{a_2}, \cdots, \overline{a_n}, \overline{f(a_1, a_2, \cdots, a_n)}))$$

就是 $D(G_f)$ 中以 $(\overline{a_1}, \overline{a_2}, \cdots, \overline{a_n})$ 为起点的弧. 令 $b_i = \overline{a_i}(i=1, 2, \cdots, n)$,那么 $D(Gf)$ 中以 $(b_1, b_2, \cdots, b_n)$ 为

起点的弧就是

$$((b_1,b_2,\cdots,b_n),(b_2,\cdots,b_n,\overline{f(\overline{b_1},\overline{b_2},\cdots,\overline{b_n})}))$$

因此

$$Df(x_1,x_2,\cdots,x_n)=\overline{f(\overline{x_1},\overline{x_2},\cdots,\overline{x_n})}=$$
$$x_1+f_0(\overline{x_2},\overline{x_3},\cdots,\overline{x_n})$$

同样，$((f(a_1,a_2,\cdots,a_n),a_n,\cdots,a_2),(a_n,\ a_{n-1},\cdots,$
$a_1))$ 是 $R(G_f)$ 中的弧. 令 $b_1=f(a_1,a_2,\cdots,a_n),b_i=$
$a_{n-i+2}(i=2,3,\cdots,n)$，那么，从

$$b_1=f(a_1,a_2,\cdots,a_n)=a_1+f_0(a_2,a_3,\cdots,a_n)$$

推出

$$a_1=b_1-f_0(a_2,a_3,\cdots,a_n)=b_1+f_0(b_n,b_{n-1},\cdots,b_2)$$

因此 $R(G_f)$ 中以 $(b_1,b_2,\cdots,b_n)$ 为起点的弧就是

$$((b_1,b_2,\cdots,b_n),(b_2,b_3,\cdots,b_n,b_1+f_0(b_n,b_{n-1},\cdots,b_2)))$$

所以

$$Rf(x_1,x_2,\cdots,x_n)=x_1+f_0(x_n,x_{n-1},\cdots,x_2)$$

最后，从 Df 和 Rf 的公式，不难推出 RDf 的公式.

这样定理 4 就完全证明了.

§2　两个简单的移位寄存器的分析

先讨论以 n 元布尔函数

$$f(x_1,x_2,\cdots,x_n)=x_1 \tag{1}$$

为反馈函数的 n 级移位寄存器，它的框图如图 4.3 所示.

图 3 中一共有 n 个寄存器. 这个移位寄存器叫作 n

第五章　麦比乌斯函数与非线性移位寄存器

级纯轮换移位寄存器,简记作 PCR_n.

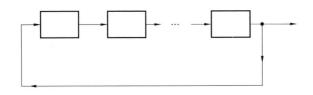

图 3　n 级纯轮换移位寄存器

定理 1　PCR_n 的状态图中圈的周期一定是 n 的正因数. 设 d 是 n 的一个正因数,那么 PCR_n 的状态图中周期等于 d 的圈的个数是

$$M(d) = \frac{1}{d} \sum_{d' \mid d} \mu(d') 2^{\frac{d}{d'}} \tag{2}$$

其中,求和号"$\sum_{d' \mid d}$"表示向 d 的一切正因数求和,而 $\mu(d)$ 是麦比乌斯函数.PCR_n 的状态图中圈的总数是

$$Z(n) = \frac{1}{n} \sum_{d \mid n} \phi(d) 2^{\frac{n}{d}} \tag{3}$$

其中,求和号"$\sum_{d \mid n}$"表示向 n 的一切正因数求和,而 $\phi(d)$ 是尤勒函数. 当 $n \neq 2$ 时,$Z(n)$ 一定是偶数.

证明　要证 PCR_n 的状态图中圈的周期一定是 n 的因数和证明 PCR_n 产生的任一移位寄存器序列的周期一定是 n 的因数是一样的. 设

$$a_0, a_1, a_2, \cdots \tag{4}$$

是 PCR_n 产生的任一移位寄存器序列. 由(1)可知

$$a_{n+k} = f(a_k, a_{k+1}, \cdots, a_{k+n-1}) = a_k, k = 0, 1, 2, \cdots$$

这证明了序列(4)的周期一定是 n 的正因数.

设 d 是 n 的任意一个正因数. 如果 $(a_1, a_2, \cdots, a_n)$ 是 PCR_n 的一个状态,而它所属的圈的周期是 d 的因

子,那么

$$(a_1, a_2, \cdots, a_n) = (a_{d+1}, a_{d+2}, \cdots, a_n, a_1, a_2, \cdots, a_d)$$

因此

$$a_i = a_{d+i} = a_{2d+i} = \cdots = a_{(\frac{n}{d}-1)d+i}, \quad i = 1, 2, \cdots, d$$

即

$$(a_1, a_2, \cdots, a_n) =$$

$$(\underbrace{\underbrace{a_1, a_2, \cdots, a_d}, \underbrace{a_1, a_2, \cdots, a_d}, \cdots, \underbrace{a_1, a_2, \cdots, a_d}}_{\frac{n}{d}\text{组}})$$

$$(5)$$

反过来,如果$(a_1, a_2, \cdots, a_d)$是F_2上任意d-元素组,那么状态(5)所属的PCR_n的状态图的圈的周期一定是d的正因数. 因此,PCR_n一共有2^d个状态,它们所属的圈的周期恰是d的正因数. 另一方面,PCR_n的周期是d的正因数的那些圈上所含的状态总数是

$$\sum_{d'|d} d' M(d')$$

其中,求和号"$\sum\limits_{d'|d}$"是向d的一切正因数求和,因此一定有

$$\sum_{d'|d} d' M(d') = 2^d$$

从这个式子,利用麦比乌斯反转公式就得出式(2).

显然有

$$Z(n) = \sum_{d|n} M(d)$$

将式(2)代入这个式子,就有

$$Z(n) = \sum_{d|n} \frac{1}{d} \sum_{d'|d} \mu(d') 2^{\frac{d}{d'}} = \sum_{d|n} \frac{1}{d} \sum_{d'|d} \mu\left(\frac{d}{d'}\right) 2^{d'}$$

记$n = dd_1$,那么$\frac{n}{d'} = \frac{d}{d'} d_1$. 于是当$d$跑过同时是$n$的正

212

因数又是 d' 的倍数的那些数时, d_1 跑过 $\dfrac{n}{d}$ 的所有正因数. 因此

$$Z(n) = \sum_{d' \mid n} \sum_{d_1 \mid \frac{n}{d'}} \frac{d_1}{n} \mu\left(\frac{n}{d_1 d'}\right) 2^{d'}$$

令 $n_1 = \dfrac{n}{d'}$, 上式又可写成

$$Z(n) = \sum_{d' \mid n} \frac{1}{d'} \left[\sum_{d_1 \mid n_1} \frac{d_1}{n_1} \mu\left(\frac{n_1}{d_1}\right) \right] 2^{d'}$$

当 d_1 跑过 n_1 的所有正因数时, $\dfrac{n_1}{d_1}$ 也跑过 n_1 的所有正因数. 因此

$$Z(n) = \sum_{d' \mid n} \frac{1}{d'} \left[\sum_{d_1 \mid n_1} \frac{\mu(d_1)}{d_1} \right] 2^{d'}$$

又

$$Z(n) = \sum_{d' \mid n} \frac{1}{d'} \left[\frac{1}{n_1} \phi(n_1) \right] 2^{d'} =$$

$$\sum_{d' \mid n} \frac{1}{d'} \cdot \frac{1}{\frac{n}{d'}} \phi\left(\frac{n}{d'}\right) 2^{d'} =$$

$$\sum_{d' \mid n} \frac{1}{n} \phi\left(\frac{n}{d'}\right) 2^{d'} =$$

$$\frac{1}{n} \sum_{d \mid n} \phi(d) 2^{\frac{n}{d}}$$

这就是式(3).

我们再来证明, 当 $n \neq 2$ 时, $Z(n)$ 一定是偶数, 分下列三种情形来讨论.

(1) n 是奇数, 这时

$$Z(n) \equiv \sum_{d \mid n} \phi(d) 2^{\frac{n}{d}} \pmod 2$$

因为 $\sum\limits_{d|n}\phi(d)2^{\frac{n}{d}}$ 中每一项都有 2 的一个幂作为因数，所以 $\sum\limits_{d|n}\phi(d)2^{\frac{n}{d}}$ 是偶数. 因此这时 $Z(n)$ 是偶数.

(2)$n=2^k$,而 $k\geqslant 2$,这时

$$Z(n)=\frac{1}{2^k}\sum_{i=0}^{k}\phi(2^i)2^{2^{k-i}}=$$

$$2^{2^k-k}+\sum_{i=1}^{k}2^{2^{k-i}-(k-i)-1}$$

因为 $2^k-k>0$,所以 2^{2^k-k} 是偶数. 当 $i=1,2,\cdots,k-2$ 时,$2^{k-i}-(k-i)-1>0$,所以 $2^{2^{k-i}-(k-i)-1}$ 都是偶数. 当 $i=k-1$ 和 k 时

$$2^{k-(k-1)}-(k-(k-1))-1=$$

$$2^{k-k}-(k-k)-1=0$$

所以

$$2^{2^{k-(k-1)}-(k-(k-1))-1}=2^{2^{k-k}-(k-k)-1}=1$$

因此,当 $n=2^k$,而 $k\geqslant 2$ 时,$Z(n)$ 也是偶数.

(3)$n=2^km$,$k>0$,而 m 是大于 1 的奇数,这时

$$Z(n)=\frac{1}{2^km}\sum_{m'|m}\sum_{i=0}^{k}\phi(2^im')2^{2^{k-i}\frac{m}{m'}}=$$

$$\frac{1}{m}\sum_{m'|m}\phi(m')\frac{1}{2^k}\sum_{i=0}^{k}\phi(2^i)2^{2^{k-i}\frac{m}{m'}}=$$

$$\frac{1}{m}\sum_{m'|m}\phi(m')\sum_{i=0}^{k}2^{2^{k-i}\frac{m}{m'}-(k-i)-1}\equiv$$

$$\sum_{m'|m}\phi(m')\sum_{i=0}^{k}2^{2^{k-i}\frac{m}{m'}-(k-i)-1}(\bmod 2)$$

当 $m'>1$ 时,$\phi(m')$ 总是偶数,因此对 $i=0,1,\cdots,k$,$\phi(m')2^{2^{k-i}\frac{m}{m'}-(k-i)-1}$ 总是偶数. 当 $m'=1$ 时,$\phi(m')=1$,而对 $i=0,1,\cdots,k$,有

$$2^{k-i}\frac{m}{m'}-(k-i)-1=$$

$$2^{k-i}m-(k-i)-1>0$$

因此 $\phi(m')2^{2^{k-i}\frac{m}{m'}-(k-i)-1}$ 也是偶数,所以这时 $Z(n)$ 也一定是偶数.

这样定理 1 就完全证明了.

我们要讨论的第二个移位寄存器是以 n 元布尔函数

$$f(x_1,x_2,\cdots,x_n)=\overline{x_1}=x_1+1 \tag{6}$$

为反馈函数的 n 级移位寄存器,它的框图如图 4 所示.

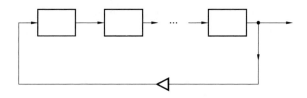

图 4　n 级补轮换移位寄存器

这个移位寄存器叫作 n 级补轮换移位寄存器,通常把它简记为 CCR_n.

定理 2　CCR_n 的状态图中圈的周期一定是 $2n$ 的正因数,而且又不是 n 的因数.换句话说,设 $n=2^km$,这里 $k\geqslant 0$,而 m 是奇数,那么,CCR_n 的状态图中圈的周期都是形如 $2^{k+1}d$ 的数,这里 d 是 m 的正因数.CCR_n 的状态图中周期等于 $2^{k+1}d$ 的圈的个数是

$$M^*(2^{k+1}d)=\frac{1}{2^{k+1}d}\sum_{d'\mid d}\mu(d')2^{2^k\frac{d}{d'}} \tag{7}$$

而 CCR_n 的状态图中圈的总数是

$$Z^*(n)=\frac{1}{2n}\sum_{d\mid m}\phi(d)2^{\frac{n}{d}} \tag{8}$$

证明　设

$$a_0, a_1, a_2, \cdots \tag{9}$$

是 CCR_n 产生的任一移位寄存器序列,由(6)可知

$$a_{k+n} = f(a_k, a_{k+1}, \cdots, a_{k+n-1}) = \overline{a_k}, k = 0, 1, 2, \cdots$$

于是

$$a_{k+2n} = \overline{a_{k+n}} = a_k, k = 0, 1, 2, \cdots$$

这就是说序列(9)的周期一定是 $2n$ 的正因数. 又显然有

$$a_{k+n} \neq a_k, k = 0, 1, 2, \cdots$$

所以序列(9)的周期又不是 n 的正因数. 因此,CCR_n 的状态图中圈的周期也一定是 $2n$ 的正因数,而又不是 n 的因数.

设 $n = 2^k m, k \geqslant 0$,而 m 是奇数,再设 d 是 m 的任意一个正因数. 如果 $(a_1, a_2, \cdots, a_n)$ 是 CCR_n 的一个状态,而它所属的圈的周期是 $2^{k+1}d$ 的因数,那么可证 $(a_1, a_2, \cdots, a_n) =$

$$\underbrace{(\underbrace{a_1, a_2, \cdots, a_{2^k d}}, \underbrace{a_1, a_2, \cdots, a_{2^k d}}, \cdots, \underbrace{a_1, a_2, \cdots, a_{2^k d}})}_{\frac{m}{d}\text{组}}$$

$$\tag{10}$$

反过来,如果 $(a_1, a_2, \cdots, a_{2^k d})$ 是 F_2 上任意 $2^k d$ 元素组,那么状态(10)所属的圈的周期一定是 $2^{k+1}d$ 的正因数. 因此,CCR_n 一共有 $2^k d$ 个状态,它们所属的圈的周期一定是 $2^{k+1}d$ 的正因数. 另一方面,CCR_n 的周期是 $2^{k+1}d$ 的正因数的那些圈上所含状态总数是

$$\sum_{d'|d} 2^{k+1} d' M^* (2^{k+1} d')$$

因此一定有

$$\sum_{d'|d} 2^{k+1} d' M^*(2^{k+1} d') = 2^{2^k d}$$

从这个式子，利用麦比乌斯反转公式，就得出式(7).

显然有

$$Z^*(n) = \sum_{d|m} M^*(2^{k+1} d)$$

将式(7)代入上式右方，就有

$$Z^*(n) = \sum_{d|m} \frac{1}{2^{k+1} d} \sum_{d'|d} \mu(d') 2^{2^k \frac{d}{d'}} =$$

$$\sum_{d|m} \frac{1}{2^{k+1} d} \sum_{d'|d} \mu\left(\frac{d}{d'}\right) 2^{2^k d'}$$

交换求和次序. 记 $m = dd_1$，那么 $\frac{m}{d'} = \frac{d}{d'} d_1$. 当 d 跑过既

是 m 的正因数又是 d' 的倍数的那些数时，d_1 跑过 $\frac{m}{d'}$ 的

所有正因数，因此

$$Z^*(n) = \frac{1}{2^{k+1} m} \sum_{d'|m} \sum_{d_1 | \frac{m}{d'}} \frac{d_1}{m} \mu\left(\frac{m}{d_1 d'}\right) 2^{2^k d'}$$

令 $m_1 = \frac{m}{d'}$，于是

$$Z^*(n) = \frac{1}{2^{k+1}} \sum_{d'|m} \frac{1}{d'} \left[\sum_{d_1|m_1} \frac{d_1}{m_1} \mu\left(\frac{m_1}{d_1}\right)\right] 2^{2^k d'} =$$

$$\frac{1}{2^{k+1}} \sum_{d'|m} \frac{1}{d'} \left[\sum_{d_1|m_1} \frac{\mu(d_1)}{d_1}\right] 2^{2^k d'} =$$

$$\frac{1}{2^{k+1}} \sum_{d'|m} \frac{1}{d'} \left[\frac{1}{m_1} \phi(m_1)\right] 2^{2^k d'} =$$

$$\frac{1}{2^{k+1}} \sum_{d'|m} \frac{1}{m} \phi\left(\frac{m}{d'}\right) 2^{2^k d'} =$$

$$\frac{1}{2^{k+1} m} \sum_{d'|m} \phi(d') 2^{2^k \frac{m}{d'}} =$$

$$\frac{1}{2n} \sum_{d|m} \phi(d) 2^{\frac{n}{d}}$$

这就是式(8).

系理　CCR_n 的状态图中圈的总数 $Z^*(n)$ 也可以表示成

$$Z^*(n) = \frac{1}{2}Z(n) - \frac{1}{2n}\sum_{2d\mid n}\phi(2d)2^{\frac{n}{2d}}$$

其中,求和号"$\sum\limits_{2d\mid n}$"是对 n 的所有正的偶因数求和. 特别地,当 n 是奇数时

$$Z^*(n) = \frac{1}{2}Z(n)$$

当 $n \leqslant 10$ 时,$Z(n)$ 和 $Z^*(n)$ 的值如表 1 所示.

表 1

n	1	2	3	4	5	6	7	8	9	10
$Z(n)$	2	3	4	6	8	14	20	36	60	108
$Z^*(n)$	1	1	2	2	4	6	10	16	30	52

§3　非线性移位寄存器序列

非线性移位寄存器是由一个 $GF(q)^{(n)} \to GF(q)$ 的 Boolean 函数 $f(x^{(n)})$ 确定,而由 $f(x^{(n)})$ 产生的非线性移位寄存器序列 a^{∞} 应对任何 $k \geqslant n$,有

$$a_{(k)} = f(a_{k-n}, a_{k-n+1}, \cdots, a_{k-1})$$

定义 $G_f = \{A^n, L_f\}$ 是由 $f(x^{(n)})$ 确定的 B-G 图,其中 $A^n = GF(q)^{(n)}$,而

$$L_f = \{(x^{(n)}, f(x^{(n)})) \mid x^{(n)} \in GF(q)^{(n)}\}$$

记 $G_a = \{A_a^{(n)}, L_a\}$ 为由 a^{∞} 确定的 B-G 图,其中

$$A_a^{(n)} = \{s_t^{(n)}, t = 0, 1, 2, \cdots\}$$

218

$$L_a = \{ \boldsymbol{s}_t^{(n+1)} , t = 0,1,2,\cdots \} \tag{1}$$

而

$$\boldsymbol{s}_t^{(k)} = (a_t, a_{t+1}, \cdots, a_{t+k-1}), k = 1,2,\cdots, t = 0,1,2,\cdots \tag{1$'$}$$

为 a^∞ 的一个状态向量.

引理　　如果 a^∞ 是一个由 $f(x^{(n)})$ 产生的非线性移位寄存器序列,那么 G_a 一定是 G_f 的一个图,这就是 $A_a^{(n)}$ 与 L_a 分别是 $A_f^{(n)}$ 与 L_f 的一个子集.

该引理由 G_a 与 G_f 的定义即得.

§4　非奇异移位寄存器

我们以下先讨论与非线性移位寄存器有关的若干问题.

定义　　称非线性移位寄存器 $f(x^{(n)})$ 是非奇异的,如果 $f(x^{(n)})$ 决定的图 G_f 只有圈.

例　　设两个非线性移位寄存器 f_1 与 f_2 分别为

$$f_1(x^{(3)}) = x_1 + x_2 + x_3 + x_1 x_3$$

$$f_2(x^{(3)}) = x_1 x_2 + x_1 x_3 + x_2 x_3$$

这时它们的函数值如表 2 所示.

表 2

$x^{(3)}$	f_1	f_2
000	0	0
001	1	0
010	1	0
011	1	1

续表 2

$x^{(3)}$	f_1	f_2
100	1	0
101	0	1
110	0	1
111	0	1

这时非线性移位寄存器 f_1 是非奇异的,而 f_2 是奇异的.(图 5,6)

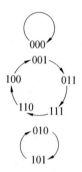

图 5 f_1 函数图

定理 在 $GF(2)$ 域中,以下条件相互等价:

(1) 非线性移位寄存器 $f(x^{(n)})$ 是非奇异的.

(2) 非线性移位寄存器 $f(x^{(n)})$ 的图 G_f 没有梢点(在有向图中,只有出弧,没有入弧的点为梢点).

(3) 在图 G_f 中,每个点有且只有一条入弧.

(4) $f(x^{(n)}) = x_1 + f_1(x^{(n-1)})$,其中 $x^{(n-1)} = (x_2, x_3, \cdots, x_n)$,而 $x^{(n)} = (x_1, x^{(n-1)})$.

证明 由条件(1)推出条件(2)与条件(3)是显然的.由条件(3)推出条件(2)也是显然的.因为在图

220

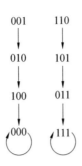

图 6 f_2 函数图

G_f 中,每个点必到达一个圈,所以如果图 G_f 没有梢点,那么图 G_f 的所有点都在圈上. 因此由条件(2)可推得条件(1). 这时条件(1)(2)与(3)等价. 我们现在只要证明条件(4)与条件(3)等价即可.

如果条件(4)成立,那么图 G_f 中每条弧为

$$s = a^{(n+1)} = (a_0, a_1, \cdots, a_{n-1}, a_n) \tag{1}$$

其中

$$a^{(n)} = f(a_0, a_1, \cdots, a_{n-1}) = a_0 + f_1(a_1, a_2, \cdots, a_{n-1})$$

这时对图 G_f 中每个点 $s = a^{(n)} = (a_1, \cdots, a_{n-1}, a_n)$,总有一条由式(1)定义的入弧 s,其中

$$a_0 = a_n + f_1(a_1, a_2, \cdots, a_{n-1}) \tag{2}$$

且由关系式(1)与(2)可得,当 $s = a^{(n)}$ 点不同时,相应的入弧一定不同. 这样由条件(4)推出条件(3).

反之,我们证明由条件(3)可推得条件(4). 因为对任何 Boolean 函数 $f(x^{(n)})$ 总有以下表达式

$$f(x^{(n)}) = x_1 \cdot f_0(x^{(n-1)}) + f_1(x^{(n-1)}) \tag{3}$$

其中 $x^{(n-1)} = (x_2, x_3, \cdots, x_n)$. 为证条件(4)成立,我们只要证 $f_0(x^{(n-1)}) \equiv 1$ 就可以. 对此我们用反证法证.

如果 $f_0(x^{(n-1)}) \equiv 1$ 不成立,那么必有一个点 $b^{(n-1)} = (b_1, b_2, \cdots, b_{n-1})$,使 $f_1(b^{(n-1)}) = 0$ 成立. 这时我们取点

$$a^{(n)} = (a_1, a_2, \cdots, a_{n-1}, a_n) = (b_1, b_2, \cdots, b_{n-1}, a_n)$$

其中 $a_n = f_1(b^{(n-1)})$. 这时 $a^{(n)}$ 就有两条入弧:$(0, b^{(n-1)})$ 与 $(1, b^{(n-1)})$. 这与条件(3)的要求矛盾. 因此条件(4)必成立. 定理得证.

§5　非线性移位寄存器的剪接理论

非线性移位寄存器的剪接理论是指改变图 G_f 中的某些弧的始、末端关系,并讨论它们对图的结构影响. 在 $GF(2)$ 域中,对 n 维向量

$$s = (a_1, a_2, \cdots, a_{n-1}, a_n) \tag{1}$$

我们记

$$s^* = (a_1 + 1, a_2, \cdots, a_{n-1}, a_n) \tag{2}$$

为 s 的共轭向量,而

$$s' = (a_1, a_2, \cdots, a_{n-1}, a_n + 1) \tag{3}$$

为 s 的相伴向量,而

$$\overline{s} = (\overline{a_1}, \overline{a_2}, \cdots, \overline{a_{n-1}}, \overline{a_n}) \tag{4}$$

为 s 的补向量,其中 $\overline{a_i} = a_i + 1$,又记

$$D(s) = (a_n, a_{n-1}, \cdots, a_2, a_1) \tag{5}$$

为 s 的反向量. 同样由 s 变为 s^*,s',$\overline{s}$ 与 $D(s)$ 的四种运算分别称为共轭、相伴、补与反运算.

我们讨论一个非奇异的非线性移位寄存器. 如果 (s, t) 是图 G_f 中的一条弧,那么 (s^*, t') 必是图 G_f 中的另一条弧,其中 s^*,t' 分别是图 G_f 中点 s,t 的相伴点

222

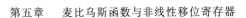

与共轭点.为保证非线性移位寄存器的非奇异性,这时对图 G_f 进行剪接必须同时改变弧(s,t)与弧(s^*,t'),相应的剪接运算为

$$J:\{(s,t),(s^*,t')\}\to\{(s^*,t),(s,t')\} \qquad (6)$$

其中$\{(s,t),(s^*,t')\}$为图 G_f 中的原弧,$\{(s^*,t),(s,t')\}$为剪接后的弧.

我们以下称$\{(s,t),(s^*,t')\}$为图 G_f 中的两条对偶弧.

定理 1　在非奇异的图 G_f 中,如果 J 为由式(6)定义的剪接,那么剪接后的新图 G_g 仍是一个非奇异的非线性移位寄存器图,相应的生成函数为

$$g(x^{(n)})=f(x^{(n)})+\prod_{i=2}^{n}\chi(a_i,x_i) \qquad (7)$$

其中$\chi(a_i,x_i)$为点 a_i 上的特征函数,使

$$\chi(a_i,x_i)=\begin{cases}1,\text{如果 } x_i=a_i\\0,\text{如果 } x_i\neq a_i\end{cases}$$

成立,在二进制中 $\chi(a_i,x_i)=a_i+x_i+1$.

证明　该定理的证明是明显的.因为剪接后的新图 G_g 的每个点仍有且只有一条入弧与出弧,所以它是一个非奇异的非线性移位寄存器图.另外,由式(7)定义的函数 $g(x^{(n)})$ 是剪接后的图的生成函数.由这个 $g(x^{(n)})$ 的定义,我们有:

当 $x^{(n)}\neq s,s^*$ 时,$g(x^{(n)})=f(x^{(n)})$;

当 $x^{(n)}=s,s^*$ 时,$g(x^{(n)})=f(x^{(n)})+1$.

这正是把 s 与 s^* 的后继 t,t' 变为 t',t.定理得证.

定理 2　在非奇异的图 G_f 中,如果$\{(s,t),(s^*,t')\}$是图中两条对偶弧,J 为式(6)的剪接运算,那么有:

223

（1）如果 $\{(s,t),(s^*,t')\}$ 是在图 G_f 的同一圈 C 上，那么剪接运算 J 将圈 C 分解为两个圈 C_1 与 C_2（图 7）.

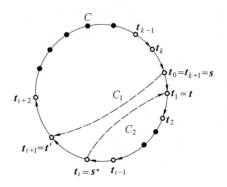

图 7　圈 C 由剪接分解为图 C_1,C_2 的示意图

（2）如果 $\{(s,t),(s^*,t')\}$ 分别在图 G_f 的两个圈 C_1 与 C_2 上，那么剪接运算 J 将这两个圈 C_1 与 C_2 合成一个圈 C（图 8）.

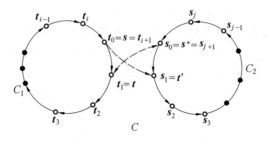

图 8　圈 C_1,C_2 由剪接合并成圈 C 的示意图

证明　（1）我们记圈 C 为

$$t_0 = s \to t_1 = t \to t_2 \to \cdots \to t_{i-1} \to$$

$$t_i = s^* \to t_{i+1} = t' \to t_{i+2} \to \cdots \to t_k \to t_{k+1} = s$$

这时由剪接运算 J 将 C 分解为

$$t_0 = s \rightarrow t_{i+1} = t' \rightarrow t_{i+2} \rightarrow \cdots \rightarrow t_k \rightarrow t_{k+1} = s$$

$$t_i = s^* \rightarrow t_1 = t \rightarrow t_2 \rightarrow \cdots \rightarrow t_{i-1} \rightarrow t_i = s^*$$

这就是 C_1, C_2 两个圈. 定理的第一个命题得证.

（2）我们记 C_1, C_2 两个圈为

$$t_0 = s \rightarrow t_1 = t \rightarrow t_2 \rightarrow \cdots \rightarrow t_i \rightarrow t_{i+1} = s$$

$$s_0 = s^* \rightarrow s_1 = t' \rightarrow s_2 \rightarrow \cdots \rightarrow s_j \rightarrow s_{j+1} = s^*$$

这时由剪接运算 J 将这两个圈合并成一个圈 C 为

$$t_0 = s \rightarrow s_1 = t' \rightarrow s_2 \rightarrow \cdots \rightarrow s_j \rightarrow s_{j+1} = s^* =$$

$$s_0 \rightarrow t_1 = t \rightarrow t_2 \rightarrow \cdots \rightarrow t_i \rightarrow t_{i+1} = s$$

定理得证.

以上定理 1,2 均可推广到一般 $GF(q)$ 域的情形，如定理 1 可推广为：

定理 $1'$　在非奇异的图 G_f 中，如果 J 为由式（6）定义的剪接，那么剪接后的新图 G_g 仍是一个非奇异的非线性移位寄存器图，相应的生成函数为

$$g(x^{(n)}) = f(x^{(n)} + \chi_1(a_1, a_1^*, x_1)$$

$$[f(s^*) - f(s)] \prod_{i=2}^{n} \chi(a_i, x_i)) \qquad (7')$$

其中 $f(s) = f(a_1, a_2, \cdots, a_n)$，而 s 由式（1）定义

$$\chi_1(a_1, a_1^*, x_1) = \begin{cases} 1, & \text{如果 } x_1 = a_1 \\ -1, & \text{如果 } x_1 \neq a_1 \\ 0, & \text{否则} \end{cases}$$

$$\chi(a_i, x_i) = \begin{cases} 1, & \text{如果 } x_i = a_i \\ 0, & \text{如果 } x_i \neq a_i \end{cases}$$

而对 $GF(q)$ 域中 n 维向量 s 的共轭向量与相伴向量分别为

$$s^* = (a_1^*, a_2, \cdots, a_{n-1}, a_n) \qquad (2')$$

$$s' = (a_1, a_2, \cdots, a_{n-1}, a_n^*) \qquad (3')$$

其中 a_1^* 为 $GF(q)$ 域中 a_1 的共轭元,也就是 $a_1^* \not= a_1$, $a_1^* \in GF(q)$,而 a_n^* 类似定义.

§6 $n-$级纯轮换与反轮换非线性移位寄存器

$n-$级纯轮换与反轮换非线性移位寄存器由图 9 与图 10 给定. 我们分别记这两种移位寄存器为 PCR$_n$ 与 CCR$_n$,其中 n 为寄存器的个数. 它们相应的生成函数分别为

$$f(x^{(n)}) = x_1, f(x^{(n)}) = x_1 + 1 \tag{1}$$

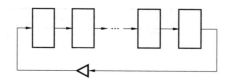

图 9　$n-$级纯轮换非线性移位寄存器

图 10　$n-$级反轮换非线性移位寄存器

我们以下讨论 $q = 2$ 的情形.

定理 1　在 PCR$_n$ 的状态图中,任何圈的周期一定是 n 的因子. 如果 d 是 n 的一个因子,在这个状态图中,周期为 d 的圈的个数为

$$M(d) = \frac{1}{d} \sum_{d'|d} \mu(d') 2^{\frac{d}{d'}} \tag{2}$$

其中 $\mu(d')$ 为麦比乌斯函数. 而在 PCR$_n$ 的状态图中,

圈的总数为

$$Z(n) = \frac{1}{n}\sum_{d|n}\varphi(d)2^{\frac{n}{d}} \tag{3}$$

其中 $\varphi(d)$ 为欧拉函数.

定理 2　在 CCR_n 的状态图中,任何圈的周期一定是 $2n$ 的因子,同时又不是 n 的因子. 如果我们记 $n=2^km$,其中 m 是奇数,那么在 CCR_n 的状态图中,任何圈的周期一定是 $2^{k+1}d$,其中 d 是 m 的一个因子. 在这个状态图中,周期为 $2^{k+1}d$ 的圈的个数为

$$M(2^{k+1}d) = \frac{1}{2^{k+1}d}\sum_{d'|d}\mu(d')\exp_2\left[\exp_2\left(k\frac{d}{d'}\right)\right] \tag{4}$$

其中"$\exp_2(\ \ )$"为以 2 为底的指数函数. 而在 CCR_n 的状态图中,圈的总数为

$$Z(n) = \frac{1}{2n}\sum_{d|m}\varphi(d)2^{\frac{n}{d}} \tag{5}$$

例　如果 $n=18$,求 PCR_n 与 CCR_n 的状态图中,周期与圈的个数.

解　在 PCR_n 的状态图中,18 的因子有 $1,2,3,6,9,18$. 这时周期为 $1,2,3,4,6,9,12,18$ 的圈的个数为

$$M(1) = \mu(1)2^{\frac{1}{1}} = 2$$

$$M(2) = \frac{\mu(1)2^{\frac{2}{1}}+\mu(2)2^{\frac{2}{2}}}{2} = \frac{4-2}{2} = 1$$

$$M(3) = \frac{\mu(1)2^{\frac{3}{1}}+\mu(3)2^{\frac{3}{3}}}{3} = \frac{8-2}{3} = 2$$

$$M(4) = \frac{\mu(1)2^{\frac{4}{1}}+\mu(2)2^{\frac{4}{2}}+\mu(4)2^{\frac{4}{4}}}{4} = \frac{16-4}{4} = 3$$

$$M(6) = \frac{\mu(1)2^{\frac{6}{1}}+\mu(2)2^{\frac{6}{2}}+\mu(3)2^{\frac{6}{3}}+\mu(6)2^{\frac{6}{6}}}{6} =$$

$$\frac{64-8-4+2}{6} = 9$$

$$M(9) = \frac{\mu(1)2^{\frac{9}{1}} + \mu(3)2^{\frac{9}{3}} + \mu(9)2^{\frac{9}{9}}}{9} =$$

$$\frac{512 - 8}{9} = 56$$

$$M(12) =$$

$$\frac{\mu(1)2^{\frac{12}{1}} + \mu(2)2^{\frac{12}{2}} + \mu(3)2^{\frac{12}{3}} + \mu(4)2^{\frac{12}{4}} + \mu(6)2^{\frac{12}{6}} + \mu(12)2^{\frac{12}{12}}}{12} =$$

$$\frac{4\,096 - 64 - 16 + 4}{12} = \frac{4\,020}{12} = 335$$

$$M(18) =$$

$$\frac{\mu(1)2^{\frac{18}{1}} + \mu(2)2^{\frac{18}{2}} + \mu(3)2^{\frac{18}{3}} + \mu(6)2^{\frac{18}{6}} + \mu(18)2^{\frac{18}{18}}}{18} =$$

$$\frac{262\,144 - 512 - 64 + 8}{18} = \frac{261\,576}{18} = 14\,532$$

这时总的圈数为

$$Z(18) = 14\,532 + 335 + 56 + 9 + 3 + 2 + 1 = 14\,938$$

在 CCR_{18} 的状态图中,$18 = 2 \times 9$,因此 $m = 9, k = 1$. 这时 9 的因子为 $1, 3, 9$. 所以在 CCR_{18} 的状态图中,成圈的可能周期数为 $4, 12, 36$. 这时它们的圈数为

$$M(4) = \frac{\mu(1)\exp_2(\exp_2 1)}{4} = \frac{4}{4} = 1$$

$$M(12) = \frac{\mu(1)\exp_2(\exp_2 3) + \mu(3)\exp_2(\exp_2 1)}{12} =$$

$$\frac{256 - 4}{12} = 21$$

$$M(36) =$$

$$\frac{\mu(1)\exp_2(\exp_2 9) + \mu(3)\exp_2(\exp_2 3) + \mu(9)\exp_2(\exp_2 1)}{36} =$$

$$\frac{2^6(2^{504} - 1)}{9}$$

密码学与凝聚态物理

第六章

§1 麦比乌斯平面与消息认证码

信息的保密和认证是信息安全的两个主要内容. C. E. Shannon 在 20 世纪 40 年代首先利用信息论的方法研究保密问题,提出了完善保密系统的概念. G. J. Simmons 在 20 世纪80 年代将信息论的方法应用于研究认证问题,认证码成为构造无条件安全认证系统的密码学基础构件. Gilbert,Mac Williams 和 Sloane 构造了第一个认证码,在三方认证模型中,发方通过一个公共信道给收方发送消息,敌方企图假冒发方发送虚假消息欺骗收方. 假定发方和收方互相信任,收方利用与发方约定使用的密钥可以判断所收到的消息是合法的还是虚假的. 后来，人们放弃了发方和收方互相信任的假定，发方在发送一个消息后可能抵赖，收方可能谎称收到一个他捏造的消息，为了防止上述可能的欺骗行为，在方案中增添了一个可信的仲裁方，他可以仲裁发方和收方可能发生的争执，这就形成了四方认证系统.

在以上两种模型中，都利用欺骗成功概率的下界来评价一个认证系统. 系统中所用的密钥个数也有一个下界，它依赖于欺骗成功概率. 可以证明，当密钥个数达到这个下界时，欺骗成功概率也达到下界. 密钥个数达到下界的认证系统称为是完善的，完善认证系统具有很规则的结构，可以用组合设计的语言刻画.

在 Simmons 研究的认证系统中，假定一个密钥（编码规则）只使用一次. 裴定一教授研究了一个密钥可以多次使用的认证系统，发现这时的完善认证系统的结构与一类特殊的组合设计 —— 强部分平衡设计密切相关，从而将完善认证系统的构造归结为强部分平衡设计的构造，建立了认证理论与组合设计理论之间的一座桥梁. 在此基础上，裴定一教授利用有限域上射影空间的有理正规曲线构造了一类新的强部分平衡设计，从而构造了一类新的完善认证码.

设 n 和 r 为正整数，域 F_q 是域 F_q^r 的子域，射影空间 $PG(n,F_q)$ 包含在射影空间 $PG(n,F_q^r)$ 内. 任一 F_q 上的 $n+1$ 阶可逆矩阵 T 定义 $PG(n,F_q^r)$ 上的一个射影变换，它在 $PG(n,F_q)$ 上的限制是 $PG(n,F_q)$ 上的一个射影变换，所以 $PGL_{n+1}(F_q)$ 可以看作是 $PGL_{n+1}(F_q^r)$ 的一个子群.

定义 C_q 为由 $PG(n,F_q)$ 中 $q+1$ 个点
$$\{(1,\alpha,\cdots,\alpha^n)\mid \alpha\in F_q\}\bigcup\{(0,\cdots,0,1)\}$$

组成的曲线，C_q 在 $PG(n,F_q^r)$ 上任一射影变换之下生成的象称为 q 子域有理正规曲线，简记为 q-SRNC. 显然每一条 q-SRNC 上有 $q+1$ 个点.

Witt 教授证明了 $PG(1,F_q^r)$ 中的 q-SRNC 组成了一 $(q^r+1,q+1,1)$ 设计，称为麦比乌斯平面，这是 1938 年得到的. 这里的平面概念是从几何中借用的，我们先看看什么是线.

设 F_q 为含 q 个元素的有限域，q 为素数幂，$AG(2,F_q)$ 表示 F_q 上的仿射平面，$AG(2,F_q)$ 中每个点用 F_q 中的一个元素对偶 (α,β) 表示，所以 $AG(2,F_q)$ 中共有 q^2 个元素. 适合线性方程

$$ax + by + c = 0$$

的所有点 (α,β) 组成 $AG(2,F_q)$ 中一条直线，这里 a,b 不同时为零，再来看什么是面.

令 $AG(n,F_2)$ 表示 F_2 上的 $n(n \geqslant 3)$ 维仿射空间，$\boldsymbol{T}$ 为 F_2 上 $n \times n$ 可逆方阵，$AG(n,F_2)$ 上的一一映射

$$AG(n,F_2) \to AG(n,F_2)$$

$$(x_1,\cdots,x_n) \to (x_1,\cdots,x_n)\boldsymbol{T} + (c_1,\cdots,c_n)$$

称为仿射变换. $AG(n,F_2)$ 上所有仿射变换组成一个群.

设两个向量 $(a_1,a_2,\cdots,a_n)$ 和 $(b_1,b_2,\cdots,b_n)$ 线性无关，点集

$$s(a_1,a_2,\cdots,a_n) + t(b_1,b_2,\cdots,b_n) + (c_1,c_2,\cdots,c_n)$$

$$s,t \in F_2$$

称为 $AG(n,F_2)$ 中的平面，每个平面上有四个点，在任一仿射变换作用之下平面映为平面.

§2   麦比乌斯变换与凝聚态物理

凝聚态是固态和液态的通称,凝聚态物理学是研究固体和液体的基础科学.此外,凝聚态物理学还研究介于固、液两态之间的物态(例如液晶、玻璃、凝胶等),稠密气体和等离子体,以及只在低温下存在的特殊量子态(超流体,BEC 即玻色 — 爱因斯坦凝聚体等).

凝聚态物理学大体上可以划分为两大领域:固体领域和液体领域.固体领域包括固体的电子性质,固体的结构和振动激发,临界现象和相变,固体的磁学性质,固体中缺陷和扩散以及表面和界面,半导体,超导体等;液体领域分为经典液体,液晶,聚合物,非线性动力学,不稳定性和混沌等分支领域.

麦比乌斯变换是通过处理数学分析中的一个问题与凝聚态物理发生的联系.我们面对的是无穷级数,所以称 $g(x) = \sum_{n=1}^{\infty} f(\frac{x}{n})$ 为函数 f 的修正的麦比乌斯变换.假设 $f(x)$ 和 $g(x)$ 都可以在点 $x = 0$ 处展开为泰勒级数

$$f(x) = \sum_{k=2}^{\infty} c_k x^k \tag{1}$$

$$g(x) = \sum_{k=2}^{\infty} d_k x^k \tag{2}$$

这里的级数中缺少 $k = 0$ 和 1 项,是为了保证 $\sum_{n=1}^{\infty} f(\frac{x}{n})$ 中的级数收敛.将 (1)(2) 两式代入到 $g(x) =$

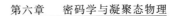

$\sum\limits_{n=1}^{\infty} f(\frac{x}{n})$ 中,并进一步假设可以交换求和次序,就可以得到

$$g(x) = \sum_{n=1}^{\infty} \left[\sum_{k=2}^{\infty} c_k (\frac{x}{n})^k \right] =$$

$$\sum_{k=2}^{\infty} c_k x^k \left[\sum_{n=1}^{\infty} \frac{1}{n^k} \right] =$$

$$\sum_{k=2}^{\infty} c_k \zeta(k) x^k =$$

$$\sum_{k=2}^{\infty} d_k x_k$$

所以,应该有

$$d_k = c_k \zeta(k)$$

即

$$c_k = \frac{d_k}{\zeta(k)}$$

再代回到式(1)中,就得到

$$f(x) = \sum_{k=2}^{\infty} \frac{d_k}{\zeta(k)} x^k =$$

$$\sum_{k=2}^{\infty} d_k \left[\sum_{n=1}^{\infty} \frac{\mu(n)}{n^k} \right] x^k =$$

$$\sum_{n=1}^{\infty} \mu(n) \left[\sum_{k=2}^{\infty} d_k \left(\frac{x}{n} \right)^k \right] =$$

$$\sum_{n=1}^{\infty} \mu(n) g\left(\frac{x}{n} \right)$$

这就是修正的麦比乌斯反演公式.

对于 $g(x) = \sum\limits_{n=1}^{\infty} f(nx)$ 形式的级数,也可以得到

类似的结果 $f(x) = \sum\limits_{n=1}^{\infty} \mu(n) g(nx)$,只要 $f(x)$ 和

$g(x)$ 能在点 $x = \infty$ 处作泰勒展开即可. 仿此,我们还可以证明更一般的麦比乌斯变换及其反演公式

$$g(x) = \sum_{n=1}^{\infty} f(n^a x)$$

$$f(x) = \sum_{n=1}^{\infty} \mu(n) g(n^a x)$$

1990 年 3 月,英国《自然》杂志以整版篇幅评论和祝贺中国著名物理学家陈难先教授,用数学上极其抽象的麦比乌斯定理来解决物理上既重要又困难的一系列逆问题. 文章说,逆问题研究在科学技术上十分重要,陈难先教授的方法巧妙得像"从帽子中变出兔子"似的,并预计"新开张的麦比乌斯作坊"会"解决物理上一系列难题".

陈教授自己介绍说:"数论中的麦比乌斯反演定理是 20 世纪 40 年代建立的,它给出了逆问题研究的工具,但一直没有人在物理研究上使用过."陈教授是从事凝聚态物理研究的,怎么把现象和本质联系起来,这种联系和规律有什么用处,都是靠物理上的概念和直觉,以及技术上的需要和可能来判断的. 麦比乌斯定理是他首先从应用中发现的,后来才由数学界的朋友正式介绍给他当工具.

陈教授强调说,逆问题研究多半是由表及里,由现象到本质,由宏观到微观,起着探隐索秘的作用. 逆问题的研究发展多数不成熟,探索性、风险性较突出,但在技术应用和事物本质的发现上往往十分重要. 实际上许多重大课题都包含逆问题,如遥感遥测、地球物理勘探、机电设备故障诊断、人体内脏构象、材料设计、目标侦察、密码破译等. 对于物理学发展来说,卢瑟福的

α 粒子散射逆问题确立了原子核的存在,也是材料组织成分随深度变化探测的重要手段;劳厄的晶体衍射逆问题确定了晶体内部原子的周期性结构,也是目前 X 射线和电子显微技术确定材料结构的重要工具.医院里的 CT 技术就是解决 X 射线或超声波经过人体组织吸收衰减的逆问题的结果.

从国家自然科学基金会数理部主任的报告中,我们知道陈难先教授的研究工作在国际上是占有一席之地的.他对黑体辐射逆问题的公式被国际著名天体物理杂志 APJ 用来解决了星际尘埃温度分布的重要问题,并被称为"陈氏定理".美国著名的《物理评论》,以"陈氏反演公式"为标题发表专文讨论他对黑体辐射与声子比热逆问题的新结果.荷兰的《物理通讯》则不断称他的结果为"陈－麦比乌斯交换".

后来,陈难先教授应英国《自然》杂志要求,迎接了用麦氏定理解决高维物理问题的挑战.他在 1992 年一口气就解决了二维六方、三维体心和三维面心的问题.这在电子结构和材料的力学性能之间打通了一条快车道.英国物理杂志 $J. Phys.$,荷兰 PLA 立刻用这算出铜、镍、铬、钼等金属材料中原子间相互作用势、弹性模量和声子谱.如此看来纯粹的数论是有很大应用价值的.

陈难先等还讨论了其他的物理问题中的反演问题,包括 Bose 体系和 Fermi 体系的问题.特别地,还第一次给出了交错级数

$$g(x) = \sum_{n=1}^{\infty} (-1)^{n-1} f(nx)$$

的反演公式

$$f(x) = \sum_{n=1}^{\infty} \mu(n) \left[\sum_{m=1}^{\infty} 2^{m-1} f(2^{m-1} n x) \right]$$

值得关注的是,把修正的麦比乌斯变换反演公式应用到现有的无穷级数上,可以得到一些有意义的结果,例如,从

$$\coth \pi x = \frac{1}{\pi x} + \frac{2x}{\pi} \sum_{n=1}^{\infty} \frac{1}{x^2 + n^2}$$

$$\cot \pi x = \frac{1}{\pi x} + \frac{2x}{\pi} \sum_{n=1}^{\infty} \frac{1}{x^2 - n^2}$$

就可以推出

$$\frac{x^2}{x^2+1} = \frac{1}{2} \sum_{n=1}^{\infty} \mu(n) \left[\frac{\pi x}{n} \coth \frac{\pi x}{n} - 1 \right], \ |x| < 1$$

$$\frac{x^2}{x^2-1} = \frac{1}{2} \sum_{n=1}^{\infty} \mu(n) \left[\frac{\pi x}{n} \cot \frac{\pi x}{n} - 1 \right], \ |x| < 1$$

§3   量子物理学中的反演公式

我们知道,在古典的数学物理中,任意函数关于二阶微分方程的特征函数展成傅里叶级数的展开法是很重要的,除了一些重要的情形(贝塞尔、勒让德、切比雪夫－埃尔米特、拉盖尔多项式等)以外,在古典的数学物理中,通常都做这样的假设:区间是有限的,方程式的系数是有界的.

将理论推广到无穷区间或者系数有奇点的情形时,遭遇到重大的困难,一直到创造了希尔伯特空间中的线性算子的分谱理论以后,这种推广才有可能. H. 外尔曾经做出相当完备的这种推广,其后有很长的时期,关于这种问题的新著作几乎没有出现,想必这种情

236

形是由于当时没有什么有趣的应用所致.

进一步的发展主要归功于物理学家的努力. 然而必须指出,在物理学教科书中所推演的证明往往不能满足近代数学的严格性的要求.

1946 年,函数论大师梯奇玛什(E. C. Titchmarsh) 出版了他的著作 *Eigenfunctions Expansions Associated with Second-order Differential Equations*,在其中他给出了主要问题的新的叙述,还包括了许多由于量子物理学的发展而产生的问题,其中出现了多次反演公式,如

$$F(\lambda) = \int_0^\infty f(x) \left\{ \sin \alpha \cos \sqrt{\lambda}\, x - \cos \alpha\, \frac{\sin \sqrt{\lambda}\, x}{\sqrt{\lambda}} \right\} \mathrm{d}x$$

$$f(x) = \frac{1}{\pi} \int_0^\pi F(\lambda) \left\{ \sin \alpha \cos \sqrt{\lambda}\, x - \cos \alpha\, \frac{\sin \sqrt{\lambda}\, x}{\sqrt{\lambda}} \right\} \cdot$$

$$\frac{\sqrt{\lambda}\, \mathrm{d}\lambda}{\lambda \sin^2 \alpha + \cos^2 \alpha}$$

及亨克尔反演公式.

考虑贝塞尔方程

$$y'' + \left(s^2 - \frac{v^2 - \dfrac{1}{4}}{x^2} \right) y = 0$$

这个方程的解是函数 $\sqrt{x}\, \mathrm{I}_v(sx)$ 与 $\sqrt{x}\, \mathrm{Y}_\gamma(sx)$,其中 $\mathrm{I}_v(t)$ 为第一类贝塞尔函数. 而

$$\mathrm{Y}_\gamma(t) = \frac{\mathrm{I}_v(t) \cos v\pi - \mathrm{I}_{-v}(t)}{\sin \gamma t}$$

则可推出亨克尔反演公式为

$$E(s) = \int_0^\infty f(x)\, \sqrt{x}\, \mathrm{I}_v(sx)\, \mathrm{d}x$$

$$f(x) = \int_0^\infty sE(s)\, \sqrt{x}\, \mathrm{I}_v(sx)\, \mathrm{d}s$$

设 $\sigma(\lambda) = \sigma_1(\lambda) + i\sigma_2(\lambda)$ 为在整个实轴上的复值圈变函数. 令

$$\varphi(z) = \int_{-\infty}^{\infty} \frac{\mathrm{d}\sigma(\lambda)}{z - \lambda}$$

则由斯蒂吉斯给出了一个反演公式可以将 $\sigma(\lambda)$ 用 $\varphi(z)$ 表出, 令 $z = \sigma + i\tau$, 有

$$\psi(\sigma, \tau) = \frac{\mathrm{sign}\ \tau}{\pi} \cdot \frac{\varphi(z) - \varphi(\bar{z})}{2i} =$$

$$-\frac{1}{\pi} \int_{-\infty}^{\infty} \frac{|\tau| \mathrm{d}\sigma(\lambda)}{(\lambda - \sigma)^2 + \tau^2} \tag{1}$$

定理 1 设 a, b 为函数 $\sigma(\lambda)$ 的连续点, 则

$$\sigma(b) - \sigma(a) = \lim_{\tau \to 0} \int_{a}^{b} -\psi(\sigma, \tau) \mathrm{d}\sigma \tag{2}$$

证明 设 $\sigma(-\infty) = 0$, 将式 (1) 施以分部积分法, 则得

$$-\psi(\sigma, \tau) = -\frac{1}{\pi} \int_{-\infty}^{\infty} \frac{\partial}{\partial \lambda} \left[\frac{|\tau|}{(\lambda - \sigma)^2 + \tau^2} \right] \sigma(\lambda) \mathrm{d}\lambda =$$

$$\frac{1}{\pi} \int_{-\infty}^{\infty} \frac{\partial}{\partial \sigma} \left[\frac{|\tau|}{(\lambda - \sigma)^2 + \tau^2} \right] \sigma(\lambda) \mathrm{d}\lambda$$

将此式在区间 (a, b) 内对 σ 求积分, 便得到

$$\int_{a}^{b} -\psi(\sigma, \tau) \mathrm{d}\sigma =$$

$$\frac{1}{\pi} \int_{-\infty}^{\infty} \frac{|\tau|}{(\lambda - b)^2 + \tau^2} \sigma(\lambda) \mathrm{d}\lambda -$$

$$\frac{1}{\pi} \int_{-\infty}^{\infty} \frac{|\tau|}{(\lambda - a)^2 + \tau^2} \sigma(\lambda) \mathrm{d}\lambda =$$

$$I(\tau, b) - I(\tau, a) \tag{3}$$

考虑右边的第一个积分, 此时有

$$I(\tau, b) = \frac{1}{\pi} \int_{-\infty}^{\infty} \frac{|\tau|}{(\lambda - b)^2 + \tau^2} \sigma(\lambda) \mathrm{d}\lambda =$$

$$\frac{1}{\pi}\int_{-\infty}^{\infty}\frac{|\tau|}{\lambda^2+\sigma^2}\sigma(\lambda+b)\mathrm{d}\lambda$$

但

$$\frac{1}{\pi}\int_{-\infty}^{\infty}\frac{|\tau|}{\lambda^2+\tau^2}\mathrm{d}\lambda=1$$

所以

$$I(\tau,b)-\sigma(b)=\frac{1}{\pi}\int_{-\infty}^{\infty}\frac{|\tau|}{\lambda^2+\tau^2}\{\sigma(\lambda+b)-\sigma(b)\}\mathrm{d}\lambda=$$

$$\frac{1}{\pi}\int_{|\lambda|\leqslant\delta}\frac{|\tau|}{\lambda^2+\tau^2}\{\sigma(\lambda+b)-\sigma(b)\}\mathrm{d}\lambda+$$

$$\frac{1}{\pi}\int_{|\lambda|>\delta}\frac{|\tau|}{\lambda^2+\tau^2}\{\sigma(\lambda+b)-\sigma(b)\}\mathrm{d}\lambda=$$

$$I_1+I_2$$

给定 $\varepsilon>0$ 而选取这样的 $\delta>0$，使当 $|\lambda|\leqslant\delta$ 时即有

$$|\sigma(\lambda+b)-\sigma(b)|<\frac{\varepsilon}{2}$$

这是可能的. 因为我们假设 b 是函数 $\sigma(\lambda)$ 的连续点，这样选定了 δ 以后便得到

$$|I_1|<\frac{\varepsilon}{2\pi}\int_{-\infty}^{\infty}\frac{|\tau|}{\lambda^2+\tau^2}\mathrm{d}\lambda=\frac{\varepsilon}{2}$$

设 $M>0$，由条件 $|\sigma(\lambda)|<M$ 中选定，则

$$|I_2|\leqslant\frac{2M}{\pi}\left\{\int_{-\infty}^{-\delta}\frac{|\tau|}{\lambda^2+\tau^2}\mathrm{d}\lambda+\int_{\delta}^{\infty}\frac{|\tau|}{\lambda^2+\tau^2}\mathrm{d}\lambda\right\}=$$

$$\frac{4M}{\pi}\int_{\delta}^{\infty}\frac{|\tau|}{\lambda^2+\tau^2}\mathrm{d}\lambda=$$

$$\frac{4M}{\pi}\left(\frac{\pi}{2}-\arctan\frac{\delta}{\tau}\right)$$

当 δ 固定时，可以取 τ 相当小，使上式小于 $\frac{\varepsilon}{2}$.

但 ε 为任意的，所以便证明了

$$\lim_{\tau \to 0} I(\tau, b) = \sigma(b)$$

同样可证

$$\lim_{\tau \to 0} I(\tau, a) = \sigma(a)$$

因此,公式(2)便由公式(3)推出.

定理 2(唯一性定理) 设 $\sigma_1(\lambda), \sigma_2(\lambda)$ 为两个圈变函数,而且对于所有非实数 z 都有

$$\int_{-\infty}^{\infty} \frac{\mathrm{d}\sigma_1(\lambda)}{z - \lambda} = \int_{-\infty}^{\infty} \frac{\mathrm{d}\sigma_2(\lambda)}{z - \lambda}$$

则

$$\sigma_1(\lambda) - \sigma_2(\lambda) = C$$

其中 C 为常数.

证明 由定理 1 可知,$\sigma_1(b) - \sigma_1(a)$ 与 $\sigma_2(b) - \sigma_2(a)$ 在两个函数 $\sigma_1(\lambda), \sigma_2(\lambda)$ 的所有连续点 a, b 处都相等. 这就是说,这两个函数只能差一个常数.

注 设 $\sigma(\lambda)$ 为实函数,则 $\varphi(\bar{z}) = \overline{\varphi(z)}$,所以此时

$$\psi(\sigma, \tau) = \frac{\operatorname{sign} \tau}{\pi} \cdot \frac{\varphi(z) - \overline{\varphi(z)}}{2\mathrm{i}} =$$

$$\frac{\operatorname{sign} \tau}{\pi} \operatorname{Im}\{\varphi(z)\}$$

当 $\tau > 0$ 时,斯蒂吉斯反演公式有如下形式

$$\sigma(b) - \sigma(a) = \lim_{\tau \to 0} \frac{1}{\pi} \int_a^b -\operatorname{Im}\{\varphi(z)\} \mathrm{d}\sigma$$

240

表示论中的麦比乌斯反演公式[①]

第七章

§1　线性表示的定义和例子

在给出群的线性表示理论的准确定义之前,我们首先讲两个问题.

问题 1　在 m 次实齐次多项式

$$f(x,y) = a_0 x^m + a_1 x^{m-1} y + \cdots + a_{m-1} x y^{m-1} + a_m y^m$$

(或简洁地说,多项式函数$(x,y) \mapsto f(x,y)$)组成的 $m+1$ 维空间 V_m 中,由偏导数带来 2 维拉普拉斯方程

$$\frac{\partial^2 f}{\partial x^2} + \frac{\partial^2 f}{\partial y^2} = 0 \qquad (1)$$

① 本章摘编自 A. H. 柯斯特利金著,郭文彬译的《代数学引论》(第三卷)基本结构(第 2 版,高等教育出版社,2008).

的解的集合. 拉普拉斯算子 $\Delta = \dfrac{\partial^2}{\partial x^2} + \dfrac{\partial^2}{\partial y^2}$ 满足

$$\Delta(\alpha f + \beta g) = \alpha \Delta f + \beta \Delta g, \ \forall \, \alpha, \beta \in \mathbf{R}$$

因此方程(1)的解构成空间 V_m 的一个子空间 H_m. 直接验证知

$$\Delta f = \sum_{k=0}^{m-2} \big[(m-k)(m-k-1)a_k +$$
$$(k+2)(k+1)a_{k+2} \big] x^{m-k-2} y^k$$

于是

$$\Delta f = 0 \Longleftrightarrow$$
$$(m-k)(m-k-1)a_k + (k+2)(k+1)a_{k+2} = 0$$
$$0 \leqslant k \leqslant m-2$$

且所有系数 a_i 可以由它们中的两个来表示,譬如说,由 a_0 和 a_1 表示. 因此,$\dim H_m \leqslant 2$.

然而两个线性无关的解可以随之确定. 事实上,按照算子 Δ 的线性作用扩充到复系数多项式,我们有

$$\Delta(x + \mathrm{i}y)^m = m(m-1)(x + \mathrm{i}y)^{m-2} +$$
$$\mathrm{i}mi(m-1)(x + \mathrm{i}y)^{m-2} = 0$$
$$\mathrm{i}^2 = -1$$

区分实部与虚部,得到

$$z_m(x,y) = (x + \mathrm{i}y)^m = u_m(x,y) + \mathrm{i}v_m(x,y)$$

由

$$\Delta u_m + \mathrm{i}\Delta v_m = \Delta z_m = 0 \Rightarrow \Delta u_m = 0, \Delta v_m = 0$$

于是

$$H_m = \langle u_m(x,y), v_m(x,y) \rangle_{\mathbf{R}}$$

现在将 x, y 解释为具有固定直角坐标系的欧几里得平面 $\mathbf{R}^2$ 中向量的坐标,我们来看在坐标的正交变换(即平面 $\mathbf{R}^2$ 绕原点按任意角 θ 的旋转)下所发生的

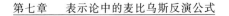

$$x' = \Phi_\theta(x) = x\cos\theta - y\sin\theta$$
$$y' = \Phi_\theta(y) = x\sin\theta + y\cos\theta$$

由分析(对于多项式易于验证)中所熟悉的复合函数微分法,我们有

$$\frac{\partial^2 f}{\partial x'^2} = \frac{\partial^2 f}{\partial x^2}\cos^2\theta - 2\frac{\partial^2 f}{\partial x \partial y}\cos\theta \cdot \sin\theta + \frac{\partial^2 f}{\partial y^2}\sin^2\theta$$

$$\frac{\partial^2 f}{\partial y'^2} = \frac{\partial^2 f}{\partial x^2}\sin^2\theta + 2\frac{\partial^2 f}{\partial x \partial y}\cos\theta \cdot \sin\theta + \frac{\partial^2 f}{\partial y^2}\cos^2\theta$$

由此得到

$$\frac{\partial^2 f}{\partial x'^2} + \frac{\partial^2 f}{\partial y'^2} = \frac{\partial^2 f}{\partial x^2} + \frac{\partial^2 f}{\partial y^2}$$

这就是说,方程(1)在变量的正交变换下,或者说,在群 $SO(2) = \{\Phi_\theta\}$ 的作用下是不变的. 其中,多项式 $u_m(x', y'), v_m(x', y')$ 是方程(1)的解,且它们本身可由 $u_m(x, y), v_m(x, y)$ 线性表示. 于是,群 $SO(2)$ 作用在拉普拉斯方程的解空间上. 在这种情况下,人们谈论群 $SO(2)$ 的 2 维实线性表示

$$\Phi^{(m)} : \Phi_\theta \mapsto \Phi^{(m)}(\theta)$$

再转回复多项式,我们注意到

$$x' + \mathrm{i}y' = x\mathrm{e}^{\mathrm{i}\theta} + \mathrm{i}y\mathrm{e}^{\mathrm{i}\theta} = \mathrm{e}^{\mathrm{i}\theta}(x + \mathrm{i}y)$$
$$(x' + \mathrm{i}y')^m = \mathrm{e}^{\mathrm{i}m\theta}(x + \mathrm{i}y)^m$$

保留复化线性算子 $\Phi^{(m)}(\theta)$ 以前的记号,我们有

$$\Phi^{(m)}(\theta) : z_m \mapsto z'_m = \mathrm{e}^{\mathrm{i}m\theta}z_m$$

这种所谓的群 $SO(2)$ 的 1 维酉表示 $\Phi^{(m)} : \Phi_\theta \mapsto \mathrm{e}^{\mathrm{i}m\theta}$, $m \in \mathbf{Z}$,在分析中扮演着重要的角色.

我们看到,作用 Φ 诱导群 $SO(2)$ 在整个空间 V_m 上的一个作用,从这一角度看,H_m 是 V_m 的一个不变子空间.

问题 2　对可能出现的有机化合物的个数的估

计,例如,化学中环状碳氢化合物的数量,可归结为下面日常生活中的一个抽象问题:由 q 个不同颜色的无穷多个珍珠中可以制作多少条不同的长为 n 的项链?

让我们试图(步 G. Polya 的后尘)来回答这个问题,如果我们认为项链是有方向的,那么倒置后的项链一般来讲被认为与原先的不同.

我们注意到由 n 个珍珠穿成的串一般有 q^n 种样式(具有 q 个生成元的自由群中长为 n 的字的个数). 在每一串上循环排列的珍珠可作为具有生成元 $\sigma = (12\cdots n) \in S_n$ 的 n 阶循环群作用在这些串的集合 Ω_n 上. 将这些串的 $\langle \sigma \rangle$ 轨道自然地看成一条项链,或者,也可以这么说,是某一个同心圆的集合(图 1). 这第二种解释更明了. 这个群与一个同构相联系

$$\Phi: \sigma \mapsto \Phi(\sigma) = \begin{pmatrix} \cos\dfrac{2\pi}{n} & -\sin\dfrac{2\pi}{n} \\ \sin\dfrac{2\pi}{n} & \cos\dfrac{2\pi}{n} \end{pmatrix}$$

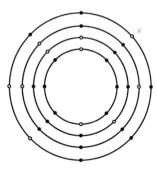

图 1

这个同构我们在前面已经遇到过,它在后面将被称为

群$\langle\sigma\rangle$的 2 维线性实表示. 如果 $d \mid n$,那么阶为 $\dfrac{n}{d}$ 的元 σ^d 保持线段(和项链)不动,这些线段由长为 $\dfrac{n}{d}$ 的 d 个周期组成. 因此 $N(\sigma^d) = q^d$,而 $N(\sigma^k) = q^m$,其中 $m =$ g. c. d(n, k) 为 n 与 k 的最大公因子. $\varphi\left(\dfrac{n}{d}\right)$ 个被加数(这里 φ 是一个欧拉函数)恰好与和式 $\sum_{k} N(\sigma^k)$ 中满足 g. c. d$(n, k) = d$ 的值 $N(\sigma^k)$ 一致. 于是

$$r = \frac{1}{n} \sum_{d \mid n} \varphi\left(\frac{n}{d}\right) q^d$$

借助于通常的二面体群 D_n 的 2 维线性表示,使得转动这些不同的(标定方向的)项链与 Ω_n 中其余元素(看作相同)相关. 试想办法独立地做这些.

　　不仅在以上所考虑的例子中,而且在现实的物理问题中,群的线性表示作为对称的反映自然而然地出现. 相应地,表示论的思想和语言是非常自然的. 比如后文中所举的例子就关系到一些人们所共知的问题,似乎并没有什么新的东西. 同时,它们同出现在"一个屋檐下"的事实本身也会使人产生一些有益的联想.

　　研究群表示有双重目的:1) 纯粹数学目的,多多少少地希望利用补充方法来研究群本身;2) 应用目的,譬如说,群表示在晶体学和量子化学中有明显的贡献. 这两方面实际上都没有反映在本章. 本章的目的很简单,就是通过我们易懂的线性代数和群论基础来讲讲群表示的一些基本内容.

　　严格地说,当我们在介绍群在集合上的作用时,我们已经讲了群表示. 现在我们取域 K 上的 n 维向量空间 V 作为一个集合,并且在所有 $V \rightarrow V$ 的双射变换群

$S(V)$ 中选取一个子群 $GL(V)$，它是 V 上可逆线性算子群（即向量空间 V 的自同构群）. 显然，对于 V 的任意一组基 $(e_1,\cdots,e_n)$，群 $GL(V)$ 在这组基下产生一个通常的矩阵群 $GL(n,K)$，它可以被认为是线性空间 K^n 的自同构群. 在这种情况下，每个线性算子 $\mathscr{A}\in GL(V)$ 对应一个矩阵 $\boldsymbol{A}=(a_{ij})$ 满足

$$\mathscr{A}e_j=\sum_{i=1}^{n}a_{ij}\boldsymbol{e}_i, a_{ij}\in K, \det \boldsymbol{A}\neq 0$$

定义 设 G 是一个群. 任意同态 $\Phi:G\to GL(V)$ 称为 G 到空间 V 的一个线性表示. 一个线性表示称为忠实的，如果表示的核 $\operatorname{Ker}\Phi$ 由群 G 的单位元组成；一个线性表示称为平凡表示（或单位表示），如果对于所有 $g\in G$，$\Phi(g)=\varepsilon$ 为单位算子. 维数 $\dim_K V$ 也称为表示的维数. 当 $K=\mathbf{Q},\mathbf{R},\mathbf{C}$ 时，那么，相应地称为群 G 的有理表示、实表示和复表示.

于是，线性表示实际上是一个由一个表示空间 V（或称 $G-$ 空间）和一个同态 $\Phi:G\to GL(V)$ 组成的对 (Φ,V). 由定义知

$$\Phi(e)=\varepsilon \text{ 为单位算子}$$

$$\Phi(gh)=\Phi(g)\Phi(h)，对于所有的 g,h\in G$$

我们举出麦比乌斯反演公式的应用的三个例子.

例 1 欧拉函数 φ. 根据定义，$\varphi(n)$ 是一串数 1，$2,\cdots,n-1$ 中与 n 互素的数的个数，或者说，$\varphi(n)=|U(Z_n)|$ 是环 $Z_n=\mathbf{Z}/n\mathbf{Z}$ 的可逆元群的阶. 我们知道有关系式

$$n=\sum_{d\mid n}\varphi(d) \tag{2}$$

可得

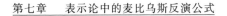

$$\varphi(n) = \sum_{d|n} \mu\left(\frac{n}{d}\right) d = \sum_{d|n} \mu(d) \frac{n}{d} = n \sum_{d|n} \frac{\mu(d)}{d}$$

若 $n = p_1^{m_1} \cdots p_r^{m_r}$，则

$$\sum_{d|n} \frac{\mu(d)}{d} = 1 - \sum_i \frac{1}{p_i} + \sum_{i<j} \frac{1}{p_i p_j} - \cdots +$$

$$(-1)^r \frac{1}{p_1 p_2 \cdots p_r} =$$

$$\left(1 - \frac{1}{p_1}\right)\left(1 - \frac{1}{p_2}\right) \cdots \left(1 - \frac{1}{p_r}\right)$$

因此

$$\varphi(n) = n\left(1 - \frac{1}{p_1}\right)\left(1 - \frac{1}{p_2}\right) \cdots \left(1 - \frac{1}{p_r}\right)$$

例 2　分圆多项式. 多项式 $X^n - 1$ 在 **Q** 上的分裂域 Γ_n 叫作分圆域. 因为 1 的所有 n 次根组成 n 阶循环群, 所以分圆域具有形状 $\Gamma_n = \mathbf{Q}(\zeta)$, 其中 ζ 是本原根当中的一个 ($\zeta \in \mathbf{C}$). 我们希望求出次数 $[\Gamma_n : \mathbf{Q}]$ 及元素 ζ 在 **Q** 上的极小多项式.

用符号 P_n 表示 1 的 n 次本原根组成的集合, 其势 $|P_n| = \varphi(n)$. n 阶循环群的子群和数 n 的因子 d 之间有一个双射对应, 而每一个根 ζ^i 落入某个集合 P_d. 因此, 有分成不相交的类的一个划分

$$\{1, \zeta, \zeta^2, \cdots, \zeta^{n-1}\} = \bigcup_{d|n} P_d \qquad (3)$$

(转向集合的势, 我们重新又得到关系式 (2)). $\varphi(n)$ 次多项式

$$\Phi_n(X) = \prod_\zeta (X - \zeta)$$

叫作相应于 Γ_n 的分圆多项式. 相应于划分 (3), 我们得到分解式

$$X^n - 1 = \prod_{i=0}^{n-1} (X - \zeta^i) =$$

247

$$\prod_{d\,|\,n}\left\{\prod_{\zeta\in P_d}(X-\zeta)\right\}=$$

$$\prod_{d\,|\,n}\Phi_d(X)\qquad\qquad(4)$$

将麦比乌斯积性反演公式应用于式(4),得到 Φ_n 的明显表示式为

$$\Phi_n(X)=\prod_{d\,|\,n}(X^d-1)^{\mu\left(\frac{n}{d}\right)}\qquad(5)$$

对于 n 的不大的值,我们有

$$\Phi_1(X)=X-1$$

$$\Phi_2(X)=X+1$$

$$\Phi_3(X)=X^2+X+1$$

$$\Phi_4(X)=X^2+1$$

$$\Phi_6(X)=X^2-X+1$$

$$\Phi_8(X)=X^4+1$$

$$\Phi_9(X)=X^6+X^3+1$$

$$\Phi_{10}(X)=X^4-X^3+X^2-X+1$$

$$\Phi_{12}(X)=X^4-X^2+1$$

我们看到

$$\Phi_n(X)\in \mathbf{Z}[X],\Phi_n(0)=1,n>1\qquad(6)$$

为了得到式(6),可以不通过式(5),采用归纳法. 对于不大的 n,这已被检验过. 接下来,我们以下面的方法来论证. 我们认为

$$g(X)=\prod_{d\,|\,n,d\neq n}\Phi_d(X)$$

是整系数标准多项式,并应用带余除法,我们得到唯一确定的多项式 $q,r\in \mathbf{Z}[X]$ 使得

$$X^n-1=q(X)g(X)+r(X)$$

$$\deg r(X)<\deg g(X)$$

但在 $\mathbf{Q}[X]$ 中,$X^n-1=\Phi_n(X)g(X)$,我们看到,

$\Phi_n(X) = q(X) \in \mathbf{Z}[X]$，并且 $g(X)$ 的标准性质导致 $\Phi_n[X]$ 的标准性质.

我们已经确立了多项式

$$\Phi_p(X) = \frac{X^p - 1}{X - 1} = X^{p-1} + X^{p-2} + \cdots + 1$$

的不可约性，其中 p 是任意素数. 关于对任何的 n，$\Phi_n(X)$ 的不可约性问题我们留到以后去讨论.

例 3　F_q 上不可约的多项式. 设 $\Psi_d(q)$ 是 F_q 上 d 次不可约标准多项式的总个数，$q = p^n$，并设 $f(X)$ 是这些多项式当中的一个. 它在 F_q 上的分裂域既同构于商环 $F_q[X]/(f(X))$，又同构于多项式 $X^{q^d} - X$ 的分裂域. 由于 $f(X)$ 的不可约性，多项式 $X^{q^d} - X$ 和 $f(X)$ 存在公共根 θ，就导致 $X^{q^d} - X$ 被 $f(X)$ 整除. 因为对任何的 $m = rd$，$X^{q^d} - X$ 是多项式 $X^{q^m} - X$ 的因子，并且因为 $X^{q^d} - X$ 没有重根，所以我们得到结论：对于任何的 $d \mid m$，$X^{q^m} - X$ 在 F_q 上的分解式中，所有 d 次最高次项的系数为 1 的不可约多项式

$$f_{d,1}, f_{d,2}, \cdots, f_{d,\Psi_d(q)}(X)$$

都出现在其中，且每一个都恰好出现一次

$$X^{q^m} - X = \prod_{d \mid m} \left\{ \prod_{k=1}^{\Psi_d(q)} f_{d,k}(X) \right\} \tag{7}$$

计算等式（7）两边的多项式的次数，就导致关系式

$$q^m = \sum_{d \mid m} d\Psi_m(q)$$

由此，直接应用麦比乌斯反演公式就得到 $\Psi_m(q)$ 的表达式

$$\Psi_m(q) = \frac{1}{m} \sum_{d \mid m} \mu\left(\frac{m}{d}\right) q^d \tag{8}$$

例如，设 $q = 2$，则

$$\Psi_2(2) = \frac{1}{2}(2^2 - 2) = 1$$

$$\Psi_3(2) = \frac{1}{3}(2^3 - 2) = 2$$

$$\Psi_4(2) = \frac{1}{4}(2^4 - 2^2) = 3$$

$$\Psi_5(2) = \frac{1}{5}(2^5 - 2) = 6$$

$$\Psi_6(2) = \frac{1}{6}(2^6 - 2^3 - 2^2 + 2) = 9$$

公式(8)指出,随机取出的 F_q 上 m 次标准多项式为不可约多项式的概率接近于 $\frac{1}{m}$. 然而对于具体地取出的多项式并没有令人满意的不可约性判别法. 例如,关于三项式 $X^m + X^k + 1$ 的不可约性能说些什么? 这类问题在代数编码论中及伪随机序列的构造中经常发生.

§2　练　习

1. 证明对于任何 $d \mid n, d < n$,有关系式 $X^n - 1 = (X^d - 1)\Phi_n(X)h_d(X)$,其中 $h_d \in Z[X]$.

2. 设 q 是大于 1 的正整数,根据上节式(6),$\Phi_n(q) \in Z$.证明

$$\Phi_n(q) \mid (q-1) \Rightarrow n = 1$$

3. 验证:分圆多项式

$$\Phi_{15}(X) = X^8 - X^7 + X^5 - X^4 + X^3 - X + 1$$

当作域 F_2 上多项式时是两个不可约多项式 $X^4 + X^3 + 1$ 及 $X^4 + X + 1$ 的积. 利用这种情况,证明 $\Phi_{15}(X)$ 在 **Q** 上的不可约性.

4. 验证分圆多项式的以下性质：

若 p 是素数，且 $p \mid n$，则 $\Phi_{pn}(X) = \Phi_n(X^p)$；而若

$p \nmid n$，则 $\Phi_{pn}(X) = \dfrac{\Phi_n(X^p)}{\Phi_n(X)}$.

5. 从自然包含链

$$GF(p) \subset GF(p^{2!}) \subset GF(p^{3!}) \subset \cdots$$

出发，引入所谓极限域 $\Omega_p = GF(p^{\infty!})$，其中

$$\alpha \in \Omega_p \Leftrightarrow \{\alpha \in GF(p^{n!}) \text{ 对于充分大的 } n\}$$

根据有限域的基本性质，证明 Ω_p 是代数闭域. 因此，考虑到复数域 $\mathbf{C}$，得到任意特征的代数闭域的例子.

6. 设 $q = p^n$. 证明：当 $p = 2$ 时，域 F_q 的所有元素都是平方，而当 $p > 2$ 时，群 F_q^* 中的平方在其中组成指数为 2 的子群 F_q^{*2}，并且 $F_q^{*2} = \mathrm{Ker}(t \mapsto t^{\frac{q-1}{2}})$.

7. (阿希巴谢尔(M. Aschbacher)) 设 F_q 是有限域，其元素个数是奇数 $q = p^n$. 若 q 不等于 3 或 5，则在"圆周" $x^2 + y^2 = 1$ 上存在具有坐标 $x, y \in F_q^*$ 的点. 对于 $p > 5$ 证明这个断言.

8. 是否域 F_q 的每一个本原元素都是乘法群 F_q^* 的生成元?

9. 设 $A(q) = \mathrm{Ass}_F(X_1, \cdots, X_q)$ 是域 F 上的自由结合代数，它由 q 个自由生成元(非交换的变元 $X_1, \cdots, X_q$) 生成. 令

$$A_m(q) = \langle X_{i_1} X_{i_2} \cdots X_{i_m} \mid 1 \leqslant i_j \leqslant q \rangle_F$$
$$\dim A_m(q) = q^m$$

我们看到 $A(q)$ 是分次代数

$$A(q) = F \cdot 1 \oplus A_1(q) \oplus A_2(q) \oplus A_3(q) \oplus \cdots$$

在 $A(q)$ 中包含自由李代数 $L(q) = \mathrm{Lie}(X_1, \cdots, X_q)$，它有同样的自由生成元，并有换位运算 $[UV] =$

$UV - VU$. 代数 $L(q)$ 也是分次的, 即
$$L(q) = L_1(q) \oplus L_2(q) \oplus L_3(q) \oplus \cdots$$
其中
$$L_1(q) = \langle X_1, \cdots, X_q \rangle_F$$
$$L_2(q) = \langle [X_i, X_j] \mid i < j \rangle_F$$
$$\vdots$$
利用雅可比恒等式, 我们确信
$$L_3(q) = [[X_i, X_j], X_k], i < j, k \leqslant j$$
$$\dim L_3(q) = \frac{1}{3}(q^3 - q)$$

事实上, 有广义维特公式
$$\dim L_m(q) = \Psi_m(q) = \frac{1}{m} \sum_{d \mid m} \mu\left(\frac{m}{d}\right) q^d$$
它十分准确地和上节公式(8)一致. 本质差别只在于上式中的 q 是任意自然数, 而上节公式(8)中的 q 是素数的幂.

本章第 1 节问题 2 中的项链数也可用此公式表达.

反演公式的矩阵形式①

第八章

§1 三个初等反演公式

我们先来看三个初等的反演公式及其证明,二项反演公式,斯特林反演公式,最后一个反演公式与阿贝尔求和公式相近,我们先称之为阿贝尔反演公式,后面我们会看到它是一种极特殊的麦比乌斯反演公式.

1.1 二项反演公式

下面我们给出二项反演公式

$$a_n \equiv \sum_{k=0}^{n} C_n^k b_k \Leftrightarrow b_n \equiv \sum_{k=0}^{n} (-1)^{n-k} C_n^k a_k \tag{1}$$

---

① 本章原作者为张伟哲.

式(1)由一族等式组成,于是我们考虑它的矩阵形式,令

$$\boldsymbol{a} = (a_0, a_1, \cdots, a_n)' \tag{2}$$

$$\boldsymbol{b} = (b_0, b_1, \cdots, b_n)' \tag{3}$$

$$\boldsymbol{A}_B = \begin{pmatrix} C_0^0 & 0 & \cdots & 0 & \cdots & 0 & \cdots & 0 \\ C_1^0 & C_1^1 & \ddots & 0 & \cdots & 0 & \cdots & 0 \\ \vdots & \vdots & \ddots & \ddots & & \vdots & & \vdots \\ C_j^0 & C_j^1 & \cdots & C_j^j & \ddots & 0 & \cdots & 0 \\ \vdots & \vdots & & \vdots & \ddots & \ddots & & \vdots \\ C_k^0 & C_k^1 & \cdots & C_k^j & \cdots & C_k^k & \ddots & 0 \\ \vdots & \vdots & & \vdots & & \vdots & \ddots & \vdots \\ C_n^0 & C_n^1 & \cdots & C_n^j & \cdots & C_n^k & \cdots & C_n^n \end{pmatrix} \tag{4}$$

而 $\boldsymbol{A}_B$ 是杨辉三角对应的矩阵,把 $\boldsymbol{A}_B$ 当成 $F_n[x]$ 上幂基 $(1, x, x^2, \cdots, x^n)$ 到平移后的幂基 $(1, x+1, (x+1)^2, \cdots, (x+1)^n)$ 的变换矩阵,那么它的逆就是 $(1, x+1, (x+1)^2, \cdots, (x+1)^n)$ 到 $(1, x, x^2, \cdots, x^n)$ 的变换矩阵,于是令 $x+1 = t$, $\boldsymbol{A}_B$ 的逆就是 $(1, t, t^2, \cdots, t^n)$ 到 $(1, t-1, (t-1)^2, \cdots, (t-1)^n)$ 的变换矩阵.同样由二项式定理有

$$A_B^{-1} = \begin{pmatrix} C_0^0 & 0 & \cdots & 0 & \cdots & 0 & \cdots & 0 \\ -C_1^0 & C_1^1 & \ddots & 0 & \cdots & 0 & \cdots & 0 \\ \vdots & \vdots & \ddots & \ddots & & \vdots & & \vdots \\ (-1)^j C_j^0 & (-1)^{j-1} C_j^1 & \cdots & C_j^j & \ddots & 0 & \cdots & 0 \\ \vdots & \vdots & & \vdots & \ddots & \ddots & & \vdots \\ (-1)^k C_k^0 & (-1)^{k-1} C_k^1 & \cdots & (-1)^{k-j} C_k^j & \cdots & C_k^k & \ddots & 0 \\ \vdots & \vdots & & \vdots & & \vdots & \ddots & \vdots \\ (-1)^n C_n^0 & (-1)^{n-1} C_n^1 & \cdots & (-1)^{n-j} C_n^j & \cdots & (-1)^{n-k} C_n^k & \cdots & C_n^m \end{pmatrix}$$

$$\tag{5}$$

于是式(1)可写成

$$a = A_B b \Longleftrightarrow b = A_B^{-1} a$$

故式(1)的成立是显然的.

1.2　斯特林反演公式

上面我们考虑了幂基与其平移之间的过渡矩阵及其逆,得到二项式的反演公式,如法炮制,我们可以考虑其他基之间的变换矩阵及逆,产生类似的反演公式.考虑幂基及$\{0,1,\cdots n\}$的牛顿(Newton)插值基(亦称为牛顿基)$(1,x,\ x(x-1),x(x-1)(x-2),\cdots,$ $x(x-1)\cdots(x-n))$,结合斯特林数的定义,记

$$A_s = \begin{pmatrix} s(0,0) & 0 & \cdots & 0 & \cdots & 0 \\ s(1,0) & s(1,1) & \cdots & 0 & \cdots & 0 \\ \vdots & \vdots & & \vdots & & \vdots \\ s(k,0) & s(k,1) & \cdots & s(k,k) & \ddots & 0 \\ \vdots & \vdots & & \vdots & \ddots & \vdots \\ s(n,0) & s(n,1) & \cdots & s(n,k) & \cdots & s(n,n) \end{pmatrix}$$

$$\tag{6}$$

$$A_s^{-1} = \begin{pmatrix} S(0,0) & 0 & \cdots & 0 & \cdots & 0 \\ S(1,0) & S(1,1) & \cdots & 0 & \cdots & 0 \\ \vdots & \vdots & & \vdots & & \vdots \\ S(k,0) & S(k,1) & \cdots & S(k,k) & \ddots & 0 \\ \vdots & \vdots & & \vdots & \ddots & \vdots \\ S(n,0) & S(n,1) & \cdots & S(n,k) & \cdots & S(n,n) \end{pmatrix}$$

$$\tag{7}$$

就得到斯特林反演公式

$$a = A_s b \Longleftrightarrow b = A_s^{-1} a \tag{8}$$

式(1)与之对应的形式

$$a_n \equiv \sum_{k=0}^{n} s(n,k) b_k \Leftrightarrow b_n \equiv \sum_{k=0}^{n} (-1)^{n-k} S(n,k) a_k$$

$$(9)$$

1.3　阿贝尔反演公式

我们再考虑最简单的变换公式

$$S_n \equiv \sum_{k=0}^{n} a_k \Leftrightarrow a_n \equiv S_n - S_{n-1} \qquad (10)$$

可以写成与前面一样的反演公式的形式

$$S_n \equiv \sum_{k=0}^{n} a_k \Leftrightarrow a_n \equiv \sum_{k=0}^{n} (-1)^{n-k} \left[\frac{k}{n-1}\right] S_k \quad (11)$$

记

$$\boldsymbol{N} = \begin{pmatrix} 0 & 0 & 0 & \cdots & 0 \\ 1 & 0 & 0 & \cdots & 0 \\ 0 & 1 & 0 & \cdots & 0 \\ \vdots & \vdots & \ddots & \ddots & \vdots \\ 0 & 0 & \cdots & 1 & 0 \end{pmatrix}$$

$$\boldsymbol{A}_c = \begin{pmatrix} 1 & 0 & 0 & \cdots & 0 \\ 1 & 1 & 0 & \cdots & 0 \\ 1 & 1 & 1 & \ddots & 0 \\ \vdots & \vdots & \ddots & \ddots & \vdots \\ 1 & 1 & \cdots & 1 & 1 \end{pmatrix}$$

由

$$\boldsymbol{A}_c = \sum_{i=0}^{\infty} \boldsymbol{N}^i \qquad (12)$$

$$A_c^{-1} = I - N = \begin{pmatrix} 0 & 0 & 0 & \cdots & 0 \\ -1 & 0 & 0 & \cdots & 0 \\ 0 & -1 & 0 & \cdots & 0 \\ \vdots & \vdots & \ddots & \ddots & \vdots \\ 0 & 0 & \cdots & -1 & 0 \end{pmatrix} \quad (13)$$

于是式(10)写成

$$a = A_c b \Longleftrightarrow b = A_c^{-1} a \quad (14)$$

阿贝尔求和公式的向量形式就是

$$(a,b) = (aA_c^{-1}, A_c b) \quad (15)$$

　　从这几个例子中不难发现构造一个形如式(1)的反演公式等价于寻找一个下三角可逆矩阵以及其逆.可以采用的方法是寻找线性空间的两组基进行互相转化.

§2　局部有限偏序集上的麦比乌斯反演公式

2.1　局部有限偏序集上的麦比乌斯反演公式的矩阵形式

　　我们考虑局部偏序集上反演公式的矩阵形式及其应用.设局部有限偏序集 Ω,其上的序记为"$\leqslant$".考虑区间 $[a,b]$ 上的元素的一种排列 $(x_1, x_2, \cdots, x_n)$ 满足 $x_i \leqslant x_j \Rightarrow i < j$,定义求和矩阵 $A_\Omega = \{a(x_i, x_j)\}$,其中

$$a(x_i, x_j) = \begin{cases} 1, x_j \leqslant x_i \\ 0, 其他 \end{cases} \quad (1)$$

这个矩阵对一个长度为 n 的列向量的作用是使其按照

257

对应偏序集上的顺序求和,于是局部有限偏序集上的麦比乌斯反演公式的矩阵形式为

$$a = A_\Omega b \Leftrightarrow b = A_\Omega^{-1} a \tag{2}$$

ab 可以看成 $[a, b]$ 上定义的函数按排列 $(x_1, x_2, \cdots, x_n)$ 写成的序列. 进一步,偏序集的直积对应的求和矩阵对应各个偏序集对应求和矩阵的直积. 记 A_i 为 Ω_i 的求和矩阵,也就是

$$\Omega = \bigoplus_{i=1}^k \Omega_i \Rightarrow A_\Omega = \bigoplus_{i=1}^k A_{\Omega_i} \tag{3}$$

在前述基变换的观点下,这个操作就是将两组基的直积作为新的基. 注意到这里的直积运算可以方便地用克罗内克积的形式写出,设 $A = \{a_{ij}\}_{m \times n}$,$B = \{b_{ij}\}_{p \times q}$,则

$$A \otimes B = \begin{pmatrix} a_{11}B & a_{12}B & \cdots & a_{1n}B \\ a_{21}B & a_{22}B & \cdots & a_{2n}B \\ \vdots & \vdots & & \vdots \\ a_{m1}B & a_{m2}B & \cdots & a_{mn}B \end{pmatrix} \tag{4}$$

容易验证直积的性质

$$(\bigotimes_{i=1}^k A_{\Omega_i})^{-1} = \bigotimes_{i=1}^k A_{\Omega_i}^{-1} \tag{5}$$

2.2 经典麦比乌斯反演公式的矩阵推导

考虑 $\{1, 2, \cdots, n\}$ 上以单调自然数函数按大小形成的偏序集,实际上是一个全序集,我们记为 Ω_n,对应求和矩阵为第 1 节式(12)中的 N(这里重新记为 N_n),式(2)就变成了第 1 节的阿贝尔反演公式(11). 考虑 $\{1, 2, \cdots, n\}$ 上以整除关系形成的偏序集,我们记为 $\mathcal{N}_n$,即 $a \mid b \Leftrightarrow a \leqslant b$,这个集合可以写成全序集直积的形式,设 n 的标准分解为 $n = p_1^{a_1} p_2^{a_2} \cdots p_k^{a_k}$,于是得到同构 $\mathcal{N}_n \cong \bigotimes_{i=1}^k \Omega_{p_i^{a_i}}$,于是由式(3)得到求和矩阵为 $A_n =$

第八章　　反演公式的矩阵形式

$\bigotimes_{i=1}^{k} \mathbf{N}_{p_i^{\alpha_i}}$，而 $\mathbf{A}_n^{-1} = \bigotimes_{i=1}^{k} \mathbf{N}_{p_i^{\alpha_i}}^{-1}$．

考虑 $\mathbf{A}_n^{-1} = \{b(s,t)\}(s,t \in \mathcal{N})$ 的具体形式，下面对 k 归纳证明

$$b(s,t) = \mu\left(\frac{s}{t}\right) \qquad (6)$$

当 $k=1$ 时，$\mathbf{A}_n^{-1} = \mathbf{N}_n$，式（6）成立. 如果 $k=k_0$ 时式（6）成立，$k=k_0+1$ 时，有

$$b(sp^{\alpha_1}, tp^{\alpha_2}) = \begin{cases} \mu\left(\dfrac{s}{t}\right), \alpha_1 = \alpha_2 \\ -\mu\left(\dfrac{s}{t}\right), \alpha_1 + 1 = \alpha_2 = \mu\left(\dfrac{sp^{\alpha_1}}{tp^{\alpha_2}}\right) \\ 0, 其他 \end{cases}$$

$$(7)$$

于是式（6）成立，由同构 $\mathcal{N}_n \cong \bigotimes_{i=1}^{k} \Omega_{p_i^{\alpha_i}}$，从而对于集合 $\mathcal{N} = \{1, 2, \cdots, n\}$，式（2）就成为经典的麦比乌斯反演公式

$$a_n \equiv \sum_{k|n}^{n} b_k \Leftrightarrow b_n \equiv \sum_{k|n}^{n} \mu\left(\frac{n}{k}\right) a_k \qquad (8)$$

2.3　容斥原理

取 2.2 中的 $\alpha_1 = \alpha_2 = \cdots = \alpha_k$，我们只对无平方因子的数，于是此处的偏序集 X 与此集中每个数的因子集合放在一起形成的集合 $\mathscr{P}(X)$ 形成自然同构，$\mathscr{P}(X)$ 的包含关系对应 X 上的整除关系，$s,t \in X$ 对应 $S, T \in \mathscr{P}(X)$，于是式（6）变为

$$b(s,t) = \mu\left(\frac{s}{t}\right) \Rightarrow b(s,t) = \begin{cases} (-1)^{|T|-|S|}, T \in S \\ 0, T \notin S \end{cases} \qquad (9)$$

以下得到容斥原理

$$\omega(B_X) = \sum_{X \subseteq T} (-1)^{|T|-|X|} \omega(A_X) \qquad (10)$$

259

Möbius 反演

　　这里仅对反演公式的矩阵形式作了一些讨论，与此相关的问题有如何将一个偏序集分解为小的偏序集的乘积，或者将一个偏序集嵌入一个直积形式的偏序集. 前述阿贝尔反演公式可以看作离散形式的牛顿 — 莱布尼兹（Newton-Leibniz）公式.